储能化学基础(上册)

FUNDAMENTALS OF ENERGY STORAGE CHEMISTRY

主　编　丁书江　李银环

副主编　李骁勇　周桂江

编　委（按姓氏笔画排序）

丁大伟　丁书江　卜腊菊　王栋东　王婉秦

李　娜　李骁勇　李银环　苏亚琼　肖春辉

岳　岭　周桂江　赵洪洋　徐四龙　高国新

郭丽娜　焦　娇　漆贺同

图书在版编目(CIP)数据

储能化学基础. 上册 / 丁书江,李银环主编;李骁勇,周桂江副主编. --西安:西安交通大学出版社,2024.7. --(储能科学与工程系列教材). -- ISBN 978-7-5693-3893-5

Ⅰ. O6

中国国家版本馆 CIP 数据核字第 2024LE4249 号

书　　名　储能化学基础(上册)
　　　　　CHUNENG HUAXUE JICHU(SHANG CE)
主　　编　丁书江　李银环
副 主 编　李骁勇　周桂江
策划编辑　田　华　王　欣
责任编辑　王　欣
责任校对　邓　瑞
装帧设计　任加盟

出版发行　西安交通大学出版社
　　　　　(西安市兴庆南路 1 号　邮政编码 710048)
网　　址　http://www.xjtupress.com
电　　话　(029)82668357　82667874(市场营销中心)
　　　　　(029)82668315(总编办)
传　　真　(029)82668280
印　　刷　西安五星印刷有限公司

开　　本　787 mm×1092 mm　1/16　印张 17.375　彩页 1　字数 364 千字
版次印次　2024 年 7 月第 1 版　2024 年 7 月第 1 次印刷
书　　号　ISBN 978-7-5693-3893-5
定　　价　48.00 元

如发现印装质量问题,请与本社市场营销中心联系。
订购热线:(029)82667874
投稿热线:(029)82664954
读者信箱:1410465857@qq.com

前言 PREFACE

储能科学与工程是西安交通大学在中国首先创办的一个高等教育本科专业，2020年9月首次招生。“储能化学基础”课程是该专业的一门重要基础通识类必修课程，同时也是西安交通大学未来技术学院储能科学与工程方向本科生的必修课程，共144学时，其中理论课96学时，实验课48学时，共7.5个学分。“储能化学基础”课程同时又是一个全新的化学类课程，该课程融合了化学四个二级学科——无机化学、有机化学、物理化学和高分子化学的主要内容、基本知识和基本原理，旨在满足储能科学与工程专业对化学专业相关知识的需求，为培养该专业综合性、人类急需的高层次人才奠定坚实的理科基础。西安交通大学依据本校储能科学与工程专业通识教育培养要求，构建了储能化学基础课程体系，优化、整合、定制了课程内容，以适应新的教育背景下通才培养的需求。

《储能化学基础》分上下两册，共四篇，分别是物质结构篇、化学原理篇、化学反应篇和基础应用篇。上册含物质结构篇和化学原理篇，其中物质结构篇主要介绍原子结构、分子结构、物质聚集状态和溶胶等，化学原理篇主要介绍热力学基础、多组分热力学、化学反应系统热力学、化学反应动力学；下册含化学反应篇和基础应用篇，化学反应篇包含离子型反应、自由基反应、聚合反应和氧化还原反应，基础应用篇包含能源化学基础、含能物质基础、储能化学相关材料简介。

本书在编写过程中力求达到基础性、科学性、逻辑性及应用性等各方面的统一，在系统介绍化学的物质结构、基本原理、基本反应和基本应用的基础上，注重化学和储能科学与工程专业的紧密联系，着重讨论化学在这个专业中的应用。在内容的安排上，为避免内容重复，将无机化学与物理化学重复的内容做了整合，放在化学原理篇中；将无机化学和有机化学中的反应类型按照离子型反应、自由基反应、聚合反应和氧化还原反应分类，归入化学反应篇中。在使用本教材时，教师可根据学生的实际情况，在保证课程基本要求的前提下对内容进行取舍，也可对相关知识的讲授顺序进行调整。书中章节号前带“*”的内容为选学内容。

同时，还为教材赋予了课程思政内容，目的在于积极引导学生、调动他们的学习积极性和探索欲，把“以教导学”贯穿到课程知识学习的全过程，将当前时代发展、国家社会的重大需求介绍给学生，使他们为我国进入发展中国家的前列而努力学习；引入绿色环保理念和绿色化学等概念，鼓励学生从自身做起，为认识世界、改造世界、保护世界，为实现中华民族伟大复兴和推动人类文明进步做出更大贡献。

本书由丁书江、李银环负责组织编写，其中物质结构篇、化学原理篇、化学反应篇和基础应用篇分别由李银环、李骁勇、周桂江、丁书江负责内容规划。物质结构篇参编者有丁大伟、李银环、徐四龙、王栋东、李娜、丁书江；化学原理篇参编者有李骁勇、岳岭、苏亚琼、王婉秦；化学反应篇参编者有周桂江、漆贺同、李银环、郭丽娜、肖春辉、卜腊菊、焦娇；基础应用篇参编者有丁书江、高国新、漆贺同；教材中的图片由赵洪洋绘制；附录由王婉秦整理。全书由丁书江、李银环统稿。

本书编写过程中参考了国内外出版的一些教材和专著，从中得到许多启发和教益，在此一并向这些作者表示诚挚的感谢。由于时间仓促，书中必会有疏漏之处，请广大读者批评指正。

编　者

2024 年 1 月于西安交通大学

目录 CONTENTS

第一篇　物质结构

第一篇

物质结构

>>> 第 1 章　原子结构

我们周围的物质世界千变万化。归根结底，物质的性质是由结构决定的。物质的化学变化，实际是分子破裂重组的过程，即原子相互结合方式的重新组合。因此，为了探究化学变化的本质，掌握其变化规律，就必须深入到化学反应中物质的最基本单元——原子上去。众所周知，一般的化学反应不涉及原子核内的结构。本章讨论的原子结构，主要是核外电子的排布及其运动规律。

1.1　原子结构模型

1.1.1　经典原子模型

我们所处的自然环境中各种物质是由什么组成的？几千年来人类不断探索，试图揭示这里面的奥秘。古希腊一些哲学家认为物质是由水、火、土和气等基本元素构成。古代中国也有类似的五行说。公元前 400 年左右，古希腊哲学家德谟克利特(Democritus)首次提出原子的概念：如果把任何一种物质无限分割下去，一定会得到一个最小的微粒，且该微粒无法继续分割，这种微粒被称为原子(atom，来源于希腊语，意思是不可分割)。他的这一观点遭到著名哲学家亚里士多德(Aristotle)的反对，受其影响，原子模型的发展被推迟了两千多年。

1808 年，英国科学家约翰·道尔顿(John Dalton)在大量实验事实的基础上提出了原子学说，即物质是由不可再分的微小粒子——原子组成，单质由相同的原子组成，化合物由不同的原子组成，不同元素的原子质量和性质不同。

道尔顿的原子模型是在充分考虑了当时已知的各个理论和大量实验事实的基础上总结出来的，它对于用原子概念去理解参与反应的元素的质量、组成的改变起到了非常关键的作用，使人们对物质组成的认识深入了一大步，为后续的实验研究奠定了理论基础。受限于当时的条件，该模型也有很多问题无法解释。譬如，为什么原子在化学反应中以特定的比例进行化合而形成化合物？尤其是该模型对后来发现的越来越多的实验事实无法解释。直到19世纪末X射线、电子、原子放射性等被发现之后，人们才认识到原子不是物质组成的终极单元，而是可以再分的。

19世纪末，科学家们在将高电压加载在一个两端是金属电极的近乎真空的密封玻璃管上时，得到了一条直的"电流射线"，由于这种"电流射线"是由阴极发出的，也称为阴极射线。当将该阴极射线置于磁场和电场中时，原本沿直线传播的阴极射线会向正电场方向发生偏转，说明其带有电荷且为负电荷。后续研究发现，无论什么金属电极都会产生这种射线，构成这种射线的粒子被称为电子。阴极射线通常是不可见的，之所以发光而被观察到，是因为从阴极发出的带负电的微粒与玻璃管中残存的微量空气发生了碰撞。

1897年，英国物理学家汤姆孙(Joseph John Thomson)采用磁场和电场结合的方式测定了阴极射线粒子的质荷比(m/z)，通过与其他粒子的质荷比进行比较，他得到了一个令他自己都难以置信的结论：阴极射线粒子的质量比已知最小的氢原子的质量还小。这个结论意味着原子是可以再分的，这彻底颠覆了道尔顿原子模型。

1909年，美国物理学家密立根(Robert Millikan)采用著名的油滴实验测定了电子所带的电量。他通过测定大量的微小油滴的带电量以后，得出不同大小的油滴吸收了不同数量的电子因而带有整数倍的电子的电量，并计算出一个电子的电量是 1.602×10^{-19} C。进而，将此电量代入汤姆孙得出的质荷比公式就可以计算出单个电子的质量。计算结果表明，电子的质量约为氢原子质量的1/1830。

电子的发现使得人们不得不重新审视原子的结构和组成问题。首先，电子显然是来自于原子，它是原子组成的一部分；其次，与原子相比，电子质量非常小，且显负电性。问题是，原子的其他组成部分是什么？显然，其他的组成部分应该带有正电荷，而且正电荷和负电荷所带的总电量应相同，因为整个原子是电中性的；同时，原子中除电子以外剩余的部分占有绝大部分的质量。基于此，汤姆孙在道尔顿实心球原子模型的基础上提出了一个新的原子模型：原子是由带有负电荷的电子和带有正电荷的连续物质组成，电子镶嵌在这些占有主要质量的连续物质上，就像一个"枣糕"，因此，人们也把汤姆孙原子模型叫作"枣糕"模型。

20世纪初，法国的居里夫人(Maria Curie)等科学家们发现了原子辐射现象，即有些元素的原子能够发射出粒子或者射线。1910年，新西兰科学家卢瑟福(Ernest Rutherford)利用 α 粒子轰击金箔时，发现了新的实验现象，而这些现象用汤姆孙的"枣糕"模型无法解释。在该实验中，卢瑟福用 α 粒子去轰击一片非常薄(约10 nm)的金箔，其所使用的放射源为溴化镭。通过在一定位置放置盖革计数器[德国学者盖革(Hans Geiger)发明]，可以检测 α 粒子的数量。1910年，马斯登加入到卢瑟福课题组后，与盖革一起不仅观察到了散射的 α 粒子，而且观察到了被金箔反射回来的 α 粒子。经过反复实验和计算，卢瑟福最终在1911年发表了著名的研究论文——《物质对 α 和 β 粒子的散射及原子结构》，该论文提出了含核原子模型，即行星模型。该模型对大角度 α 粒子的散射给出了圆满的解释。他提出，原子中绝大部分空间被带有负电的电子占据，但是在中心的微小区域里有一个原子核，它包含了所有的正电荷以及几乎整个原子的质量，并且把构成原子核的粒子称为质子(proton，来源于希腊语，意思是最初的)。虽然该模型可以解释物质的带电属性，但是很难解释对应原子质量的质子数与电子数不相等的现象，直到 1932 年查德威克(James Chadwick)发现原子核中还有另外一种不带电的粒子(中子)后，这个问题才被解决，即原子的质量主要由带正电荷的质子和不带电荷的中子共同决定。

卢瑟福的含核原子模型还有一个重要矛盾无法解释，如果带负电的电子和带正电的原子核相互吸引，电子的动能必须能够平衡两者之间的强静电吸引力导致的势能。按照经典物理理论，电子在绕核做曲线运动时必然要对外产生持续辐射并损失能量，这样就会出现电子运动半径越来越小并最终湮灭在原子核上的结果。计算表明，这种湮灭所需要的时间非常短(约 10^{-9} s)。显然，这与客观物质稳定存在的事实不符。

为了解释氢原子光谱，1912 年，在卢瑟福实验室工作的丹麦物理学家玻尔(Niels Bohr)在卢瑟福含核模型的基础上引入了普朗克和爱因斯坦的能量量子化概念，提出了玻尔原子模型——分层模型，用于解释这些线状光谱，他认为原子中的电子处在一系列分立的稳态上。随后，英国物理学家埃万斯(Evans)在实验室中观察到了 He^{+} 的光谱，证实了玻尔的判断是完全正确的。玻尔模型理论要点：

(1)氢原子只含有一定量允许的固定轨道(称为定态)，不同轨道的能量不同，电子只能在若干固定轨道上绕核运动。

(2)电子在这些定态运动时不对外辐射能量。

(3)电子在定态之间的迁移是通过吸收或者辐射一定能量的光子实现的，光子的能量刚好等于两个定态的能量差。玻尔模型中的量子数 n($n=1, 2, 3, \cdots$)与原子轨道的半径(即能量)有关，n 值越小，半径越小，能量越低。当 $n=1$ 时，其能量最低，称为基态。当电子吸收能量从基态跃迁至其他较高能量的轨道(称为激发态)时，原子就处于激发态。

该模型突破了经典物理学中物理量只能连续变化的禁区，指出了原子中能量的不连续性，根据该理论可以计算出氢原子的轨道半径 r：

$$r = n^2 \cdot \frac{\varepsilon_0 h^2}{\pi m e^2}, \quad n = 1,2,3,\cdots \tag{1-1}$$

式中，$\frac{\varepsilon_0 h^2}{\pi m e^2} = a_0$ 为常数。$n=1$ 时，将电子质量 $m = 9.109\times10^{-31}$ kg，电子电荷 $e = 1.602\times10^{-19}$ C，真空介电常数 $\varepsilon_0 = 8.854\times10^{-12}$ F · m^{-1}，及普朗克常数 $h = 6.626\times10^{-34}$ J · s 代入式(1-1)可得，$a_0 = 52.9$ pm，称为**玻尔半径**。

电子处于不同定态时的能量 E 也可以根据下式计算：

$$E = -\frac{1}{n} \cdot \frac{me^4}{8\varepsilon_0{}^2h^2}, \quad n = 1,2,3,\cdots \tag{1-2}$$

玻尔原子模型成功地解释了氢原子的线状光谱；电子运动不连续及量子化概念的提出对于后续的量子力学的发展起到了至关重要的推动作用。但是除了氢原子和类氢离子的光谱外，玻尔原子模型无法解释核外有 2 个或 2 个以上电子的原子光谱，说明玻尔理论还没有完全揭示微观粒子运动的规律。根本原因是玻尔原子模型仍把电子看作粒子，却不了解微观粒子运动的另外两个特性——波粒二象性和运动的统计性。

1.1.2 近代原子结构模型

1. 微观粒子的波粒二象性

20 世纪初，人们对光的属性有波动性和粒子性之说。所谓光的波动性，是指光有一定的波长，能发生衍射和干涉等波动现象。而光的粒子性则涉及光与物体的相互作用，如光电效应、光压实验。

1924 年，年轻的法国物理学家德布罗意(Louis de Broglie)在光子说的启发下，提出一个大胆假设：如果光具有粒子属性(不连续)，或许物质也具有波动性(连续)。德布罗意认为：正像波能伴随光子一样，波也以某种方式伴随具有一定能量和动量的电子等微观粒子，并提出了著名的德布罗意关系式：

$$\lambda = \frac{h}{p} = \frac{h}{mv} \tag{1-3}$$

式中，m 代表微粒(如电子)的质量；v 为微粒的运动速度；h 为普朗克常数。上式虽然与光的粒子性和波动性公式类似，但是其包含着一个全新的概念，即任何物体的运动都具有波动属性，并且可以计算其波长。

1927 年，戴维孙(Davisson)和革末(Germer)通过电子衍射证实了德布罗意的假设，即电子和光子一样具有波粒二象性。实验发现，电子通过一片极薄的金箔后会得到衍射图案，该实验结果表明电子的确有波粒二象性。

根据德布罗意的波长概念，物体在运动过程中也具有波的属性，其波长与其质量成反比。因此大质量物体的波长远远小于微观粒子的波长。对于宏观物体，其波动性微乎甚微，可以忽略，但对于微观粒子，其波动性相对较大，而且波动性是微观粒子主要运动特征之一。

至此，科学家们对于物体运动的波粒二象性的认识达到了一个前所未有的状态。在宏观世界中，这两种属性可以很清楚地加以区分，但在微观世界，两者之间没有了本质的差别，这种物质和能量的两面性特征就是后来人们所熟知的——波粒二象性。

2. 微观粒子运动的统计性

据经典力学，任何运动粒子在任意时刻都有一个确定的位置。如果电子同时具有波动性和粒子性，那如何确定一个电子在任意时刻的位置呢？1927 年，德国物理学家海森伯

(Werner Heisenberg)提出了不确定性关系，也称为测不准原理。他认为一个微观粒子是无法同时准确测定其位置和动量的，对于一个质量为 m 的粒子来说，测不准原理的数学表达式为

$$\Delta x \cdot m\Delta v \geqslant h/(4\pi) \tag{1-4}$$

式中，Δx 是位置的测不准量；Δv 是速度的测不准量。也就是说，在某一时刻，我们越准确地知道粒子的位置，那就意味着我们越无法准确地获得其速度，反之亦然。在宏观世界里，我们可以根据经典力学模型准确预测物体的运动轨迹，即预测在某一时刻其准确位置以及运动速率。而在微观世界里，由于其位置和速度无法同时准确测定，因此也就无法采用经典力学方法准确描述其运动轨迹。

既然对微观粒子不能同时确定其位置和速度，无法采用经典力学描述其运动轨迹，那么如何描述其运动状态呢？电子衍射实验还表明，无确定运动轨迹的电子在空间只有一个概率分布。具有波动性的电子在空间的概率分布规律是与电子运动的统计性联系在一起的。对于大量粒子行为而言，出现粒子数目多的区域衍射强度大，出现粒子数目少的区域，衍射强度小。某一电子的位置虽然测不准，但可以知道它在某空间区域出现机会的多少，即可以确定概率的大小。所以这种概率分布规律又与波的强度有关，因此实物微粒波是一种概率波，可以用统计的方法研究微观粒子(如电子)的运动行为。

原子结构的认识历程反映出科学家们敢于质疑、勇于创新的科学探索精神，使人们了解了化学在造福人类过程中的魅力。科学家们为此做出了卓越贡献，例如中国科学家徐光宪院士对斯莱特(Slater)规则的改进，引导人们运用演绎推理、举一反三的科学思维；我国老一辈科学家在研发基于核裂变和核聚变的原子弹和氢弹的过程中，自觉培育践行了两弹一星精神，为我们树立了光辉的榜样，激励我们把个人志向与国家发展紧密结合，成为对国家有贡献的优秀人才。

1.2　现代原子结构模型

1.2.1　波函数与原子轨道

基于对物体的波粒二象性以及测不准原理在量子力学层面的认识，1926 年，薛定谔(Erwin Schrödinger)在德布罗意物质波和玻尔量子化模型概念的基础上，提出了描述电子等微观粒子运动规律的波动方程——薛定谔方程：

$$\frac{\partial^2 \Psi}{\partial x^2} + \frac{\partial^2 \Psi}{\partial y^2} + \frac{\partial^2 \Psi}{\partial z^2} + \frac{8\pi^2 m}{h^2}(E - V)\Psi = 0 \tag{1-5}$$

式中，Ψ 是波函数，表示微观粒子的运动状态；m 是微观粒子的质量；E 是微观粒子的总能量(动能与势能之和)；V 是微观粒子的势能；h 是普朗克常数；x、y、z 是粒子的空间坐标。

1.2.2 四个量子数

求解薛定谔方程的过程非常复杂，而且它有许多解，只有满足单值、连续可导、有限这三个条件的波函数才是合格的波函数。在求解过程中，需要引入三个常数(n、l、m)，它们只有取特定值时，解得的波函数才有物理意义。这三个量子数分别称为主量子数、角量子数和磁量子数。这三个量子数的取值遵循以下规则：

主量子数 $n = 1,2,3,\cdots$，可取任何正整数；

角量子数 $l = 0,1,2,3,\cdots,n-1$，共可取 n 个自然数；

磁量子数 $m = 0,\pm1,\pm2,\cdots,\pm l$，共可取 $2l+1$ 个整数值。

因此，一组给定的 n、l、m 值，就对应着一个与 n、l、m 相关的波函数 $\Psi_{n,l,m}(r,\theta,\varphi)$。该波函数称为原子轨道。需要特别指出的是，这里的原子轨道不再是玻尔原子模型中那个固定半径的圆形轨道。显然，n、l、m 的不同取值决定了不同的波函数或者原子轨道，因此首先需要对三个量子数的取值、物理意义及其与原子轨道的关系进行讨论。

1. 主量子数(n)

主量子数 n 主要决定了原子核外电子的能量大小，同时还决定了原子核外电子距核的远近。n 越大，电子离核越远。在同一原子中，具有相同主量子数 n 的电子几乎在相同的空间范围内运动。因此，与不同主量子数 n 相对应的是不同的电子层。与各 n 值对应的电子层符号如表 1-1 所示。

表 1-1 主量子数 n 与对应的电子层符号

n	1	2	3	4	5	6	7
电子层符号	K	L	M	N	O	P	Q

2. 角量子数(l)

主量子数为 n 时，l 可取 n 个不同的自然数值，从 0 到 $n-1$。例如：n 为 1 时 l 可取 0；n 为 2 时 l 可取 0 和 1，依此类推。相同 n 下的不同 l 取值对应着同一电子层的不同亚层。角量子数 l 决定了电子角动量的大小，也决定了电子在空间的角度分布情况，即电子云的形状。$l=0,1,2,3$ 的电子亚层可分别用小写字母 s、p、d、f 表示。

3. 磁量子数(m)

磁量子数 m 决定了电子运动角动量在磁场方向分量的大小。在相同的 n 和 l 下，不论 m 取什么值，原子轨道能和电子运动角动量都相同。但 m 不同时，电子运动角动量的方向不同，电子运动角动量在磁场方向的分量也就不同。不同 m 取值表示的状态能量是相同的，即 m 的取值不影响轨道的能量。例如，当 $n = 2$，$l = 1$ 时，m 的取值可以是 0、+1、−1，分别对应 $2p_z$、$2p_x$ 和 $2p_y$ 三种轨道。这三个轨道能量相同，只是分别在 z 轴、x 轴和 y 轴三个不同方向伸展。在外磁场存在的条件下，不同的磁量子数表示的状态在能量上也会略有差异，这也是其称为磁量子数的原因。

4. 自旋磁量子数(m_s)

人们在研究氢原子光谱时发现,氢原子中的电子由 1s 轨道向 2p 轨道跃迁时得到的不是一条谱线,而是等距离分布在原本所在位置两侧的两条谱线。为了解释这种现象,1925 年,两位年轻的荷兰物理学家——乌伦贝克(George Uhlenbeck)和古德斯米特(Samuel Goudsmit)提出电子运动不仅有轨道运动还有自旋运动。这种光谱现象就是由于电子的自旋运动而产生的。自旋运动是电子的一种基本属性,它只有两个不同的方向,可分别称为上自旋和下自旋。其自旋方向与自旋磁量子数 m_s 密切相关。自旋磁量子数 m_s 只能取 $+1/2$ 和 $-1/2$ 两个数值。用"↑"表示上自旋,用"↓"表示下自旋。

这样,采用一组量子数(n,l,m,m_s),就可以描述原子中任意一个电子的运动状态,而四个量子数都确定的状态称为一个量子态。在这个量子态中包含了电子所处的能级、原子轨道的形状及空间取向、电子的自旋状态等。任何一个状态确定的电子都有一组对应的量子数,这样用一组数值确定的量子数就可以描述原子核外电子所处的运动状态。

1.2.3　氢原子的波函数

经过坐标变换及变量分离和量子数的限制之后,薛定谔的波动方程变换为

$$\Psi_{n,l,m}(r,\theta,\varphi)=R_{n,l}(r)\cdot Y_{l,m}(\theta,\varphi)$$

式中,$R(r)$ 仅与电子离核的距离 r 有关,称为径向部分;$Y(\theta,\varphi)$ 与角度有关,称为角度部分。

氢原子的基态是与 $n=1, l=0, m=0$ 相对应的 1s 状态。其波动方程为

$$\Psi_{1s}=2\sqrt{\frac{1}{a_0^3}}\cdot e^{-r/a_0}\cdot\sqrt{\frac{1}{4\pi}} \tag{1-6}$$

解薛定谔方程,可以得到电子在各轨道中运动的能量公式:

$$E_{ns}=-\frac{Z^2}{n^2}(2.18\times10^{-18})\text{J} \tag{1-7}$$

式中,Z 为核电荷数,对于氢原子 $Z=1$。所以,对氢原子而言,$n=1$ 时的能量为 -2.18×10^{-18} J。

1s 轨道的径向部分 $R(r)$为

$$R(r)=2\sqrt{\frac{1}{a_0^3}}\cdot e^{-r/a_0} \tag{1-8}$$

式中,$a_0=52.9$ pm,为玻尔半径。从 1s 轨道的径向部分可以看出:当 $r\to0$ 时,$R(0)=2\sqrt{\frac{1}{a_0^3}}$;当 $r\to\infty$ 时,$R(\infty)=0$。

1s 轨道的角度部分 $\sqrt{\frac{1}{4\pi}}$ 为常数,即其波函数与角度无关,是球形对称的。氢原子的几个波函数如表 1-2 所示。

表 1-2　氢原子的几个波函数(a_0为玻尔半径)

几组允许的 n, l, m	$\Psi_{n,l,m}(r,\theta,\varphi)$	$R_{n,l}(r)$	$Y_{l,m}(\theta,\varphi)$
$n=1, l=0, m=0$	$\sqrt{\frac{1}{\pi a_0^3}} \cdot e^{-r/a_0}$	$2\sqrt{\frac{1}{a_0^3}} \cdot e^{-r/a_0}$	$\sqrt{\frac{1}{4\pi}}$
$n=2, l=0, m=0$	$\frac{1}{4}\sqrt{\frac{1}{2\pi a_0^3}} \cdot (2-\frac{r}{a_0})e^{-r/2a_0}$	$\sqrt{\frac{1}{8a_0^3}} \cdot (2-\frac{r}{a_0})e^{-r/2a_0}$	$\sqrt{\frac{1}{4\pi}}$
$n=2, l=1, m=0$	$\frac{1}{4}\sqrt{\frac{1}{2\pi a_0^3}} \cdot (\frac{r}{a_0})e^{-r/2a_0}\cos\theta$	$\sqrt{\frac{1}{24a_0^3}} \cdot (\frac{r}{a_0})e^{-r/2a_0}$	$\sqrt{\frac{3}{4\pi}} \cdot \cos\theta$
$n=2, l=1, m=+1$	$\frac{1}{4}\sqrt{\frac{1}{2\pi a_0^3}} \cdot (\frac{r}{a_0})e^{-r/2a_0}\sin\theta \cdot \cos\varphi$	$\sqrt{\frac{1}{24a_0^3}} \cdot (\frac{r}{a_0})e^{-r/2a_0}$	$\sqrt{\frac{3}{4\pi}} \cdot \sin\theta \cdot \cos\varphi$
$n=2, l=1, m=-1$	$\frac{1}{4}\sqrt{\frac{1}{2\pi a_0^3}} \cdot (\frac{r}{a_0})e^{-r/2a_0}\sin\theta \cdot \sin\varphi$	$\sqrt{\frac{1}{24a_0^3}} \cdot (\frac{r}{a_0})e^{-r/2a_0}$	$\sqrt{\frac{3}{4\pi}} \cdot \sin\theta \cdot \sin\varphi$

1.2.4　波函数和电子云

波函数 Ψ 是描述核外电子运动状态的数学表达式，本身没有直观的物理意义，但是其绝对值的 2 次方$|\Psi|^2$指的是电子在空间某一点出现的概率密度，具有明确的物理意义。由于电子在原子核周围运动的行踪不定，按照概率分散在原子核周围的空间中，如果对原子核周围的电子在不同时间拍曝光图的话，会发现电子在原子核周围像一团带负电的云，所以形象地将电子在原子核周围的概率分布即$|\Psi|^2$称为电子云。由于目前还无法获得在某一时刻电子的准确位置，只能描述其在某一区域出现的可能性(概率)，可以用一个电子概率密度图(电子密度图)来表示电子在不同位置中出现的概率密度的大小。

但不要误以为概率密度大的地方电子出现的概率就一定大。电子在核外空间出现的概率等于概率密度与该区域总体积的乘积，即概率应为$|\Psi|^2 d\tau$。例如，1s 轨道电子云是以原子核为中心的一个圆球，在离核越近的地方，电子出现的概率密度越大；相反，离核越远，概率密度越小。概率密度随离核距离 r 增大而显著降低，但是其体积随 r 增大则迅速增大。因此，随着 r 的增大，概率密度下降与体积增大两种相反的作用趋势，使得总的概率会在离核不同的球壳位置出现峰值。例如，对于处于基态的氢原子，计算得到概率分布的峰值距离 r 与玻尔模型给出的最近的轨道半径(玻尔半径 $a_0=52.9$ pm)是一致的。

理论上来说，在距离原子核很远处，电子都有出现的可能性，只不过离核越远，概率越低，因此原子核外电子运动没有边界。当距离核远到一定程度时，其概率低至接近于零，可以忽略不计。因此，通常取一个等概率密度面，即电子出现概率密度相等的点连成的曲面，使曲面内电子出现的总概率大于 90%，该曲面就可以用来表示电子云的形状和边界。这样的图像称为电子云界面图，常用来表示电子云的形状和大小。所有 s 轨道电子云界面图是一个与角度分布无关的球面。p 轨道是指 $l=1$ 的原子轨道。2p 轨道具有两个高概率的近似球形区域，对称分布在原子核的两端，如图 1-1 所示，这两个球形区域像哑铃一样。只有 n 大于 2 时才可能出现 $l=1$ 的原子轨道，随着 n 值的增大，会依次出现 2p、3p、4p 等轨道。每个 p 轨道都会包含哑铃形的电子云，只是随着 n 值的增大，轨道伸展的空间越来越大。与 s 轨道不同，每个 p 轨道在空间都有特定的空间取向。$l=1$ 有三个可能的 m 值：0、+1 和 −1，它们是三个相互垂直的 p 轨道，分别用 p_z、p_x 和 p_y 表示沿 z、x 和 y 轴分布的 p 轨道。它们的大小、形状和所代表的能量都是相同的，不同的只是空间取向。

d 和 f 轨道的形状更加复杂，其中 d 轨道的电子云如图 1-1 所示，这里不再一一介绍。

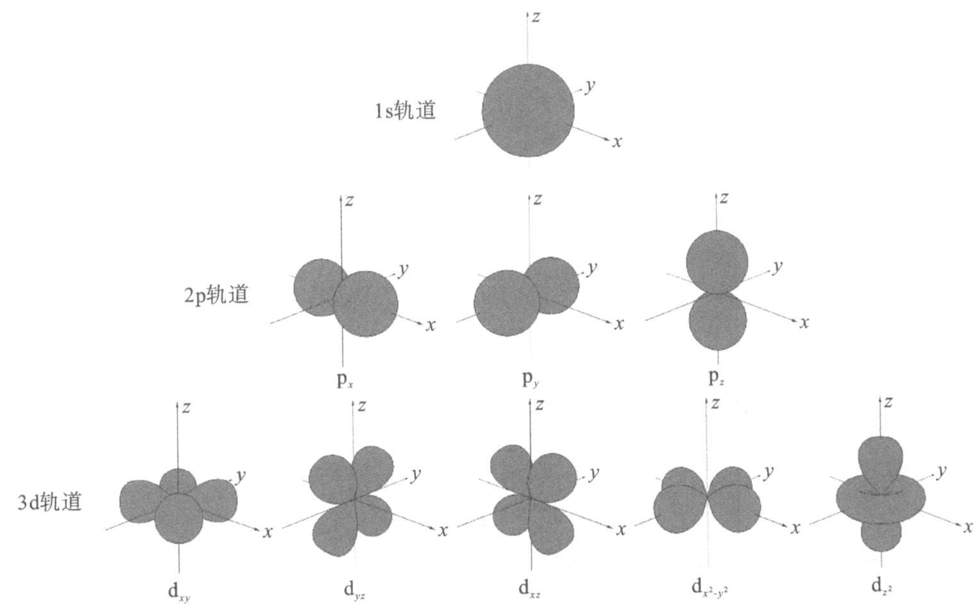

图 1-1　氢原子的 1s、2p、3d 轨道电子云示意图

1.3　多电子原子轨道能级与周期性

1.3.1　多电子原子轨道能级

对于氢原子及其他类氢原子（离子）来说，各轨道能级的高低，仅由主量子数 n 决定，与角量子数 l 无关。而对于核外具有多个电子的原子来说，电子除了受到原子核的吸引作用以外还会受到其他电子的排斥作用。美国化学家鲍林（Linus Carl Pauling）根据大量光谱实验和理论计算得出，在多电子原子中，轨道能量与 n 和 l 有关，并给出了与不同 n、l 相应的原子轨道的能量高低顺序，得到了原子轨道之间的近似能级图（见图 1-2）。

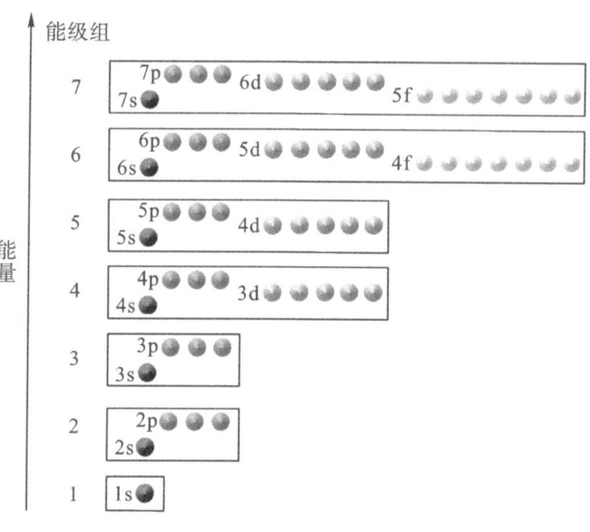

图 1-2　鲍林多电子原子近似能级图

图中用小球代表原子轨道，把能量相近的几个轨道归为一组，称为一个能级组。可见，在多电子原子中，轨道的能级由 n 和 l 决定，并遵循以下规则。

(1)角量子数相同时，主量子数越大，轨道能级越高。如：

$$E_{1s} < E_{2s} < E_{3s} < E_{4s} \cdots$$

$$E_{2p} < E_{3p} < E_{4p} < E_{5p} \cdots$$

(2)主量子数相同时，角量子数越大，轨道能级越高，这种现象叫作**能级分裂**，即

$$E_{ns} < E_{np} < E_{nd} < E_{nf} \cdots$$

(3)当主量子数 n 和角量子数 l 都不同，而主量子数 $n > 3$ 时可能发生**能级交错**的现象，即

$$E_{4s} < E_{3d}, E_{5s} < E_{4d}, E_{6s} < E_{4f} < E_{5d} < E_{6p}$$

但必须指出的是，鲍林能级图仅仅反映了多电子原子中原子轨道能级的近似高低，不要认为所有原子轨道的能级顺序是一成不变的，不同元素的原子轨道的能级高低顺序是有区别的，但是该能级图与光谱实验的结果大致相符，因此也常被看作是电子的填充顺序图。

我国科学家徐光宪院士按照公式 $n + 0.7l$ 对每个能级进行计算，并近似排序。其结果与鲍林的能级顺序图一致。如：

部分轨道能级	3s	3p	3d	4s	4p	4d	4f	5s	5p
$(n + 0.7l)$值	3.0	3.7	4.4	4.0	4.7	5.4	6.1	5.0	5.7

能级顺序　3s < 3p < 4s < 3d < 4p < 5s < 4d < 5p < 4f

对于多电子原子，电子层为什么会发生能级分裂和能级交错现象呢？主要原因是存在屏蔽效应与钻穿效应。

1. **屏蔽效应**

如前所述，由于电子间相互排斥力导致的原子核对电子的实际吸引能力下降，从而在进行实际的能级计算（中心力场法）时，这种排斥力反映在原子核的实际（有效）核电荷数的下降上，等效为电子在一定程度上抵消了原子核对其他电子的吸引作用，这种抵消作用就称为**屏蔽效应**。为此引入一个屏蔽系数 σ。由于屏蔽效应，指定电子实际感受到的核电荷数不是 Z，而是减去了被屏蔽的部分 σ 之后的有效核电荷数 Z^*，则 $Z^* = Z-\sigma$。

屏蔽效应越大，有效核电荷数 Z^* 就越小，被屏蔽的电子受到核的引力越小，电子的能量增加得也越多。在同一电子层中，角量子数越小，电子离原子核越近，受到其他电子的屏蔽作用越小，即受原子核的引力越大，其能级越低，因此，$E_{ns} < E_{np} < E_{nd} \cdots$。当 l 值相同时，n 值越大，电子离核越远，受到其他电子的屏蔽作用增大，受到原子核的引力减小，轨道能级就相应升高，即 $E_{1s} < E_{2s} < E_{3s} \cdots$。

2. **钻穿效应**

与屏蔽效应相反，外层电子有钻穿效应。在原子核附近出现的概率较大的电子，可更多地避免其他电子对它的屏蔽，受到较强的核吸引，从而更靠近核的现象叫作**钻穿效应**。能级越小的轨道，比如 3s 轨道的电子，比 3p 轨道的电子钻穿能力强，从而使它受到屏蔽作用较小，能量较 3p 低。钻穿效应使自身轨道上的电子能量降低的同时，会对其他电子产生屏蔽效应，使其他电子的能量升高。用钻穿效应和屏蔽效应可以解释原子轨道的能级交错现象。外层角量子数小的能级上的电子，如 4s 电子能钻到近核内层空间运动，这样它受到其他电子的屏蔽作用就小，受核引力就强，因而能量就低，结果使 $E_{4s} < E_{3d}$。

总之，影响轨道能量高低的因素，既有核电荷、主量子数、角量子数，还有屏蔽效应和钻穿效应等诸多因素，其中的规律至今都未完全被人们认识。可以预言，随着超高精度电子显微镜的发展，人类对原子的认识会不断深化和清晰。

1.3.2　原子核外电子排布

1. **核外电子排布规则**

根据原子光谱实验和量子力学理论，原子核外的电子排布服从以下三个基本原则。

1）能量最低原理

核外电子的排布方式应使原子处于最低能量状态。所以电子总是优先占据能量最低的轨道，占满能量较低的轨道后才进入能量较高的轨道。根据鲍林能级图，电子填入轨道时遵循下列由低到高的顺序：

1s < 2s <2p < 3s < 3p < 4s < 3d < 4p < 5s < 4d < 5p < 6s < 4f < 5d < 6p < 7s < 5f < 6d < 7p

2）泡利不相容原理

奥地利物理学家泡利（Wolfgang Pauli）发现，同一原子中不可能存在四个量子数完全相同的电子，换言之，每一个原子轨道上最多只能容纳自旋方向相反的两个电子，这就是泡利不相容原理(Pauli exclusion principle)。如一个原子中电子 A 和电子 B 的三个量子数 n、l、m 都相同，则二者的 m_s 就必然不同，分别为 +1/2 和 −1/2。这样用一组量子数可以完全确定一个电子的运动状态。按图 1-2 可推算各能级最多容纳的电子数。因此，各电子层的最大容量与主量子数之间的关系为：最大容量为 $2n$。

3)洪特规则

德国物理学家洪特(Friedrich Hund)从大量光谱实验中发现：电子进入同一电子亚层时，总是尽可能以自旋状态相同的方式分占不同的轨道，这样可使原子的能量最低。以 C 原子为例，其电子排布式为 $1s^2 2s^2 2p^2$。2p 轨道中的 2 个电子在同一个轨道上排斥力较大，所以它们分布在 2 个 2p 轨道上，且自旋方向相同时能量最低。当多个电子同时进入能量相同的轨道(又称简并轨道)时，半充满或全充满使整个原子具有最低的能量，这是洪特规则的补充。例如：^{24}Cr 原子的外层电子构型为 $3d^5 4s^1$ 而不是 $3d^4 4s^2$，因前一种构型 3d 轨道处于半充满状态而相对稳定。属于这种情况的例子还有 Cu(3d 全满)、Mo(4d 半满)、Ag(4d 全满)、Au(5d 全满)等原子。显然，s、p、d 和 f 亚层中未成对电子的最大数目分别为 1、3、5 和 7，即等于相应的轨道数。

按照多电子原子的电子填充原则，可写出已有基态原子的电子构型，如表 1-3 所示。电子构型是指将原子中全部电子填入轨道中的情况。电子构型可以分别用电子排布式和轨道表示式表示。电子排布式是指用 1、2、3 等正整数表示电子主层，用 s、p、d、f 等符号分别表示各电子亚层，并在这些符号右上角用数字表示各亚层上电子的数目；轨道表示式又称电子排布图，是用一个方框、圆圈或两条短线表示一个给定量子数 n、l、m 的轨道，用箭头"↑"或"↓"来区别不同 m_s 的电子。在电子构型表述中，把[He]、[Ne]、[Ar]等标为原子芯，它们分别代表 $1s^2$、$1s^2 2s^2 2p^6$、$1s^2 2s^2 2p^6 3s^2 3p^6$ 等。原子芯表示原子内部结构达到了稀有气体原子的电子全充满状态，多余的外部电子为价层电子。引入这种表示方法是为了避免电子构型过长，以使电子构型更简洁。下面给出几个实例。

^{10}Ne、^{18}Ar、^{22}Ti 的基态电子排布分别如下所示。

^{10}Ne：$1s^2 2s^2 2p^6$ 或[Ne]；

^{18}Ar：$1s^2 2s^2 2p^6 3s^2 3p^6$ 或[Ar]；

^{22}Ti：$1s^2 2s^2 2p^6 3s^2 3p^6 3d^2 4s^2$ 或[Ar]$3d^2 4s^2$。

2.原子结构的周期性

1860 年，俄国彼得堡大学的年轻讲师门捷列夫(Dmitri Ivanovich Mendeleev)出席了在化学史上具有里程碑意义的卡尔斯鲁厄国际化学会议。当时"元素的性质随原子量(相对原子质量)递增而呈现周期性变化"的基本思想冲击了门捷列夫。此后，门捷列夫系统地研究了元素的性质。他按照相对原子质量的大小将元素排序，终于发现了元素周期律——元素的性质随相对原子质量的递增发生周期性的递变。这个规律的发现是继原子-分子论之后，近代化学发展史上的又一里程碑。

表 1-3 元素基态原子的电子构型

周期	原子序数	元素名称	元素符号	电子构型
一	1	氢	H	$1s^1$
	2	氦	He	$1s^2$
二	3	锂	Li	$[He]2s^1$
	4	铍	Be	$[He]2s^2$
	5	硼	B	$[He]2s^2 2p^1$
	6	碳	C	$[He]2s^2 2p^2$
	7	氮	N	$[He]2s^2 2p^3$
	8	氧	O	$[He]2s^2 2p^4$
	9	氟	F	$[He]2s^2 2p^5$
	10	氖	Ne	$[He]2s^2 2p^6$
三	11	钠	Na	$[Ne]3s^1$
	12	镁	Mg	$[Ne]3s^2$
	13	铝	Al	$[Ne]3s^2 3p^1$
	14	硅	Si	$[Ne]3s^2 3p^2$
	15	磷	P	$[Ne]3s^2 3p^3$
	16	硫	S	$[Ne]3s^2 3p^4$
	17	氯	Cl	$[Ne]3s^2 3p^5$
	18	氩	Ar	$[Ne]3s^2 3p^6$
四	19	钾	K	$[Ar]4s^1$
	20	钙	Ca	$[Ar]4s^2$
	21	钪	Sc	$[Ar]3d^1 4s^2$
	22	钛	Ti	$[Ar]3d^2 4s^2$
	23	钒	V	$[Ar]3d^3 4s^2$
	24	铬	Cr	$[Ar]3d^5 4s^1$
	25	锰	Mn	$[Ar]3d^5 4s^2$
	26	铁	Fe	$[Ar]3d^6 4s^2$
	27	钴	Co	$[Ar]3d^7 4s^2$
	28	镍	Ni	$[Ar]3d^8 4s^2$
	29	铜	Cu	$[Ar]3d^{10} 4s^1$
	30	锌	Zn	$[Ar]3d^{10} 4s^2$
	31	镓	Ga	$[Ar]\ 3d^{10} 4s^2 4p^1$
	32	锗	Ge	$[Ar]\ 3d^{10} 4s^2 4p^2$
	33	砷	As	$[Ar]\ 3d^{10} 4s^2 4p^3$
	34	硒	Se	$[Ar]\ 3d^{10} 4s^2 4p^4$
	35	溴	Br	$[Ar]\ 3d^{10} 4s^2 4p^5$
	36	氪	Kr	$[Ar]\ 3d^{10} 4s^2 4p^6$
五	37	铷	Rb	$[Kr]\ 5s^1$
	38	锶	Sr	$[Kr]\ 5s^2$
	39	钇	Y	$[Kr]\ 4d^1 5s^2$
	40	锆	Zr	$[Kr]\ 4d^2 5s^2$
	41	铌	Nb	$[Kr]\ 4d^4 5s^1$
	42	钼	Mo	$[Kr]\ 4d^5 5s^1$
	43	锝	Tc	$[Kr]\ 4d^5 5s^2$
	44	钌	Ru	$[Kr]\ 4d^7 5s^1$
	45	铑	Rh	$[Kr]\ 4d^8 5s^1$
	46	钯	Pd	$[Kr]\ 4d^{10}$
	47	银	Ag	$[Kr]\ 4d^{10} 5s^1$
	48	镉	Cd	$[Kr]\ 4d^{10} 5s^2$
	49	铟	In	$[Kr]\ 4d^{10} 5s^2 5p^1$
	50	锡	Sn	$[Kr]\ 4d^{10} 5s^2 5p^2$
	51	锑	Sb	$[Kr]\ 4d^{10} 5s^2 5p^3$
	52	碲	Te	$[Kr]\ 4d^{10} 5s^2 5p^4$
	53	碘	I	$[Kr]\ 4d^{10} 5s^2 5p^5$
	54	氙	Xe	$[Kr]\ 4d^{10} 5s^2 5p^6$

1)周期与元素的数目

元素周期表中的横行叫周期，共 7 个周期。一个周期相当于一个能级组。各周期对应的能级组中电子的填入总是始于 s 轨道、终止于 p 轨道。各周期中化学元素的个数分别为：2、8、8、18、18、32、32，与能级组中电子的最大容量相对应(见表 1-4)。第一周期是只包含两种元素的周期，叫特短周期；含 8 种、18 种和 32 种元素的周期分别叫短周期、长周期和特长周期。迄今为止，属于特长周期的第七周期已经填满。

表 1-4　不同周期元素的数目

周期	能级组	能级组的原子轨道	轨道容纳电子最大数	该周期元素数
一	1	1s	2	2
二	2	2s2p	8	8
三	3	3s3p	8	8
四	4	4s3d4p	18	18
五	5	5s4d5p	18	18
六	6	6s4f5d6p	32	32
七	7	7s5f6d7p	32	32

2)周期和族

周期表中的直列叫族，共有 18 列，分为 7 个主族、8 个副族(第八副族包含 3 列)和 1 个零族。同族元素具有相似的价电子构型，从而导致相似的化学性质。各原子的价电子数与元素的族号密切相关。

主族：周期表中第 1、2、13、14、15、16 和 17 列为主族元素，分别用ⅠA、ⅡA、ⅢA、ⅣA、ⅤA、ⅥA、ⅦA 表示。

主族的序号=最外电子层电子数

副族：第 3～12 列为副族(其中第 8～10 列为一个副族)，分别用ⅢB、ⅣB、ⅤB、ⅥB、ⅦB、Ⅷ、ⅠB 和ⅡB 表示。其中，前 5 个副族的价电子数等于族序数；ⅠB、ⅡB 的族数等于最外层的 s 亚层上的电子数。

零族：周期表中第 18 列为稀有气体，通常称为零族。

3)价电子构型与区

根据价层电子构型，价电子构型相似的元素在周期表中分别集中在 4 个区，即 s 区、p 区、d 区、ds 区和 f 区，见图 1-3。各区的价电子构型如表 1-3 所示。

根据表 1-3 各区的价电子构型特征可知：

s区元素包含ⅠA和ⅡA族元素，即碱金属和碱土金属，最后一个电子排布在s轨道上。

p区元素包含ⅢA、ⅣA、ⅤA、ⅥA、ⅦA和零族元素，最后一个电子排布在p轨道上，s区和p区的最后一个电子都是排布在最外层，最外层的电子总数等于族数。

d区元素被称为过渡金属元素，是因为通常最后一个电子不填入最外层而填入次外层，d区元素包含ⅢB、ⅣB、ⅤB、ⅥB、ⅦB，还有ⅧB族。

ds区元素是指元素周期表中的ⅠB、ⅡB两族元素，ds区元素也都是过渡金属元素，但由于它们的d层是满的，所以体现的性质与其他过渡金属元素有所不同。

f区元素通常最后一个电子填在倒数第3层，因而叫内过渡元素，填入4f亚层和5f亚层的内过渡元素分别又叫镧系元素和锕系元素。

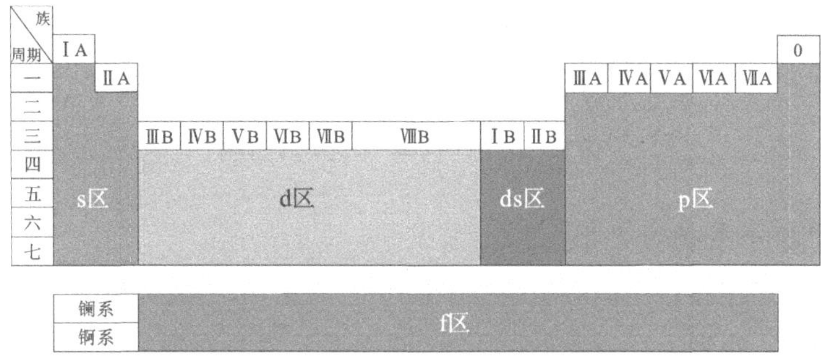

图1-3 周期表中元素的分区

1.3.3 元素性质的周期性变化

元素性质可用原子参数表示，原子参数对元素的性质有重要的影响。

1.原子半径

原子核周围是电子云，没有确切的边界。所以所有的原子半径都是在结合状态下测定的。原子半径是指形成共价键和金属键时原子间接触所显示的半径。金属原子结合为金属晶体，金属半径 r_m 定义为金属晶体中两个相接触的金属原子的核间距的一半[图1-4(a)]。共价半径 r_c 定义为以共价单键结合的两个相同原子核间距的一半[图1-4(b)]。分子晶体中两个相邻分子间核间距的一半称为范德瓦耳斯半径 r_v[图1-4(c)]。一般情况下，$r_c < r_m < r_v$。通常原子半径指的是共价半径。

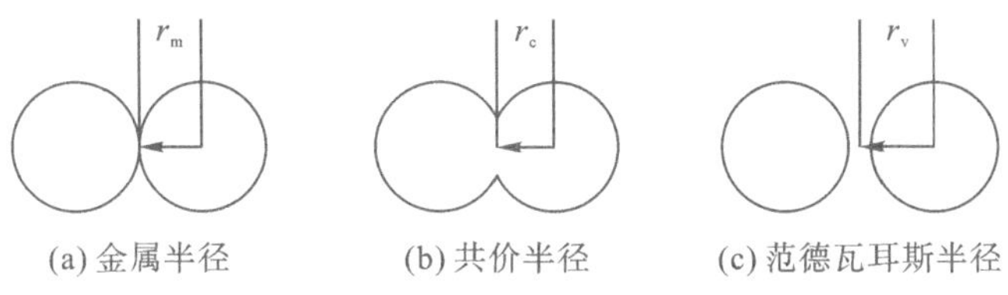

图1-4 不同原子半径

各元素的共价半径如图 1－5 所示，从图 1－5 中可见，有如下变化规律。

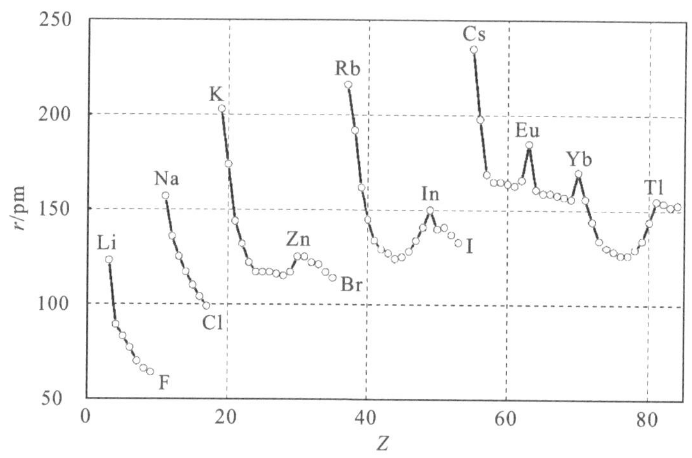

图 1－5　原子半径变化的周期性

1）同周期中原子半径的变化

同周期元素原子半径自左向右呈现逐渐减小的趋势，但主族元素、过渡元素和内过渡元素减小的快慢不同。出现上述现象的原因是，同周期元素自左向右处在相同的电子层，r 变化受两个因素的制约：核电荷数增加，核对电子的引力增强，r 变小；核外电子数增加，屏蔽效应增强，斥力增强，r 变大。

主族元素原子半径减小最快。如第三周期自 Na 至 Cl 的 7 种原子，减小总幅度 86 pm，以平均 12.3 pm 的速度减小。主族元素的价电子填充在最外层。由于同层电子间的屏蔽作用小，随着质子数的增加，有效核电荷数 Z^* 增大越快，半径的减小也就快，而增加的电子不足以完全屏蔽核电荷，所以从左向右，有效核电荷数 Z^* 增加，r 变小。

过渡元素原子半径减小较慢。如第四周期元素自 Sc 至 Zn 的 10 种原子减小总幅度 28 pm，以平均 3.0 pm 的速度减小。对于长周期来说，电子填入$(n-1)$d 层或$(n-2)$f 层中，屏蔽作用大，Z^* 增加不多，r 减小缓慢。

内过渡元素减小最慢。从 La(183 pm)到 Lu(172 pm)减小总幅度 11 pm，以平均不到 1 pm的速度减小。镧、锕系的电子填入$(n-2)$f 亚层，屏蔽作用更大，Z^* 增加更小，r 减小更不显著。镧系元素原子半径自左至右缓慢减小的现象叫镧系收缩。镧系收缩强调的重点是缓慢收缩。收缩缓慢仅对相邻原子而言，但 15 个元素收缩的总效果却十分明显。这种总效果影响了后继元素的性质。

2）同一族中原子半径的变化

同族元素的原子半径自上而下逐渐增大。这是因为同族元素自上而下电子层数逐次增加的缘故，电子层数成为决定半径变化趋势的主要因素。周期表中第五周期与第六周期同族过渡元素半径相近的现象叫镧系效应，是镧系收缩造成的结果。镧系效应使第五和第六周期的同族过渡元素性质极为相近，在自然界中往往共生在一起，而且相互也不容易分离。

2. 电离能(I)

基态气相的原子失去最外层一个电子成为气态+1 价离子所需的最小能量叫第一电离能，+1 价离子再失去一个电子成为气态+2 价离子所需的最小能量叫第二电离能，依此类推，有第三、第四……电离能。各级电离能分别用符号 I_1、I_2、I_3、I_4…等表示。同一个原子各级电离能的顺序为 $I_1<I_2<I_3$…。这种关系很好理解，因为从正离子失去电子比从电中性原子失去电子困难得多，而且离子电荷越高越困难。图 1-6 给出了周期表中元素的第一电离能随原子序数的周期性规律。电离能变化的周期性主要表现在同周期和同族的元素中。

(1)同一周期内电离能的变化自左向右是逐渐增大的，正是这种趋势造成金属活泼性按照同一方向降低。各周期元素的电离能均以碱金属和稀有气体元素为最小和最大。第二、三周期自左向右电离能出现了两个转折点，这是因为具有半充满或全充满电子构型的元素相对于相邻的元素都有较大的稳定性。当比半充满或全充满多一个电子时，这种结构不稳定，易失去一个电子变成半充满或全充满状态。过渡元素与内过渡元素的电离能变化不明显。

(2)同族内电离能变化的总趋势是由上向下逐渐减小，这种趋势造成金属活泼性按照同一方向增强。所以，Fr 是所有元素中最活泼性的金属。从上到下副族元素电离能变化不规则。

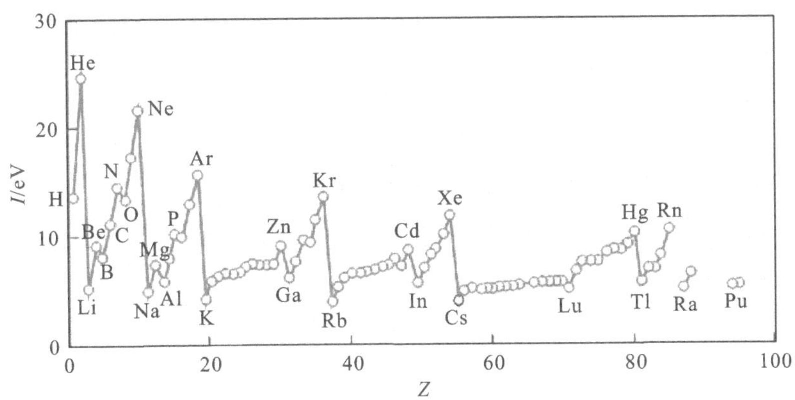

图 1-6 元素第一电离能和原子序数的关系图

3. 电子亲和能(E_A)

电子亲和能是指一个气态原子得到一个电子形成−1 价离子时放出的能量，常以符号 E_A 表示。像电离能一样，电子亲和能也有第一电子亲和能、第二电子亲和能……之分。表

1－5给出了某些主族元素的第一电子亲和能，大于0表示放出能量，小于0表示吸收能量。一般来讲，即使第一电子亲和能为正值，第二电子亲和能都为负值。这是因为负离子对外来电子的排斥作用导致的。

表1－5　一些元素的第一电子亲合能 E_A　（单位：kg · mol^{-1}）

H 72										He −21
Li 60	Be −241				B 23	C 123	N ⩽0	O 142	F 332	Ne −29
Na 53	Mg −232				Al 44	Si 133	P 74	S 201	Cl 348	Ar −35
K 48	Ca −156		Cu 124		Ga 36	Ge 116	As 77	Se 195	Br 324	Kr −39
Rb 47	Sr −120		Ag 125		In 34	Sn 121	Sb 101	Te 183	I 295	Xe −41
Cs 45	Ba −52		Au 223		Tl 48	Pb 101	Bi 101	Po 174	At 270	Rn −41
Fr 44										

表1－5中Cl原子的电子亲和能最大，比F原子还大。周期表中电子亲和能的大小反映了原子得电子难易程度。元素的电子亲和能越大，原子获取电子的能力越强，即非金属性越强。电子亲和能的变化规律与电离能的变化规律基本上相同，即同一周期从左向右显示增加趋势，同一主族从上到下显示减小趋势。但第二周期从B到F的电子亲和能均低于第三周期同族元素。这并不意味着第二周期元素的非金属性相对比较弱，而是由于第二周期元素原子半径很小，电子云密集导致电子间更强的排斥力，因而形成负离子时放出的能量相对较小。因此单独使用电离能或电子亲和能描述金属性或者非金属性的强弱都是不全面的。

4. 原子电负性(χ)

电离能反映一个原子失去电子的能力，电子亲和能反映一个原子获得电子的能力。它们都是从单一方面反映了元素得失电子的能力。1932年，鲍林提出电负性的概念，表示分子中原子对成键电子的相对吸引力大小，用符号χ表示。表1－6给出了修改后的鲍林元素电负性值表。同一周期中元素的电负性由左向右增大，同一族中元素的电负性由上而下减小。非金属与金属元素电负性的分界值大体为2.0。所有元素中以F的电负性为最大

(4.0)，周期表右上角非金属性强的元素的电负性接近或大于3.0。周期表左下角金属性强的元素的电负性接近或小于1.0。电负性概念主要用来讨论分子中或成键原子间电子密度的分布。它可以用来衡量金属与非金属性的强弱。

表 1-6　鲍林元素的电负性值

H 2.2							He
Li 1.0	Be 1.5	B 2.0	C 2.6	N 3.1	O 3.5	F 4.0	Ne
Na 0.9	Mg 1.2	Al 1.5	Si 1.9	P 2.2	S 2.6	Cl 3.2	Ar
K 0.8	Ca 1.0	Ga 1.6	Ge 1.0	As 2.0	Se 2.5	Br 2.9	Kr 3.0
Rb 0.8	Sr 1.0	In 1.7	Sn 1.9	Sb 2.1	Te 2.3	I 2.7	Xe 2.6

人类对微观粒子的认识过程是一个不断对旧理论否定和修订，不断建立新理论的过程。20世纪初，科学家们在大量科学实验与理论计算的基础上，建立了经典的原子结构模型。随着新技术的发展和实验发现，人们对微观粒子的运动规律及所具有能量的理解逐步深入，现在人们广泛接受了结合量子力学理论发展而成的电子云模型。这些都说明：理论与实践紧密结合是推动科学发展的重要途径，同时也是这一时期自然科学发展的最显著特征。

思考题

1.什么是波粒二象性？

2.概率和概率密度有什么区别？

3.四个量子数的物理意义以及相互取值关系是什么？举例说明如何用量子数表示核外电子的运动状态。

4.解释屏蔽效应和钻穿效应，举例说明两者对原子的轨道能级的影响。

5.多电子原子核外电子排布规则有哪些？

6.如何描述原子的电负性？它和原子的金属性和非金属性存在什么关系？

7.周期表中，各元素原子半径变化有何规律？

习　题

1. 对于原子轨道，量子数正确的是（　　）。

A. $n=2, l=3, m=1$　　B. $n=2, l=1, m=1$

C. $n=1, l=0, m=0$　　D. $n=3, l=1, m=2$

2. 关于原子轨道，下列叙述正确的是（　　）。

A. 原子轨道是电子运动的轨迹

B. 某一原子轨道是电子的一种空间运动状态，即波函数

C. 原子轨道表示电子在空间各点出现的概率

D. 原子轨道表示电子在空间各点出现的概率密度

3. 原子序数为 33 的元素，其原子在 $n = 4, l = 1, m = 0$ 的轨道中的电子数为（　　）

A. 1　　B. 2　　C. 3　　D. 4

4. $\Psi_{3,2,1}$ 代表简并轨道中的一条轨道是（　　）。

A. 3d 轨道　　B. 2p 轨道　　C. 3p 轨道　　D. 3s 轨道

5. 某元素的最外层只有一个 $l=0$ 的电子，则该元素不可能是（　　）。

A. s 区元素　　B. ds 区元素　　C. d 区元素　　D. p 区元素

6. 下列关于第三周期主族元素的叙述中正确的是（　　）。

A. 第一电离能 $I_{Na}<I_{Al}<I_P<I_S<I_{Cl}$　　B. 原子半径从左到右逐渐减小

C. 电负性最大的元素是 Cl

7. 在电子云示意图中的小黑点（　　）。

A. 表示电子　　B. 表示电子在该处出现

C. 其疏密表示电子出现的概率大小　　D. 其疏密表示电子出现的概率密度大小

8. 已知某元素 +4 价离子的电子分布式为 $1s^2 2s^2 2p^6 3s^2 3p^6$，该元素在元素周期表中所属的分区为（　　）。

A. s 区　　B. ds 区　　C. p 区　　D. d 区

9. 下列哪一组数值是原子序数 19 的元素的价电子的四个量子数（依次为 n、l、m、m_s）。

A. 1，0，0，+1/2　　B. 2，1，0，+1/2

C. 3，2，1，+1/2　　D. 4，0，0，+1/2

10. ^{24}Cr 原子的电子构型为________，在元素周期表中排第____周期第____族。

11. 某元素在 Kr 之前（$Z=36$），该元素原子失去两个电子后，在角量子数为 2 的轨道中有一个单电子，而如果只失去一个电子，则其离子的轨道中没有单电子。该元素是__________，原子序数为__________，其价电子排布式为__________，该元素在周期表的__________区，第________族。

12.决定电子运动状态的四个量子数中，________反映了原子轨道的形状；________反映了原子轨道的空间取向。

13.有 A、B、C、D 四种元素，其最外层电子依次为 1、2、2、7，其原子序数按 B、C、D、A 次序增大。已知 A 与 B 的次外层电子数为 8，而 C 与 D 的次外层电子数为 18，试问(用符号表示)：

(1)哪些是金属元素？

(2)D 与 A 的简单离子是什么？

(3)哪一元素的氢氧化物的碱性最强？

(4)B 与 D 两元素间能形成何种化合物？写出化学式。

14.写出下列离子的电子排布式：

Cr^{3+}　Fe^{2+}　Cu^{2+}　Ag^{+}　Co^{2+}　Ni^{2+}

（丁大伟 编）

>>>第 2 章　分子结构

分子是物质能够独立存在的相对稳定并保持该物质物理化学性质的最小单元。分子是指由确定数目的原子组成的、具有一定稳定性的物质。由两个原子组成的分子叫双原子分子，如 CO 分子、H_2 分子等；由两个以上原子组成的分子叫多原子分子，如 CO_2 分子、C_2H_5OH 分子等。纯净物分子内或晶体内相邻两个或多个原子(或离子)间强烈的相互作用力统称为化学键，它包括离子键、共价键、金属键。迄今为止，尚无统一的化学键理论能够解释所有物质的内部结构与外在性质之间的依赖关系。那么原子是如何形成分子的呢？分子内原子间(或离子间)存在着什么样的相互作用呢？这些相互作用和物质的性质又有什么关系呢？

本章主要介绍离子键、共价键、金属键及其相关理论：离子键理论、共价键理论(包含价键理论、杂化轨道理论、价层电子对互斥理论、分子轨道理论等)、金属键理论。通过本章内容的学习，应对我们赖以生存的物质世界有更深层次的认知：通过了解物质分子的形成过程，应能够理解物质世界的多样性，以及物质结构与物质外在性质之间存在的根本规律。同时，学习人类对未知事物的探究方法，学会运用唯物主义世界观分析问题、解决问题。

2.1　离子键与晶体结构

1916 年，德国化学家科塞尔(Kossel)根据稀有气体原子稳定结构的事实提出了离子键理论。他认为，当电离能小的金属原子和电子亲和能大的非金属原子相互靠近时，前者失去价电子变成带正电荷的离子，后者获得电子变成带负电荷的离子。结果使二者的电子构型都变得和稀有气体相同，变得较稳定。正离子和负离子由于静电引力相互吸引；同时当它们过于接近时发生排斥，引力和斥力相等即形成稳定的离子键。本节主要讨论离子键，具体包含离子键的形成、特点、强度和离子极化。

2.1.1 离子键的形成和特点

离子键是通过电子转移(失去电子者为阳离子,获得电子者为阴离子)形成的。带相反电荷的离子之间存在静电作用,当两个带相反电荷的离子靠近时,表现为相互吸引,而电子和电子、原子核与原子核之间又存在着静电排斥作用,当静电吸引与静电排斥作用达到平衡时,便形成离子键,即正离子和负离子之间由于静电引力所形成的化学键。这种发生在正负离子之间的静电引力也称库仑力。正负离子通过静电引力生成离子化合物。库仑力大小与正负离子的电荷成正比,与正负离子间距离的 2 次方成反比。

下面以 NaCl 为例讨论离子键的形成过程。

(1)电子转移形成离子:

$$Na - e = Na^+ \qquad Cl + e = Cl^-$$

分别达到稀有气体原子 Ne 和 Ar 的结构,形成稳定离子。

(2)靠静电吸引,形成化学键,体系的势能与核间距之间的关系如图 2-1 所示,纵坐标的零点表示当 r 无穷大时(即两核之间无限远时)势能为零。下面来考察 Na^+ 和 Cl^- 彼此接近时,势能 V 的变化。

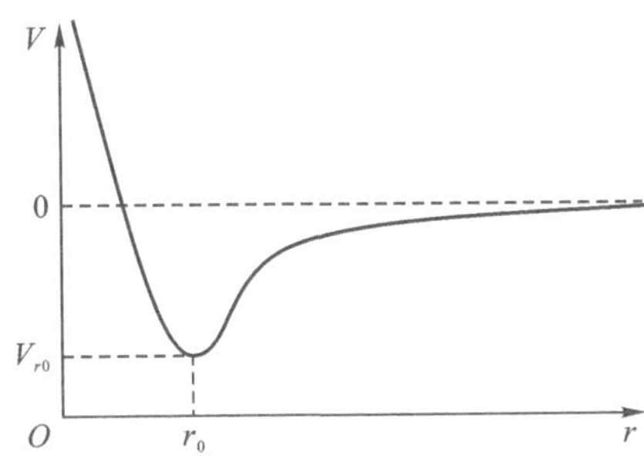

图 2-1 体系的势能与核间距之间的关系

(r 为核间距,V 为体系的势能)

由图 2-1 可见:

$r > r_0$时,随着 r 的不断减小,正负离子靠静电相互吸引,V 减小,体系趋于稳定。

$r = r_0$时,V 有极小值,此时体系最稳定,表明形成了离子键。

$r < r_0$时,随着 r 的不断减小,V 急剧上升,因为 Na^+ 和 Cl^- 彼此接近时,相互之间电子斥力急剧增加,导致势能骤然上升。

因此,离子相互吸引、保持一定距离时,体系最稳定,即形成离子键。

离子键的本质是静电引力,所以离子键既没有方向性,也没有饱和性。带电离子可以看作小球,电荷均匀地分布在小球上,所以离子可以在任何方向上吸引异电荷离子形成离子键，也就是说离子键没有方向性。理论上，一个正离子或负离子周围可以吸引无数个带相反电荷的离子，但因为离子具有一定的大小，加上空间的限制，而且当周围的离子过多时，这些异号离子彼此也互相排斥，故实际上每个离子周围的异电荷离子数是有限的。比如 NaCl 晶体中，每个氯离子周围和 6 个钠离子紧密堆积；CsCl 晶体中，每个氯离子周围和 8 个铯离子紧密堆积。异电荷离子数目主要取决于正、负离子的相对大小，与各自所带电荷的多少无直接关系。只要空间允许，可尽量多地吸引异电荷离子，所以说离子键不具有饱和性。

2.1.2 离子键的强度——晶格能

离子键的强度可用晶格能(U)来表示。晶格能被定义为气态正、负离子形成 1 mol 离子晶体时所放出的能量。晶格能的大小用来表示离子键的强弱。晶体类型相同时，晶格能大小与正、负离子电荷数成正比，与它们之间的距离 r_0 成反比。晶格能越大，正、负离子间结合力越强，晶体的熔点越高、硬度越大。表 2-1 列出了几种离子化合物的离子电荷 z、距离 r_0 对晶格能 U、熔点 T_m、硬度的影响。其中电荷的影响变化最为突出。

表 2-1　离子电荷 z、距离 r_0 对晶格能 U、熔点 T_m 及硬度的影响

离子化合物	离子的电荷	r_0/ pm	$U/(kJ\cdot mol^{-1})$	T_m/℃	硬度
NaF	+1，−1	231	923	993	3.2
NaCl	+1，−1	282	787	801	2.5
NaBr	+1，−1	298	747	747	<2.5
NaI	+1，−1	323	704	661	<2.5
MgO	+2，−2	210	3791	2852	6.5
CaO	+2，−2	240	3401	2614	4.5
SrO	+2，−2	257	3223	2430	3.5
BaO	+2，−2	256	3054	1918	3.3

表 2-1 表明，晶格能的大小影响离子晶体的物理、化学性质。晶格能越大，离子晶体的熔点越高，硬度也越大，而且具有越高的熔化热和汽化热。

2.1.3 离子的极化

孤立简单离子的电荷分布是球形对称的，不存在偶极。但当把离子置于电场中时，离子的原子核和电子云会发生相对位移，离子因变形而出现诱导偶极(见图 2－2)，这个过程称为**离子的极化**。离子极化的强弱取决于离子的极化能力和离子的变形性。

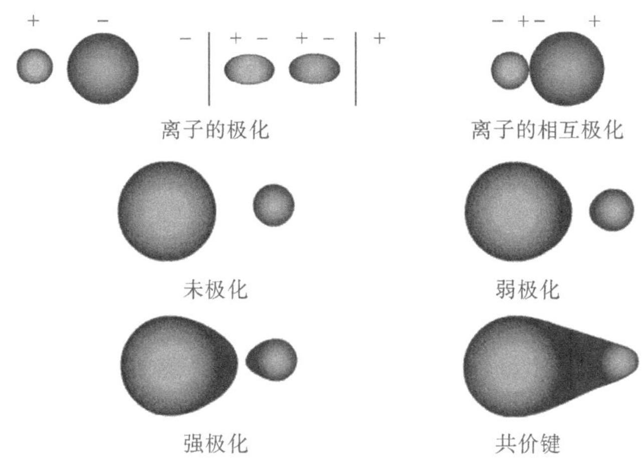

图 2－2　离子的极化

1. 离子的极化能力

极化能力是指离子产生电场强度的大小。电场强度越大，离子极化能力越强。离子的极化能力不仅取决于离子半径和离子电荷，而且还与离子的电子构型有关。

1) 离子半径和离子电荷

离子半径是反映离子大小的一个物理量。离子可近似视为球体，正、负离子半径之和等于离子键键长。利用 X 射线可以进行晶体结构分析，测出离子键键长，如果知道阳离子半径，则可以推算出阴离子半径。离子半径的大小主要取决于离子所带电荷和离子本身的电子分布。通常离子半径越小、离子电荷越多，极化能力越强。

离子电荷是指离子所带的电荷。正离子电荷越多，离子的极化能力越强。

2) 离子的电子构型

离子的电子构型是指原子形成离子后核外最外层电子的排布。如 d 区的元素及 p 区的一些元素通常形成 18 电子构型的离子。p 区元素形成离子时往往只失去最外层的 p 电子，而将两个 s 电子保留下来，进而形成 18＋2 电子构型。如 Ga^{+}、In^{+}、Tl^{+}、Ge^{2+}、Sn^{2+}、Pb^{2+}、Bi^{3+} 等。9～17 电子构型如许多过渡元素形成的离子，如 V^{3+}、Mn^{2+}、Co^{2+}、Ni^{2+}、Cu^{2+}、Fe^{3+}、Au^{3+} 等。

当离子半径和所带电荷相近时，不同电子构型的正离子极化能力的大小顺序为

18、18＋2 电子构型＞ 9～17 电子构型＞ 8 电子构型

2. 离子的变形性

离子的变形性是指离子在电场作用下，电子云发生变形的难易。其大小主要取决于离子半径、离子电荷及离子构型。离子半径越大，变形性越大；负离子电荷越大变形性越大，正离子电荷越大变形性越小；变形性也与电子构型有关，在离子半径相近、所带电荷数相同的情况下，不同电子构型的离子的变形性顺序为

18 电子构型>9～17 电子构型> 8 电子构型

例如 CuCl 和 NaCl 中 Cu^+ 和 Na^+，其电荷数相同，离子半径也非常接近，分别为96 pm和 95 pm，但是 CuCl 不溶于水，加热分解，而 NaCl 溶于水，气化也不分解。这是因为 Cu^+ 为18 电子构型，相对于 Na^+(8 电子构型)更容易发生变形。因此 CuCl 是共价化合物，而 NaCl是离子化合物。

一般来说，正离子半径小，负离子半径大，所以：正离子极化能力强，变形性小；负离子正好相反，变形性大，极化能力小。当正、负离子都易变形时，也要考虑负离子对正离子的极化。正离子变形后，产生的诱导偶极会加强正离子对负离子的极化作用，使负离子诱导偶极增大，这种效应称为**附加极化作用**。

3. 离子极化对离子晶体性质的影响

离子极化对物质结构和性质的影响主要体现在：离子极化引起化学键性质的改变，使得化合物由典型离子键向共价键过渡，并导致其物理化学性质(熔点、沸点、溶解度、颜色等)的递变(见表 2－2)。

在 NaCl、$MgCl_2$、$AlCl_3$ 离子晶体中，正离子极化能力由大到小依次为：$Al^{3+} > Mg^{2+} > Na^+$。所以，NaCl 为典型的离子化合物，而 $AlCl_3$ 接近共价化合物。它们的熔点依次降低，分别为 801 ℃、714 ℃和 192 ℃。

卤化物 AgF、AgCl、AgBr、AgI 在水中的溶解度依次递减。F^- 半径较小，不易变形；随着 Cl^-、Br^-、I^- 半径的依次增大，其变形性也随之增大，这三种卤化物原子间的共价性依次增强，逐渐从离子键过渡为共价键。AgF 仍然保持离子化合物的性质，而 AgI 为共价化合物。故 AgF 在水中易溶，AgI 则难溶。

表 2－2　离子极化对物质结构和性质的影响

类别	AgF	AgCl	AgBr	AgI
键型	离子键	过渡型键	过渡型键	共价键
颜色	白色	白色	浅黄色	黄色
溶解度/($mol \cdot L^{-1}$)	14	1.3×10^{-5}	7.1×10^{-7}	9.2×10^{-9}
分解温度/℃	很高	较高	700	552

离子晶体的颜色和正负离子的颜色有关。一般来说，如果组成晶体的正负离子都是无色的，该化合物也无色。若其中一个离子有色，则该晶体就呈现该离子的颜色。但是如果有离子极化作用存在，相互极化作用越强，化合物颜色越深。如 Ag^+、Cl^-、Br^- 和 I^- 无色，AgI 呈现黄色，这显然与 Ag^+ 和 I^- 都有较大的变形性有关。

离子键理论很好地说明了离子化合物的形成和特性，但不能说明 H_2、H_2O 等分子的形成，也不能说明分子的几何构型。为了描述这类分子的本质和特性及其分子空间构型，相继提出了共价键理论、杂化轨道理论、分子轨道理论和价层电子对互斥理论。

2.2　共价键与分子构型

本节主要介绍价键理论、杂化轨道理论、分子轨道理论和价层电子对互斥理论。

*2.2.1　经典路易斯学说

基于人们对稀有气体八电子稳定结构的认识，路易斯(G. N. Lewis)早在 1916 年就提出了经典的共价键理论。他认为：**分子中原子之间可以通过共享电子对使每一个原子具有稳定的八电子构型，这样构成的分子称为共价分子。**原子通过共用电子对而形成的化学键叫共价键。两原子间共用一对电子的共价键叫共价单键，共用两对、三对电子的分别叫共价双键和共价三键。这种成键规则叫**八隅体规则**(或称八电子规则)。

八隅体规则是化学中一个简单的规则，它指出各个原子趋向组合，令各原子的价层都拥有 8 个电子，与稀有气体拥有相同的电子构型。主族元素如 C、N、O、卤素族、Na、Mg 等都依从该规则。简单而言，当组成离子或分子的原子最外电子层有 8 个电子时，它们便会趋向稳定。当一个原子的价层不拥有 8 个电子时，它会被填满而趋于稳定；这也是稀有气体不活跃的原因。基态原子的价层最多只能容纳 8 个电子，因为 s 亚层被填满后，必定会填 p 亚层。于是，当 p 亚层被填满后，更多的电子只能进入下一层，而成为新的价层。根据八隅体规则，原子一般会通过得到、失去或分享电子以达成八隅体。

路易斯用元素符号之间的小黑点表示分子中各原子的键合关系。代表一对成键电子的一对小黑点亦可用“—”代替，故可以用下面的路易斯结构图描述分子的形成情况：

$$H_2 \qquad N_2 \qquad CO_2$$

$$\mathrm{H-H} \qquad :\mathrm{N}\equiv\mathrm{N}: \qquad \ddot{\underset{..}{\mathrm{O}}}=\mathrm{C}=\ddot{\underset{..}{\mathrm{O}}}$$

路易斯结构式的书写规则可以归纳如下。

(1)计算分子或离子的价电子总数 n。

(2)画出分子或离子骨架结构。确定中心原子(电负性大的原子)和端基原子(电负性小的原子)，用短线连接，代表一对电子。通常 C 原子总是中心原子，H、X、OH 等为端基原子或基团。

(3)根据成键情况计算出所需电子数 m，剩余电子等于 $n-m$。将剩余电子先分配给端基原子满足八隅体原则(H 为 2)，多余电子分配给中心原子。

(4)检查中心原子电子数，如果不满足八隅体原则，则需要将端基原子的电子对与中心原子共享，形成双键或三键。

虽然按照上述规则可以画出很多常见分子的路易斯结构式，但是很多分子的路易斯结构可以有多个，必须采用形式电荷确定哪种才是稳定的路易斯结构式。路易斯结构式能够简洁地表达单质和化合物的成键状况，也可以作为几何结构分析的基础。但八隅体规则起源于早期人们对主族元素的认识，存在很大局限性。

(1)不是所有分子都遵循八隅体规则。如$[SiF_6]^{2-}$、PCl_5 和 SF_6 中 3 个中心原子的价层电子数大于 8，分别为 12、10 和 12，却能够稳定存在。

(2)不能解释共价键的本质。比如它不能解释为什么电子配对能够使两个原子结合更牢固。

(3)不能解释某些分子的性质。按照路易斯电子配对理论，不能解释为什么配对后的氧分子具有顺磁性(我们将在后面的分子轨道理论部分讨论)。另外 NO_2 路易斯结构中有两个不同的 N—O 键，但实验证实两个不同的 N—O 键键长相等，介于单双键之间。为了解释这一现象，鲍林引入了共振体的概念。

当某些分子、离子或自由基不能用某个单一的结构来解释其某种性质(能量、键长等)时，就用两个或两个以上的结构式来代替通常的单一结构式，把这几个结构式叫**共振体**。用共振符号“⟷”表示。例如：NO_2、H_3C-NO_2 的共振体分别表示为

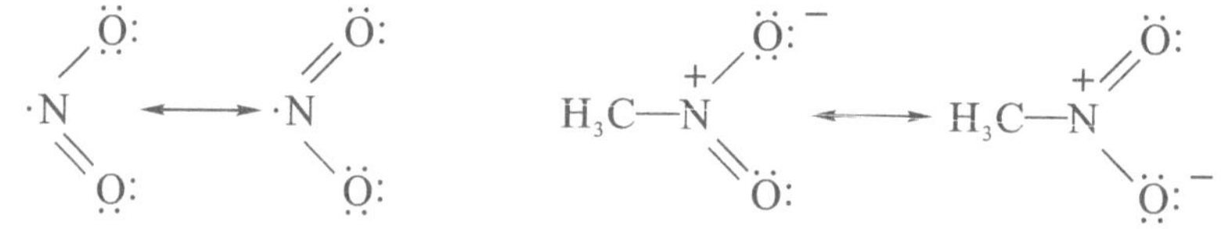

也就是说 NO_2、$H_3C—NO_2$ 分子的真实结构是两个共振体的叠加(平均中间状态)，或者说电子可以在成键的两个原子范围以外运动，即离域运动。在书写分子的共振式时，虽然不能移动原子，但在结构式中可以移动电子，这种行为即电子的离域性。有几种稳定的路易斯结构，就可能有几种共振体。

要正确书写共振体，应符合下列几条规则：

(1)共振体之间只允许键和电子的移动，而不允许原子核位置的改变。

(2)所有的共振体必须符合路易斯结构式。

(3)所有的共振体必须具有相同数目的未成对电子。以烯丙基自由基为例

$$CH_2{=}CH{-}CH_2\cdot \longleftrightarrow \cdot CH_2{-}CH{=}CH_2$$

(4)电子离域化往往能够使分子更为稳定,具有较低的内能,为了衡量这种稳定性,可以使用共振能。所谓共振能就是实际分子的能量和可能的最稳定的共振体的能量之差。

(5)共振体中所有的原子都具有完整的价电子层,都是较为稳定的。

(6)有电荷分离的共振体稳定性较低。

(7)负电荷在电负性较大的原子上的共振体较稳定。

共振体理论的应用主要包括说明有机化合物的物理性质和化学性质两个方面,在物理性质方面可以用来说明分子的极性、键长、键能等;在化学性质方面可以用来预测反应的产物、比较化合物酸碱性的强弱、判断反应条件、电荷的分布位置和解释多重反应性能等。它扩大了电子配对的概念。

2.2.2 价键理论

1.共价键的形成和本质

路易斯的经典共价键理论初步揭示了共价键与离子键的区别,但是无法阐明共价键的本质。它不能解释为什么两个带负电荷的电子不互相排斥而可以通过相互配对形成共价键,也不能说明为什么有些分子的中心原子最外层电子构型虽然不是稀有气体的八隅体结构(如 BF_3、PCl_3、SF_6等),但也能稳定存在的事实。

1927年,海特勒(W. Heitler)和伦敦(F. London)把量子力学的成就应用于最简单的 H_2 结构中,使共价键的本质得到了初步解答,从而建立了现代价键理论(valence bond theory)。其本质是原子轨道重叠后,高概率地出现在两个原子核之间的电子与两个原子核之间的电性作用。现代价键理论认为,要形成稳定的共价键,两个成键的原子轨道将尽可能沿着轨道方向最大程度进行重叠。

2.共价键的特点

共价键的特征与前面讲的离子键特征恰好相反,共价键具有饱和性和方向性。

1)饱和性

在共价键的形成过程中,一个原子的一个未成对电子与其他原子的未成对电子配对后,就不能再与其他电子配对,即每个原子能形成的共价键总数是一定的。共价键的饱和性是由原子外层未成对电子及其占有的轨道数目有限而造成的,是由成键原子的价层电子结构决定的。两个原子之间如只有一对共用电子,形成的化学键称为单键;若两个原子间有两对共用电子,就称为双键;若有三对共用电子,就称为三键。

2)方向性

共价键具有方向性是指,共价键的形成在可能范围内,原子轨道的重叠一定采取电子云

密度最大的方向。除 s 轨道是球形的以外，其他原子轨道 p、d、f 在空间都有一定的伸展方向，成键时只有沿着一定的方向，才能满足最大重叠原则。

3. 共价键的种类

根据原子轨道最大重叠原则，按成键时轨道之间的电子云重叠方式的不同，可将共价键分为 σ 键和 π 键等。

1）σ 键

由两个原子轨道沿轨道的对称轴方向“头碰头”相互重叠所形成的共价键叫作 σ 键。σ 键的电子云以圆柱形对称分布于键轴周围，成键的两个原子可以绕键轴旋转。一般的单键都是 σ 键。由于 σ 键是沿轨道对称轴方向形成的，轨道间重叠程度大，所以通常 σ 键的键能较大，较稳定，不易断裂，而且由于有效重叠只有一次，所以两个原子间至多只能形成一条 σ 键。

2）π 键

由两个彼此平行的未杂化的 p 轨道“肩并肩”相互重叠所形成的共价键叫作 π 键。π 键的电子云分布于键轴的上下，成键的两个原子不能绕键轴自由旋转。

两个原子间最多可以形成 2 个 π 键。例如，碳碳双键中，除具有一个 σ 键，还有一个 π 键，而碳碳三键中，有一个 σ 键，两个 π 键。

由 3 个或 3 个以上原子彼此平行的未杂化的 p 轨道从侧面相互重叠形成的 π 键称为大 π 键。通常指芳香环的成环碳原子各以一个未杂化的 2p 轨道，彼此侧向重叠而形成的一种共轭 π 键。一般用π_a^b来表示，其中 a 为平行的 p 轨道的数目，b 表示平行 p 轨道里的电子数。

例如：苯的分子结构是 6 个碳原子都以 sp^2 杂化轨道结合成一个处于同一平面的正六边形，每个碳原子上余下的未参加杂化的 p 轨道由于都垂直苯分子平面而平行，因此所有 p 轨道之间都可以相互重叠而形成大 π 键。苯的大 π 键是平均分布在 6 个碳原子上的，所以苯分子中每个碳碳键的键长和键能都是相等的。

4. 共价键的极性

1）键的极性

共价键的极性是因为成键的两个原子电负性不相同而产生的。核间的电子云密集区域会偏向电负性较大的原子，使之带部分负电荷，记作 $\delta-$；而电负性较小的原子带部分正电荷,记作 δ+。

极性共价键:不同种原子之间共用电子对形成的共价键,是极性共价键,简称极性键,电子明显偏向非金属性强的原子。在极性键中,非金属性相对较强的元素原子一端显负电性;非金属性相对较弱的元素原子一端显正电性。在极性键中,成键元素的非金属性差别越大,共价键的极性越明显(越强);成键元素的非金属性差别越小,共价键的极性越不明显(越弱)。

非极性共价键:由两个相同的原子所形成的单质,因为它们的电负性相同,分子中电荷的分布是对称的,整个分子的正电荷重心与负电荷重心重合,这种分子叫作非极性分子,这种键叫作非极性共价键。分子结构比较对称的两种非金属元素组成的物质也具有非极性共价键,如 BF_3、C_2H_2、CH_4 等。

键的极性程度可以用两个原子电负性之差来衡量。差值在 0.4 到 1.7 之间的共价键是典型的极性共价键。两个原子完全相同(当然电负性也完全相同)时,差值为 0,这时原子间成非极性键。相反地,如果差值超过了 1.7,这两个原子之间就不会形成共价键,而是形成离子键。

2)诱导效应

在多原子分子中,由于成键原子或基团之间的电负性不同,不仅会使键产生极性,而且会使分子中其他原子的电子云沿碳链向电负性较大的原子偏移,从而使共价键的极性发生变化,这种不直接相连的原子之间的相互影响称为诱导效应,用符号“I”表示。诱导效应的特征是电子云偏移沿着 σ 键传递,并随着碳链的增长而减弱或消失。

在诱导效应中,一般用箭头“→”表示电子移动的方向。诱导效应是一种短程的电子效应,一般隔 3 个化学键影响就很小了。诱导效应只改变键的电子云密度分布,而不改变键的本性,如下所示:

$$\overset{\delta\delta\delta+++}{CH_3} \longrightarrow \overset{\delta\delta++}{CH_2} \longrightarrow \overset{\delta+}{CH_2} \longrightarrow \overset{\delta-}{X}$$

常见基团的电负性由大到小排列如下:

$—F > —Cl > —Br > —OCH_3 > —NHCOCH_3 > —C_6H_5—CH{=}CH_2 > —H >$
$—CH_3 > —C_2H_5 > —CH(CH_3)_2 > —C(CH_3)_3$

比较各种原子或基团的诱导效应时,常以氢原子为标准。电负性比氢原子大的原子或原子团(如 —X 、—OH 、$—NO_2$ 、—CN 等)有吸电子的诱导效应(负的诱导效应),用 −I表示,整个分子的电子云偏向取代基。电负性比氢原子弱的原子或原子团(如烷基)具有给电子的诱导效应(正的诱导效应),用+I 表示,整个分子的电子云偏离取代基。

5. 共价键的键参数

1）键长

键长是指分子中两个原子核间的平均距离。例如，氢分子中两个氢原子的核间距为76 pm，H—H 的键长为 76 pm。一般键长越短，原子核间距离越小，键越牢固。如 H—F、H—Cl、H—Br、H—I 键长依次递增，键能依次递减，分子的热稳定性依次递减。双键的键长是单键的 85%～90%，三键的键长是单键的 75%～80%。

2）键角

键角是指分子中同一原子所形成的两个共价键之间的夹角。键角是由共价键的方向性决定的，键角反映了分子或物质的空间结构。例如，水是 V 形分子，水分子中两个 H—O 键的键角为 104.5°；甲烷分子为正四面体形，碳位于正四面体的中心，任何两个 C—H 键的键角均为 109.5°。

3）键能

键能是表示化学键强弱的物理量。不同类型的化学键有不同的键能，如离子键的键能是晶格能，金属键的键能是内聚能。在标准状态（101.3 kPa、298.15 K）下，把 1 mol 双原子分子 AB（气态）解离成 A、B 两原子（气态）时所需的能量称为 A－B 的解离能，用 E_d表示，也就是它的键能。如 H—H 键的键能为 436 kJ/mol，Cl—Cl 的键能为 243 kJ/mol。不同的共价键的键能差距很大。一般键能越大，表明键越牢固，由该键构成的分子也就越稳定。化学反应的热效应也与键能的大小有关。键能的大小与成键原子的核电荷数、电子层结构、原子半径、所形成的共用电子对数目等有关。

4）偶极矩

偶极矩反映了分子极性或共价键的极性大小，用 $\boldsymbol{\mu}$ 表示，单位为 C·m（库伦·米），数值上等于正、负电荷中心的电荷量（q）与正、负电荷中心之间的距离（d）的乘积，即 $\mu=q\cdot d$。偶极矩是一个向量，有大小和方向。通常用→表示方向，箭头由电负性较小的原子指向电负性较大的原子。

（1）键的极性取决于成键原子的电负性，电负性不同的原子所成的键有极性。

（2）对于双原子分子来说，分子的极性与键的极性一致。键两端原子之电负性差愈大，键的极性愈大，分子的极性也愈大。

（3）多原子分子之极性由分子内各键矩向量的方向和大小而定，故分子的极性除了与键的极性有关外，还取决于分子的空间结构。

6. 共价键的断裂

化学反应的本质是旧键的断裂和新键的形成。化学反应中，共价键存在两种断裂方式。

1)均裂

在加热、光照或自由基引发剂的作用下，反应物分子的共价键发生断裂，成键电子平均分给两个原子或原子团，这种断裂方式称为均裂。

均裂产生的原子或原子团带有单电子，称为自由基，用"R·"表示，自由基具有反应活性，能参与化学反应。例如：

$$CH_3\text{—}H \xrightarrow{h\nu} CH_3\cdot + H\cdot$$

2)异裂

在酸碱或极性物质的催化下，分子的共价键发生断裂，成键电子不平均分给两个原子或原子团，生成正、负离子，这种断裂方式称为异裂。例如：

$$CH_3\text{—}Br \longrightarrow CH_3^+ + Br^-$$

有机物共价键异裂生成的碳正离子和负离子是有机反应的活泼物质，往往在生成的一瞬间就参加反应。

由异裂引发的反应称为离子型反应，又可分为两种：亲电反应和亲核反应。离子型反应一般在酸碱或极性物质的催化下进行。

2.2.3　杂化轨道理论

虽然价键理论阐明了共价键的本质，但是却在解释多原子分子的空间结构时遇到了困难。1931 年，鲍林在价键理论的基础上提出了杂化轨道理论，该理论成功弥补了价键理论的不足。

在形成分子的过程中，由于各原子之间的相互影响，在同一原子内，若干个能级相近、形状不同的原子轨道有可能会改变原有的能量与形状，互相混杂起来，重新分配能量和空间方向，形成一组新的有利于成键的原子轨道，这个过程就是原子轨道的杂化，简称杂化，而新形成的轨道就是杂化轨道。

鲍林是量子化学和结构生物学的先驱者之一，1954 年因在化学键方面的工作获得诺贝尔化学奖，1962 年因反对核弹在地面测试的行动获得诺贝尔和平奖，成为获得不同诺贝尔奖项的两人之一。鲍林在近一个世纪的生命历程中，参与和经历了20世纪科学史上许多重大的发现，成果卓著：首次全面描述化学键的本质；发现蛋白质的结构；揭示镰刀状细胞贫血症的病因；参与揭示DNA结构的研究；主持第二次世界大战期间的一些军工科研项目；推进X射线结晶学、电子衍射学、量子力学、生物化学、分子精神病学、核物理学、麻醉学、免疫学、营养学等学科的发展。

1.杂化轨道理论的要点

(1)只有在形成分子的过程中，中心原子受到配位原子的影响，中心原子的若干个能级相近、形状不同的原子轨道才有可能发生杂化。

(2)在同一原子中，n 个能量相近的原子轨道进行杂化，只能形成 n 个杂化轨道，如：一个s轨道与两个p轨道进行杂化，最终能得到三个sp杂化轨道。

(3)原子轨道发生杂化后，其成键能力更强，所形成的化学键键能更大，得到的分子更加稳定。

(4)杂化轨道分为等性杂化和不等性杂化两种。等性杂化所形成的每个杂化轨道能量、形状相同，不等性杂化则是由于中心原子带有孤对电子，使所有杂化轨道不完全一致。

(5)中心原子发生杂化后，所形成的杂化轨道尽可能远离、对称，即满足成键时重叠最多、成键后化学键间排斥力最小的原则。

2.杂化轨道的类型

1)sp杂化轨道

sp杂化轨道是由一个s轨道和一个p轨道杂化而成，形成的两个sp轨道间夹角为180°，呈直线形。例如 $BeCl_2$ 中Be在成键时就发生了sp杂化，Be原子的一个2s轨道被激发到2p空轨道上，随后一个s轨道与一个p轨道发生杂化，形成的两个sp轨道在一条直线上，每个sp杂化轨道均与Cl原子的成键轨道重叠形成两个σ键，得到直线形分子 $BeCl_2$，如图2-3所示。

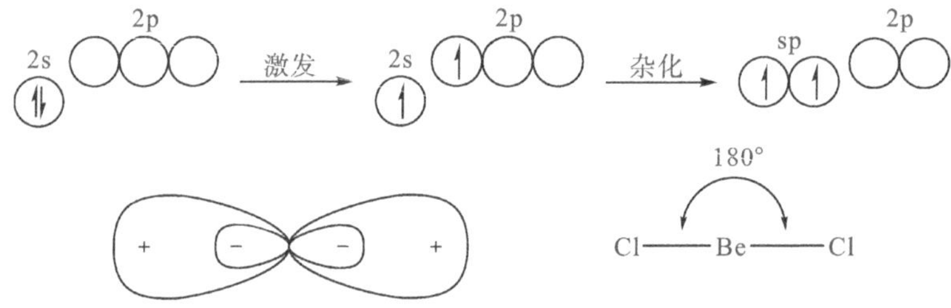

图2-3　$BeCl_2$ 中Be原子杂化过程、sp杂化轨道及 $BeCl_2$ 结构

2)sp^2 杂化轨道

sp^2 杂化轨道是由一个s轨道和两个p轨道杂化而成，形成的三个 sp^2 杂化轨道在同一

平面上，夹角均为 120°，呈平面三角形。例如，BF_3 中的 B 原子在成键时，其一个 2s 轨道被激发到 2p 空轨道上，随后一个 s 轨道与两个 p 轨道发生杂化，形成三个 sp^2 杂化轨道，每个杂化轨道均与 F 原子的成键轨道重叠形成 σ 键，最终得到平面三角形分子 BF_3，如图 2-4 所示。

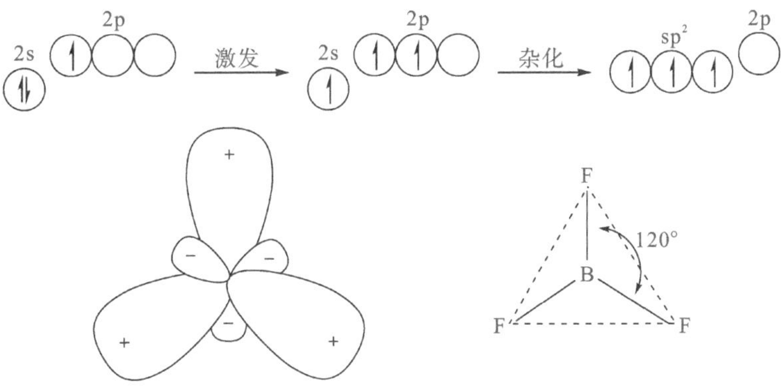

图 2-4　BF_3 中 B 原子杂化过程、sp^2 杂化轨道及 BF_3 结构

3）sp^3 杂化轨道

sp^3 杂化轨道是由一个 s 轨道和三个 p 轨道杂化而成，形成的四个 sp^3 杂化轨道呈四面体形。例如，在 CH_4 形成过程中，C 原子的一个 2s 轨道会被激发到 2p 空轨道上，随后一个 2s 轨道与三个 2p 轨道发生杂化，形成四个能量相同、形状一致、空间排布对称的 sp^3 轨道，每一个 sp^3 轨道均与一个 H 原子的 1s 轨道重叠成键，最终形成四个完全相同的 C—H 键，得到正四面体结构的 CH_4 分子，如图 2-5 所示。

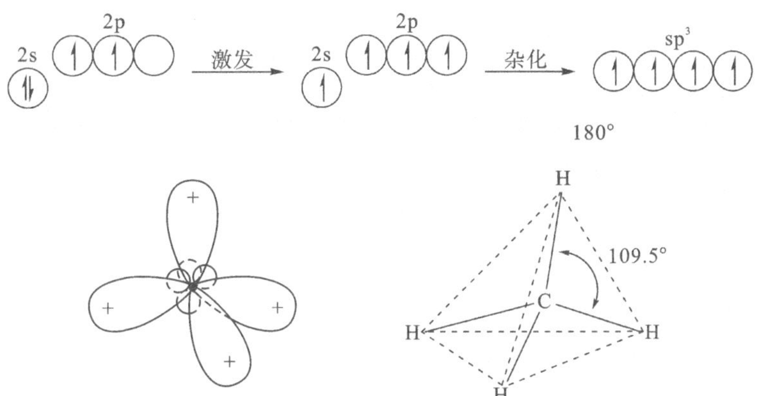

图 2-5　CH_4 中 C 原子杂化过程、sp^3 杂化轨道及 CH_4 结构

4）不等性杂化

前面介绍的三种杂化类型，它们的共同点是参加杂化的各原子轨道中所含的未成对电子数相等，杂化后所生成的各杂化轨道的形状和能量完全等同。或者说每个杂化轨道中所含 s 成分和 p 成分的比例均相等，这类杂化叫作等性杂化。

如果参加杂化的各原子轨道中所含的未成对电子数不相等，杂化后所生成的杂化轨道的形状和能量不完全等同，或者说在每个杂化轨道中所含 s 成分和 p 成分的比例不完全相等，这类杂化叫作不等性杂化。

例如，在 H_2O 分子中，虽然中心 O 原子也采取 sp^3 杂化，但有 2 个杂化轨道各含有 1 个未成对的电子，另外 2 个杂化轨道则各含有 1 对电子。因此，它们在能量和空间占有体积上有所不同，O 原子的 2 个含有未成对电子的杂化轨道分别与 2 个 H 原子的 1s 轨道重叠形成 2 个 sp^3-s 型的 σ 键。由于孤电子对所占用的杂化轨道的电子云比较密集，因此它对成键电子对所占用的杂化轨道起到排斥和压缩作用，结果使 2 个 O—H 键间的夹角被压缩成 104.5°，而不是正四面体的 109.5°，H_2O 的分子构型为 V 形，电子构型为四面体形，如图 2－6 所示。

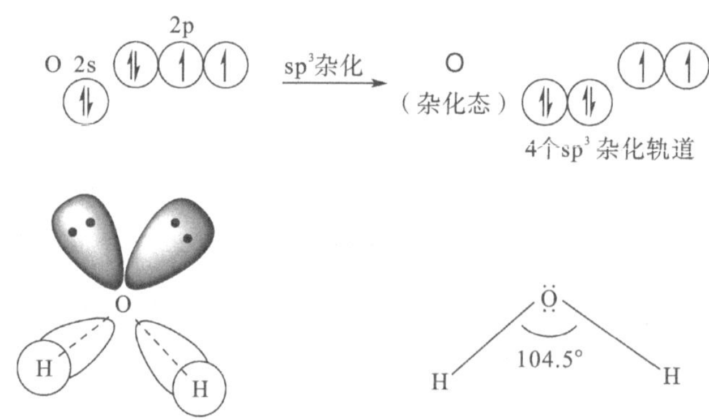

图 2－6　H_2O 中 O 原子杂化过程及 H_2O 结构

除了水分子外，NH_3 分子中的 N 原子也是 sp^3 不等性杂化，不同的是只有 1 个杂化轨道含有 1 对电子，其余 3 个杂化轨道各含有 1 个电子，可形成 3 个 σ 键。因 NH_3 分子中只有一个孤电子对，成键电子对所受的排斥和压缩作用小于水分子中的 O—H 键，所以 N—H 键之间的夹角为 107.3°，大于水分子中 O—H 键间的夹角。NH_3 的电子构型为四面体，分子构型为三角锥形，如图 2－7 所示。

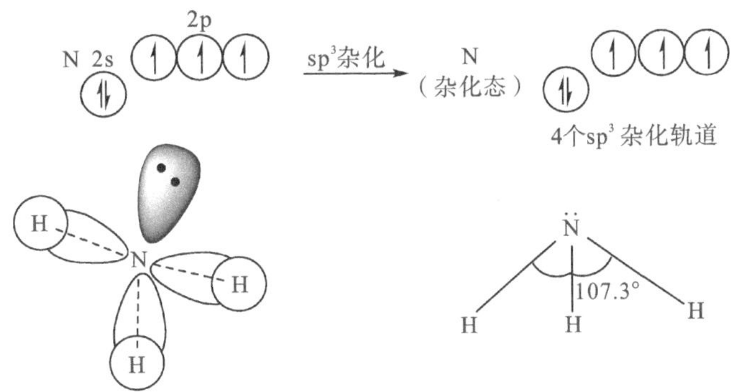

图 2-7　NH_3 中 N 原子杂化过程及 NH_3 结构

3. 杂化轨道理论的应用

杂化轨道理论可以通过杂化轨道的类型较好地解释多原子分子的立体构型。以下为一些有机分子的立体构型。

(1)甲烷是烷烃中最简单的分子，分子中的 C 原子以 4 个 sp^3 杂化轨道分别与 4 个 H 原子的 s 轨道重叠，形成 4 个 C—H σ 键，成正四面体排布，空间 H 原子之间距离最远，排斥力最小，能量最低，体系最稳定，如图 2-8 所示。乙烷分子中两个 C 原子各以 sp^3 杂化轨道重叠形成 C—C σ 键，余下的杂化轨道分别和 6 个 H 原子的 1s 轨道重叠形成 C—H σ 键，如图 2-9 所示。

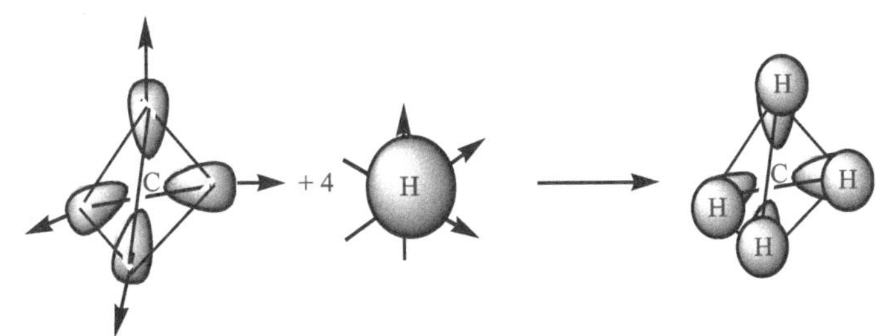

图 2-8　甲烷分子形成示意图

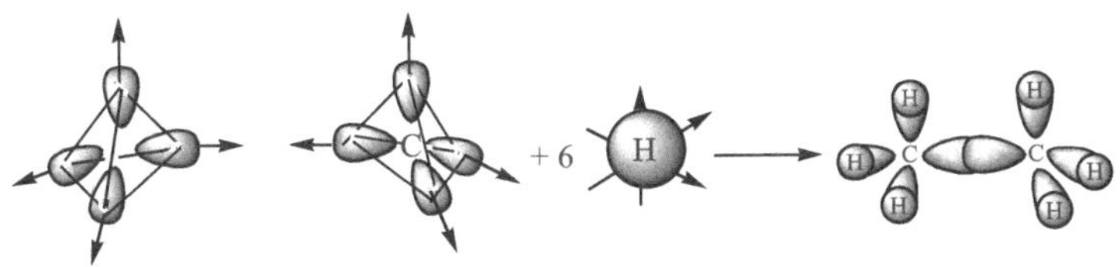

图 2-9　乙烷分子形成示意图

(2)乙烯，化学式 C_2H_4，是最简单的烯烃。乙烯分子中的两个碳原子呈 sp^2 杂化态，两个碳原子各用一个 sp^2 杂化轨道相互重叠，形成一个 C—C σ 键，剩余的四个 sp^2 杂化轨道分别与四个氢原子的 1s 轨道重叠，形成四个 C—H σ 键。因此，所形成的五个 σ 键均在同一个平面上。每个碳原子上未参与杂化的 p 轨道垂直于 σ 键所在的平面，相互平行，从侧面重叠，形成 π 键。π 电子云分布在平面的上方和下方。C═C 键由一个 σ 键和一个 π 键组成。如图 2-10 所示。

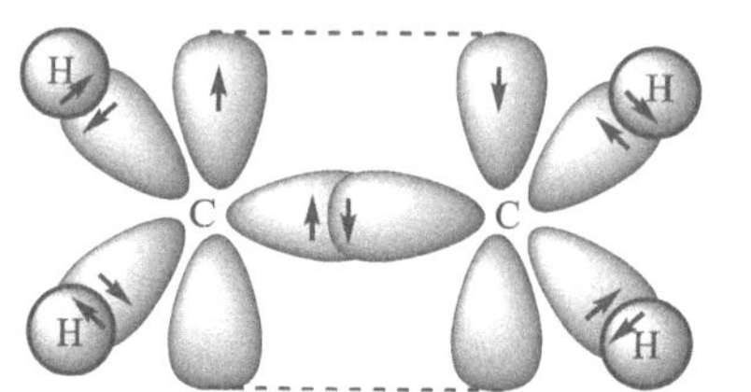

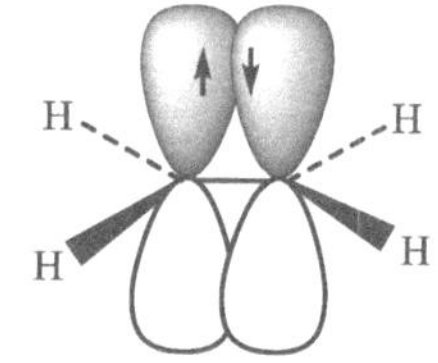

图 2-10　乙烯分子价键形成示意图

(3)乙炔，化学式 C_2H_2，是最简单的炔烃。杂化轨道理论认为，乙炔分子中的两个碳原子呈 sp 杂化态，两个碳原子各以一个 sp 杂化轨道沿连线方向相互重叠，形成一个 C—C σ 键，剩下的两个 sp 杂化轨道分别与两个氢原子的 1s 轨道重叠，形成两个 C—H σ 键，三个 σ 键在同一条直线上。每个碳原子上还有两个未参与杂化但相互垂直的 p 轨道，四个 p 轨道从侧面两两重叠，形成两个相互垂直的 π 键。因此，C≡C 键由一个 σ 键和两个 π 键组成。如图 2-11 所示。

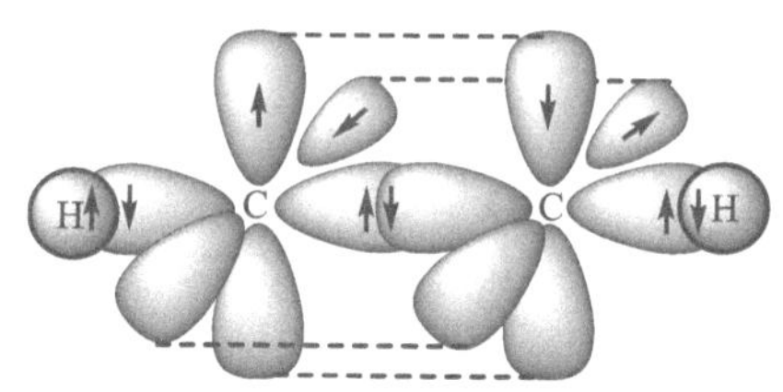

图 2-11　乙炔分子价键形成示意图

(4)苯，化学式 C_6H_6。杂化理论认为，苯分子中的六个碳原子都采取 sp^2 杂化，每个碳原子以两个 sp^2 杂化轨道与相邻碳原子的 sp^2 杂化轨道互相重叠，形成 C—C σ 键，又各自以一个 sp^2 杂化轨道与氢原子的 1s 轨道相重叠形成六个 C—H σ 键。碳原子的三个 sp^2 杂化轨道处于同一平面内，轨道对称轴间的夹角为 120°，六个碳原子正好组成一个正六边形，所有的碳原子和氢原子都在同一平面上。

每个碳原子除以 sp^2 杂化轨道形成两个 C—C σ 键和一个 C—H σ 键外，还有一个未参与杂化的 p 轨道，六个 p 轨道的对称轴垂直于六个碳原子所在的平面而相互平行，p 轨道间侧面相互重叠，形成一个包含六个碳原子的闭合的 π－π 共轭体系，π 电子云分布在分子平面的上下，形状像两个轮胎。在此共轭体系中，π 电子云高度离域且完全平均化，碳-碳键之间没有单键和双键之分，键长完全相等。因此，苯的结构式可形象地用一个正六边形内加一个圆圈表示，其中的圆圈代表苯分子中闭合的大 π 键。苯分子结构如图 2－12 所示。

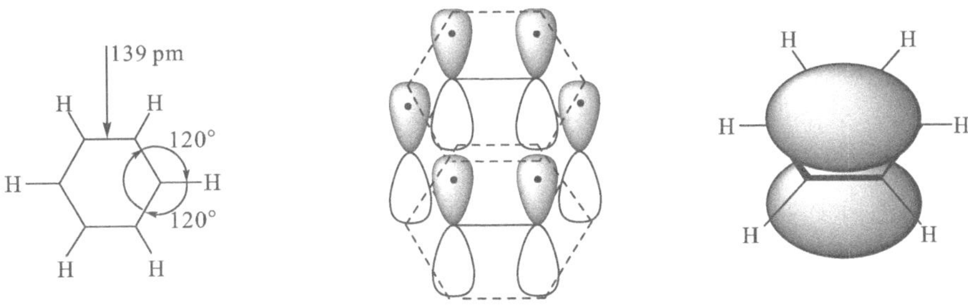

图 2－12　苯分子的结构

(5)脂环烃的结构。历史上关于脂环烃的结构有多种学说和理论，下面以环丙烷为例略作说明。张力学说认为，链状烷烃的稳定在于其键角接近 109.5°，而环丙烷的三个碳原子在同一平面成正三角形，键角为 60°，应该很不稳定。这种不稳定是由于形成环丙烷时每个键向内偏转造成的。键的偏转使分子内部产生了张力，这种由于键角的偏转而产生的张力，称为角张力。环丙烷有解除张力、生成较稳定的开链化合物的倾向，因此很容易发生开环反应。现代价键理论认为，当键角为 109.5°时，碳原子的 sp^3 杂化轨道达到最大重叠。而环丙烷的 C—C—C 键角约为 105.5°，成键时杂化轨道以弯曲形式进行部分重叠，所形成的这种"弯曲键"比正常形成的 σ 键弱，并产生很大的张力，导致分子不稳定而开环，如图 2－13 所示。

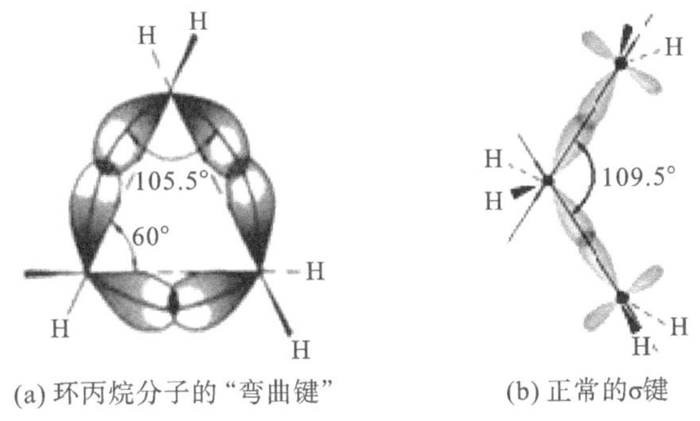

(a) 环丙烷分子的"弯曲键"　　(b) 正常的σ键

图 2－13　环丙烷分子的"弯曲键"与正常的 σ 键

(6)环丁烷与环丙烷类似，只是环内键角比环丙烷略大一些，因此也容易发生开环反应。可见，环内键角越小，成键电子云重叠程度越小，角张力就越大。由此不难得出结论：三元环最容易发生开环反应，其次是四元环。

实际上，除环丙烷的三个碳原子共平面外，其他环烷烃构成环的碳原子都不在同一平面内，其自动折曲而成的形状都使键角尽量接近109.5°，从而减少了角张力，增大了稳定性。其中最稳定的是环己烷，其次是环戊烷，即最难发生开环反应的是环己烷和环戊烷，其立体构型如图2-14所示。

(7)醇的结构。最简单的醇是甲醇，下面以甲醇为例讨论醇的结构(见图2-15)。在甲醇分子中，碳原子和氧原子均处于 sp^3 杂化状态，氧原子中两个未共用电子对各占据一个 sp^3 杂化轨道，剩下的两个 sp^3 杂化轨道分别与碳原子和氢原子结合，形成碳氧 σ 键和氢氧键，它们之间的键角约为108.9°。由于醇分子中氧原子的电负性比碳原子大，使氧原子上的电子云密度较高，所以醇分子具有较强的极性。

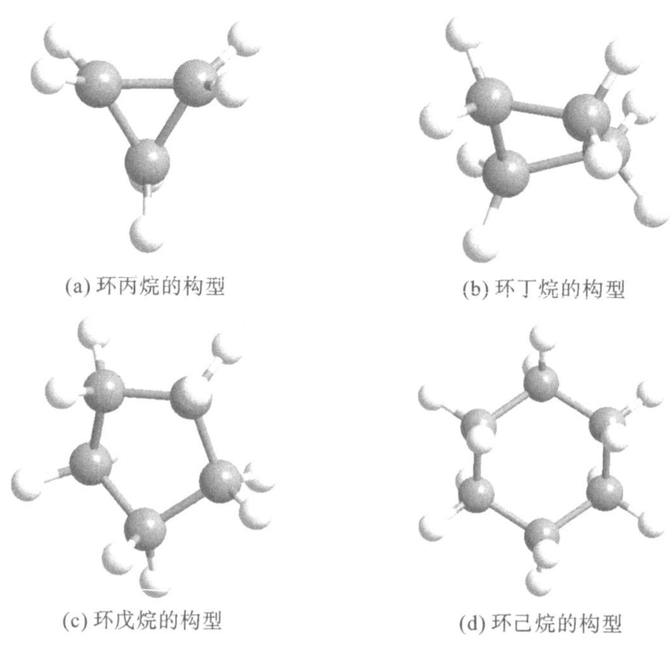
(a) 环丙烷的构型　(b) 环丁烷的构型

(c) 环戊烷的构型　(d) 环己烷的构型

图2-14　环烷烃的立体构型

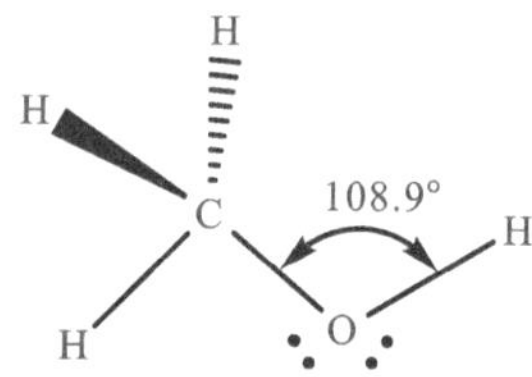

图2-15　甲醇的立体构型

(8)苯酚是最简单的酚，俗称石炭酸(carbolic acid)。与醇羟基不同，一般认为酚羟基中的氧原子进行 sp^2 杂化，氧原子上的两对未共用电子，一对处于 sp^2 杂化轨道，另一对处于未杂化的 p 轨道中，p 轨道中的未共用电子对能与苯环的大 π 键形成 p-π 共轭体系，如图 2-16 所示。酚类分子中都含有羟基和芳环，由于两者直接相连，相互影响，使酚羟基在性质上与醇羟基有显著差异，表现出酸性。酚为什么具有酸性呢？这是由于苯酚氧原子上的未共用电子对与苯环上的 π 电子形成共轭，降低了氧原子上的电子云密度，有利于质子的离去。

(9)在醛、酮分子中，羰基碳原子采取 sp^2 杂化，碳原子的 3 个 sp^2 杂化轨道与相邻的原子形成三个 σ 键，其中一个 σ 键是碳原子与氧原子形成的；另外，碳原子垂直于 sp^2 杂化平面的 2p 轨道与氧原子的一个 2p 轨道侧面重叠形成 π 键，故羰基由一个 σ 键和一个 π 键组成，如图 2-17 所示。因为羰基氧原子的电负性比碳原子大，π 电子云不可能对称地分布在碳和氧之间，而是靠近氧的一端，故羰基是极化的，氧原子上带部分负电荷，碳原子上带部分正电荷。

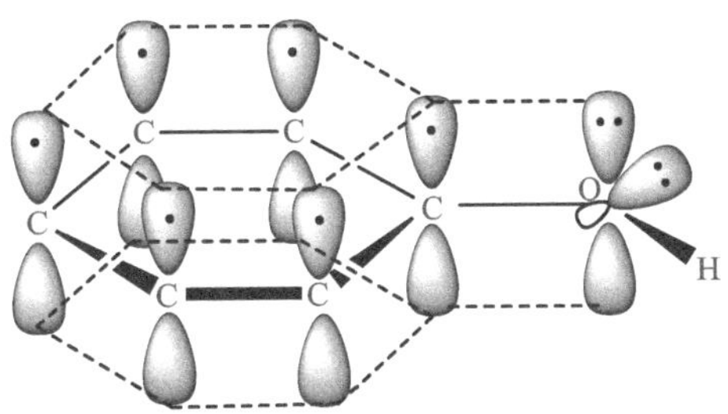

图 2-16　苯酚分子中的 p-π 共轭体系

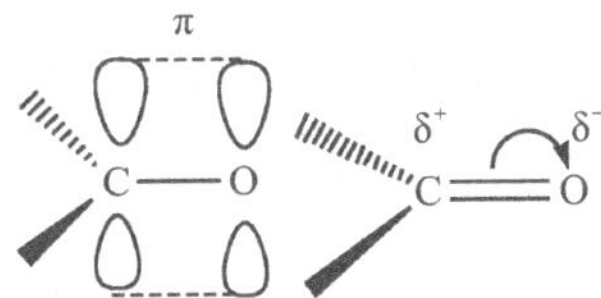

图 2-17　羰基的结构示意图

(10)在羧酸分子中，羧基碳原子以 sp^2 杂化轨道分别与烃基和两个氧原子形成 3 个 σ 键，这 3 个键是在同一平面上，剩余的一个 p 电子与氧原子形成 π 键，构成了羧基中的 C═O 键。但羧基中—OH 的氧上有一对未共用电子，可与 π 键形成 p-π 共轭体系。由于 p-π 共轭的影响，使羧基中的键长部分平均化。羧基中 C═O 比醛、酮中的 C═O 长，羧基中 C—O 单键比醇、醚中的 C—O 单键短，均不是典型碳氧双键或单键，而是介于双键与单键之间，如图 2-18 所示。

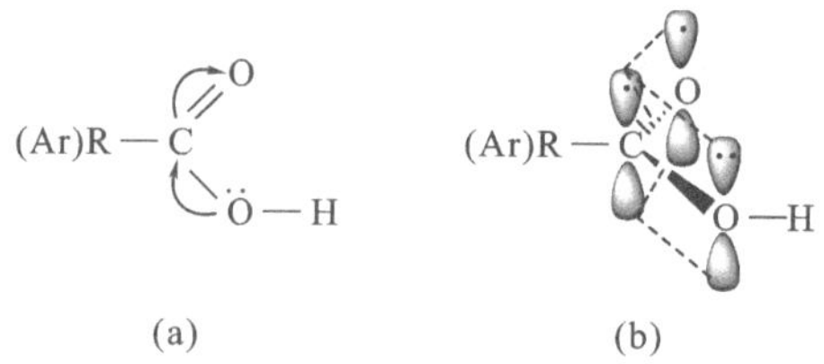

图 2-18　羧酸的立体构型

(11)硝基化合物的结构通式为 R—NO_2或 Ar—NO_2，根据杂化轨道理论，硝基中的氮原子是 sp^2杂化，它的三个 sp^2杂化轨道与两个氧原子和一个碳原子形成三个共平面的 σ 键，氮上的 p 轨道与两个氧原子的 p 轨道形成一个大 π 键，使 N—O 键长平均化，负电荷平均分配在两个氧原子上，如图 2-19 所示。因此，硝基化合物中硝基的两个氧原子与氮原子之间的距离相等，键长都是 121 pm。

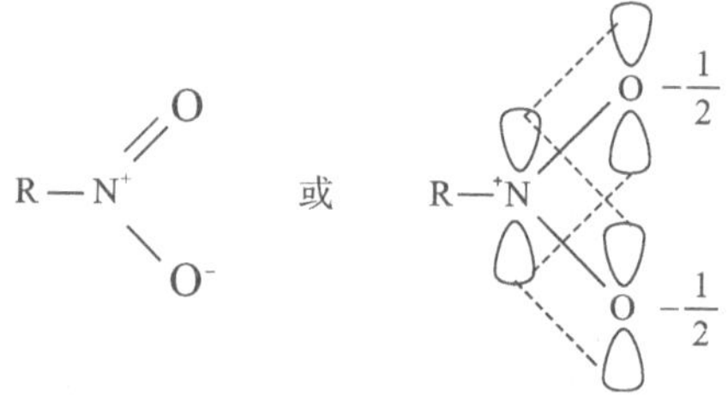

图 2-19　硝基化合物的结构

(12)氮原子最外层有 5 个电子，有机胺与无机氨(NH_3)中的氮原子都是不等性的 sp^3杂化，孤对电子占据一个 sp^3杂化轨道，另外三个 sp^3杂化轨道上各有一个电子与氢或碳形成三个 σ 键，分子具有棱锥体的四面体结构，孤对电子处于棱锥体的顶端，如图 2-20 所示。

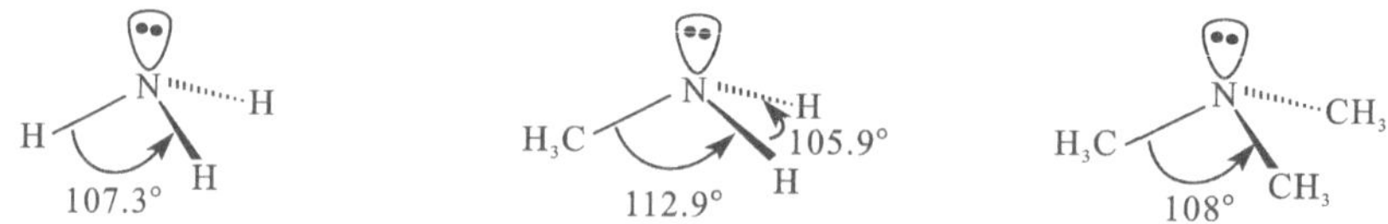

图 2-20　氨、甲胺和三甲氨的结构

(13)芳香胺中氮原子的杂化介于 sp^2与 sp^3之间，H—N—H 平面与苯环平面不共面，两平面之间的夹角为 39.4°，如图 2-21 所示。氮原子的未共用电子对所处的轨道有较多 p 成分，该轨道能与苯环的大 π 键重叠形成共轭体系，产生类似苯酚中氧与苯环形成 p-π 共轭的效果，使芳香胺中氮上的电子云密度下降，芳香胺的碱性和亲核性明显减弱，芳环的电子云密度增大，芳环上容易发生亲电取代反应。

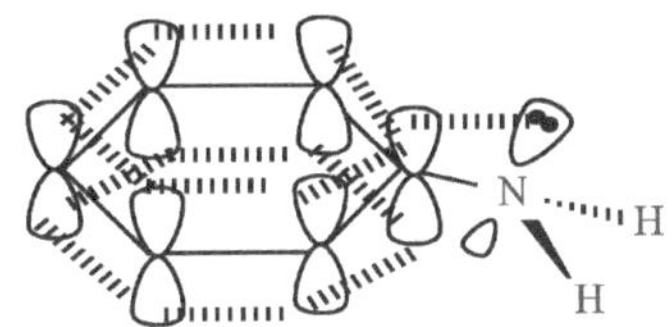

图 2-21 苯胺的结构

除此之外，杂化轨道理论还可以解释一些分子的极性，例如 $BeCl_2$、BF_3 和 CH_4 分子中的键属于极性键，但整个分子的正负电荷中心重合，为非极性分子；而 H_2O、NH_3 分子的正负电荷中心不重合，为极性分子。例如乙醛分子中，甲基的 C 原子以 sp^3 杂化轨道成键，醛基的 C 原子以 sp^2 杂化轨道成键，故乙醛分子为极性分子。

以上介绍的几种杂化类型简要归纳于表 2-3 中。

表 2-3 s-p 杂化与分子构型

杂化类型	sp	sp^2	sp^3		
用于杂化的原子轨道	1 个 s,1 个 p	1 个 s,2 个 p	1 个 s,3 个 p		
杂化轨道数	2 个 sp 杂化轨道	3 个 sp^2 杂化轨道	4 个 sp^3 杂化轨道		
杂化轨道空间形状	直线形	三角形	四面体形		
杂化轨道中孤对电子对数	0	0	0	1	2
分子空间构型	直线形	正三角形	正四面体形	三角锥形	V 形
实例	$BeCl_2$、CO_2、$HgCl_2$、C_2H_2	BF_3、BCl_3、CO_3^{2-}、NO_3^-	CH_4、$SiCl_4$、SO_3^{2-}、CCl_4	NH_3	H_2O
键角	180°	120°	109.5°	107.3°	104.5°
分子极性	无	无	无	有	有

2.2.4 分子轨道理论

价键理论不能解释为什么最简单的 O_2 分子具有顺磁性，为什么单电子 H_2^+ 和三电子 He_2^+ 能够稳定存在，也不能解释一些复杂分子结构与性能的关系。分子轨道理论则可以很好地解释这些问题。分子轨道理论是 1932 年由马利肯(R. S. Mulliken)、洪特等人提出来的。分子轨道理论把分子作为一个整体，用波动力学的方法解释分子的形成，运动中的电子不再只局限于某个原子核周围，而是围绕相关成键原子核在更大范围内运动，因此分子中的电子运动状态应该用分子轨道的波函数（简称）来描述。按照分子轨道概念，共价键的形成被归因于电子获得更大运动空间而导致能量下降。

1. **分子轨道理论的基本要点**

（1）分子轨道由原子轨道线性组合而成，组合前后轨道总数不变。若组合得到的分子轨道的能量比组合前的原子轨道能量低，所得分子轨道叫作**成键轨道**；反之叫作**反键轨道**；若组合得到的分子轨道的能量跟组合前的原子轨道能量没有明显差别，所得分子轨道就叫作**非键轨道**。如氢气分子的两个分子轨道波函数 Ψ_1、Ψ_2 可表示为 2 个氢原子的 1s 原子轨道波函数 Ψ_{1s}、Ψ'_{1s}的线性组合，即

$$\Psi_1 = \Psi_{1s} + \Psi'_{1s}$$

$$\Psi_2 = \Psi_{1s} - \Psi'_{1s}$$

式中，Ψ_1 的能量比 Ψ_{1s} 的能量低，称其为成键轨道；Ψ_2 的能量比 Ψ_{1s}的能量高，称为反键轨道。

（2）原子轨道有效组合成分子轨道时必须满足以下三条原则：

①能量近似原则。只有能量近似的原子轨道才能组合成有效的分子轨道。例如 H_2、O_2、N_2等同核双原子分子中，2 个原子中能量相同的 1s（或 2s、2p）轨道组合成分子轨道。

②对称性匹配原则。原子轨道波函数相互重叠形成分子轨道时，要像波叠加一样考虑相位的正负号，必须具有相同的对称性才能组合成分子轨道。比如分子轨道中的成键轨道是由 2 个原子轨道波函数同号区域（“＋”与“＋”，“－”与“－”）相重叠而成（$\Psi_1 = \Psi_{1s} + \Psi'_{1s}$）；而反键轨道是两个原子轨道波函数异号区域（“＋”与“－”，“－”与“＋”）相重叠而成（$\Psi_2 = \Psi_{1s} - \Psi'_{1s}$），这就是对称性匹配原则。

③最大重叠原则。原子轨道组合成有效分子轨道时，必须尽可能多地重叠，以使成键分子轨道能量尽可能降低。如 HF 中氟的一个 2p 轨道顺着分子中原子核的连线向氢的 1s 轨道“头碰头”地靠拢而达到最大重叠。

（3）电子在分子轨道中的排布和在原子轨道中的排布遵循一样的原则，要符合能量最低原理、泡利不相容原理和洪特规则，即电子填入分子轨道时尽量占据能量最低的轨道，每个分子轨道最多只能容纳 2 个自旋方向相反的电子，当电子排布到简并分子轨道时总是先以自旋方向相同的方式分别占据不同的轨道直到半满，如果还有多余电子则以配对的方式排布。

在分子轨道理论中，用**键级**表示键的牢固程度。分子中成键轨道电子总数减去反键轨道电子总数除以 2 得到的数叫作**键级**，表示为

键级＝（成键轨道上的电子数－反键轨道上的电子数）/2

键级可以是整数也可以是分数。一般说来，键级越高，键越稳定；键级为零，则表明原子不可能结合成稳定分子；键级越小（反键轨道的电子数越多），键长越大，化学键越不稳定。

2. 分子轨道能级图

分子轨道包括成键轨道（σ 轨道、π 轨道）和反键轨道（σ^* 轨道、π^* 轨道）。通过相同的原子轨道形成的成键轨道能级较低，反键轨道能级较高。非键轨道用 n 表示，大致相当于分子中的原子原有的孤对电子形成的轨道。成键轨道上的电子将核吸引在一起（注意：成键电子密度主要分布在两核之间），反键轨道上的电子非但不提供这种吸引力（注意：反键电子密度主要分布在两核外侧），反而使两核相互排斥。下面以同核双原子分子轨道能级图为例进行分析。

两个 H 原子相互接近时，由两个 1s 原子轨道组合成两个能级不同、在空间占据的区域也不同的分子轨道 σ_{1s}和 σ_{1s}^*，如图 2-22 所示，下标"1s"表示分子轨道由 1s 原子轨道组合而成。成键分子轨道能级低于原子轨道能级，而反键分子轨道能级高于原子轨道能级。两条分子轨道可以排布 4 个电子，H_2分子的 2 个电子优先填入能级较低的 σ_{1s}轨道，在较高能级的 σ_{1s}^*轨道没有电子排布。根据分子轨道理论，将 H_2分子的电子排布表示为 σ_{1s}^2，上标数字表示轨道中的电子数。由于 H_2分子成键电子数目(2)大于反键电子数目(0)，其键级为 1[即(2－0)/2＝1]，因此，H_2分子能够稳定存在。

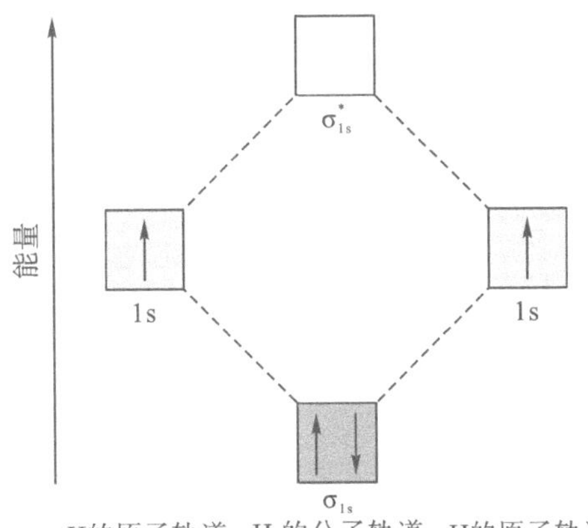

图 2-22　两个 H 原子形成 H_2分子

第二周期元素的双原子轨道组合产生 8 个分子轨道，2 个原子各自的 2s 原子轨道组合形成 2 个分子轨道（σ_{2s}和 σ_{2s}^*轨道），2 个原子各自的 3 个 2p 原子轨道（$2p_x$、$2p_y$、$2p_z$）组合形成 6 个分子轨道，其中 2 个为 σ 轨道（σ_{2p}和 σ_{2p}^*轨道），4 个为 π 轨道（π_{2p}和 π_{2p}^*轨道各2 个）。p－p轨道组合形成 σ 分子轨道和 π 分子轨道的情形如图 2-23 所示，这些轨道的能级相对高低见图 2-24。一般 σ_{2p}能级低于 π_{2p}，因为 σ 键通常更强。但有些分子中上述两种轨道的能级十分接近，以致相互颠倒过来。实验结果表明，第二周期较轻的双原子分子（从 Li_2至 N_2）的 σ_{2p}能级高于 π_{2p}，见图 2-24 (b)。其根本原因在于，在这些分子中，σ_{2s}轨道和 σ_{2p}轨道能量相近，对称性相同，彼此可进一步相互作用(类似于原子轨道组合成分子轨道)，从而使 σ_{2s} 轨道能量降低，使 σ_{2p} 轨道能量升高。与此同时，σ_{2s}^* 轨道和 σ_{2p}^* 轨道能量相近，也进一步相互作用，从而使 σ_{2s}^* 轨道能量降低，使 σ_{2p}^* 轨道能量升高。而 O_2 和 F_2 分子中的 σ_{2p} 能级低于 π_{2p}，见图 2-24 (a)。

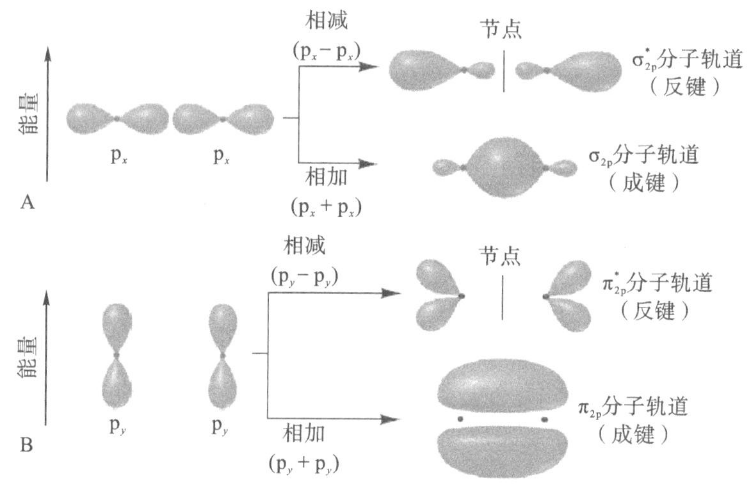

图 2-23　p 原子轨道参与成键形成 σ、σ^* 轨道和 π、π^* 轨道

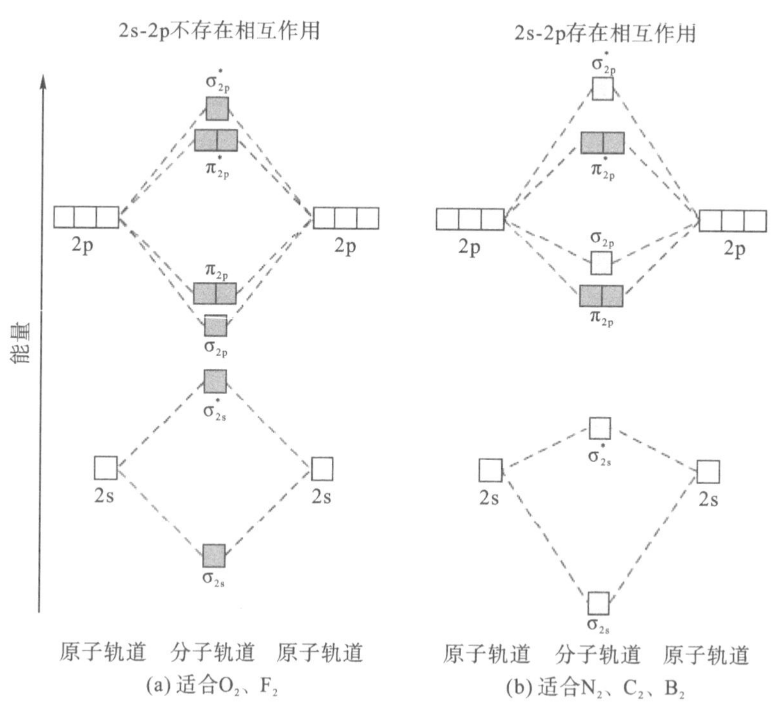

图 2-24　同核双原子分子轨道能级图

3. 几种单质的双原子分子结构

这里主要介绍分子轨道理论对于第二周期的 B_2、C_2、N_2、O_2 和 F_2 双原子分子的应用。

B_2 分子：B 原子的电子构型为 $1s^22s^22p^1$，2 个 B 原子的 6 个价层电子填入分子轨道。其中 4 个填入 σ_{2s} 和 σ_{2s}^* 轨道，另 2 个填入 π_{2p} 轨道。根据洪特规则，后 2 个电子应该分别占据 π_{2p_y} 和 π_{2p_z} 轨道。因此，B_2 分子的电子排布式为

$$(\sigma_{1s})^2(\sigma_{1s}^*)^2(\sigma_{2s})^2(\sigma_{2s}^*)^2(\pi_{2p_y})^1(\pi_{2p_z})^1 \text{或} KK(\sigma_{2s})^2(\sigma_{2s}^*)^2(\pi_{2p_y})^1(\pi_{2p_z})^1$$

式中，KK 表示 2 个 B 原子的 K 电子层电子（即 $1s^2$ 电子），这些电子因处于内层，重叠很少，基本上保持原子轨道的状态，对成键无贡献。计算可得 B_2 分子的键级为 1。实验结果表明：B—B 间存在共价键，B_2 分子因有两个自旋方向相同的单电子而显示顺磁性。B_2 分子顺磁性也是 π_{2p} 能级低于 σ_{2p} 的重要证据。因为，如果 σ_{2p} 能级低于 π_{2p}，最后两个电子将会成对填入 σ_{2p}，从而使 B_2 分子表现抗磁性。

C_2 分子：C 原子的电子构型为 $1s^22s^22p^2$，C_2 分子有 8 个价电子填入分子轨道，该分子可在高温或放电条件下检出。C_2 分子的电子排布式为

$$KK(\sigma_{2s})^2(\sigma_{2s}^*)^2(\pi_{2p_y})^2(\pi_{2p_z})^2$$

C_2 的键级为 2，较高的键级说明 C_2 分子的解离能比较高。由于全部电子都成对，因而 C_2 分子表现抗磁性。

N_2 分子：N 原子的电子构型为 $1s^22s^22p^3$，N_2 分子的电子排布式为

$$KK(\sigma_{2s})^2(\sigma_{2s}^*)^2(\pi_{2p_y})^2(\pi_{2p_z})^2(\sigma_{2p_x})^2$$

分子轨道中填有 8 个成键电子和 2 个反键电子，键级为 3，与路易斯结构式（:N≡N:）相一致。无未成对的单电子和高键级可以解释 N_2 分子的抗磁性和很高的热力学稳定性。

O_2 分子：O 原子的电子构型为 $1s^22s^22p^4$，O_2 分子中共有 12 个价电子，前 10 个价电子按能级由低到高填至轨道 $(\sigma_{2s})^2(\sigma_{2s}^*)^2(\sigma_{2p_x})^2(\pi_{2p_y})^2(\pi_{2p_z})^2$，剩余 2 个电子填入能级相同的 2 条反键轨道 π_{2p}^*。这样其排布可用

$$KK(\sigma_{2s})^2(\sigma_{2s}^*)^2(\sigma_{2p_x})^2(\pi_{2p_y})^2(\pi_{2p_z})^2(\pi_{2p_y}^*)^1(\pi_{2p_z}^*)^1$$

来表示。按照价键理论，O_2 分子中没有未成对电子，O_2 分子应该表现为抗磁性，但这与实验事实相悖。而根据分子轨道理论，O_2 分子中存在 2 个未成键电子，因而 O_2 分子表现顺磁性，这与实验事实相符。对于 O_2 分子顺磁性的解释是分子轨道理论获得成功的一个突出例子。在目前已有的几种化学键理论中，只有分子轨道理论能做到这一点。

分子轨道理论也可以用图来表示 O_2，如图 2-25 所示。两原子两侧的 4 个小黑点代表 σ_{2s} 和 σ_{2s}^* 轨道上的 4 个非键电子；两原子间的横杠表示 σ_{2p_x} 轨道电子形成的 σ 键；横杠上方、下方各三个小黑点表示两个三电子键，一个对应于 $2p_y$ 原子轨道组合而成的两条分子轨道（π_{2p_y} 和 $\pi_{2p_y}^*$）上的 3 个电子，另一个则对应于 $2p_z$ 原子轨道组合而成的两条分子轨道（π_{2p_z} 和 $\pi_{2p_z}^*$）上的 3 个电子。由于这 6 个电子都是 π 轨道上的电子，因而所成键又叫三电子 π 键。

三电子 π 键的形成合理地解释了 O_2 分子所表现的顺磁性。

:O☰O:　　:O⋯O:

图 2－25　分子轨道理论表示 O_2 的两种方式

分子轨道理论还能解释 O_2 分子和两个氧分子离子（O_2^+，O_2^-）中键的相对解离能和键长大小。根据电子排布算得 O_2 分子的键级为 2（两个三电子 π 键的键级各为 1/2）。在 O_2 的最高占有轨道 $\pi_{2p_y}^*$ 上移去或填入一个电子则得 O_2^+ 和 O_2^- 两个氧分子离子的电子构型，它们的键级分别为 2.5 和 1.5。一般来说，键长随键级的增大而减小，键的解离能则随键级的增大而增大。所以，稳定性顺序为 $O_2^+ > O_2 > O_2^-$ 。

F_2 分子：F 原子的电子构型为 $1s^22s^22p^5$，F_2 分子有 14 个价电子填入分子轨道，F_2 分子的电子排布式为

$$KK(\sigma_{2s})^2(\sigma_{2s}^*)^2(\sigma_{2p_x})^2(\pi_{2p_y})^2(\pi_{2p_z})^2(\pi_{2p_y}^*)^2(\pi_{2p_z}^*)^2$$

根据排布式，实际有效成键的只有 σ_{2p_x} 一对电子，键级为 1，这与 F_2 分子的价键结构相符。由于全部电子都成对，因而 F_2 分子表现抗磁性。

2.2.5　价层电子对互斥理论

杂化轨道理论可以解释和预言分子的空间构型，但是一个分子究竟采取哪种类型的杂化轨道，在大多数情况下很难预测。为了预言多原子分子的几何构型，1940 年西奇威克（N. Sidgwick）和鲍威尔（H. Powell））提出价层电子对互斥理论（valence shell electron pair repulsion，VSEPR）理论，用以预测 AB_n 型分子的构型。

1. 价层电子对互斥理论的基本要点

（1）AB_n 型分子或离子的几何构型取决于中心原子 A 的价层电子对数。A 为中心原子，B 为配位原子（也叫端位原子），下标 n 表示配位原子的个数。

（2）分子中的价层电子对由于相互排斥而尽量远离，并尽可能采取对称的结构。因此，价层电子对的数目决定了一个分子或离子中的价层电子对在空间的分布。A 原子周围 n 个 B 原子的理想排布应当是成键电子对之间排斥力最小的那种方式，价层电子对数等于 2、3、4、5、6 时分别排布在以 A 原子为中心的直线形、三角形、正四面体形、三角双锥形和正八面体形顶点上（见表 2－4）。

（3）在考虑分子的基本构型时，要考虑到孤对电子成键电子的排斥力，这种排斥力往往使键角压缩。例如 CH_4 分子（C 原子上没有孤对电子）为理想正四面体，键角为 109.5°；NH_3 分子 N 原子上的一对孤对电子将 NH_3 的键角压缩至 107.3°；H_2O 分子 O 原子上的 2 个孤对电子则将 H_2O 的键角压缩至 104.5°。不同电子对之间排斥力大小顺序如下：

孤对电子-孤对电子 ＞ 孤对电子-成键电子对 ＞ 成键电子对-成键电子对

表 2－4　AB_n 型共价分子的几何构型

价层电子对数目	电子对的排列方式	分子类型	孤对电子数目	分子构型	示意图	实例
2	直线形	AB_2	0	直线形		BeH_2，$BeCl_2$，$Ag(NH_3)_2^+$，CO_2，CS_2
3	正三角形	AB_3	0	正三角形	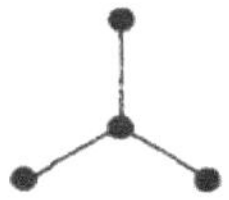	BF_3，SO_3，CO_3^{2-}
		AB_2	1	角形(V 形)	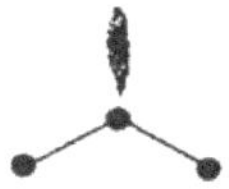	$SnCl_2$
4	正四面体形	AB_4	0	正四面体形	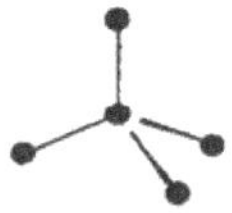	CH_4，CCl_4，SiH_4，NH_4^+，SO_4^{2-}
		AB_3	1	三角锥形		NH_3，NF_3
		AB_2	2	角形(V 形)		H_2O，H_2S
5	三角双锥形	AB_5	0	三角双锥形	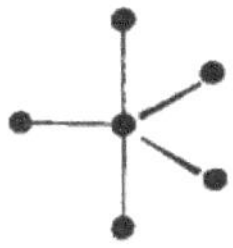	PF_5，PCl_5，$SbCl_5$，$NbCl_5$
		AB_4	1	变形四面体形	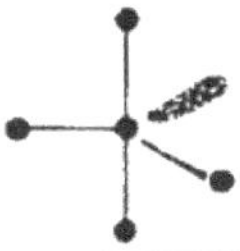	SF_4
		AB_3	2	T 形	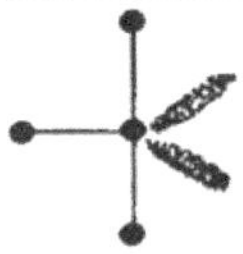	ClF_3
		AB_2	3	直线形		XeF_2

续表

价层电子对数目	电子对的排列方式	分子类型	孤对电子数目	分子构型	示意图	实例
6	正八面体形	AB_6	0	正八面体形		SF_6，MoF_6，$[AlF_6]^{3-}$
		AB_5	1	四方锥形		IF_5
		AB_4	2	平面四方形		XeF_4

2. AB_n型分子或离子几何构型的预测

推断分子或离子几何构型的步骤一般如下。

1）确定中心原子的价层电子对数

价层电子对数按下式计算：

价层电子对数 ＝（A的价电子数＋B的成键电子数±离子的电荷数）/2

一般来说，A的价电子数等于A所在的族数，B原子只考虑参与成键的电子数，比如H原子和卤素原子成键的电子数均为1。ⅥA族元素作为配位原子（B）时，认为其不提供任何电子，其成键电子由中心原子提供，因此成键电子数为0。如CO_2中，O原子的成键电子数为0，其价层电子对数为（4＋0）/2＝2。当ⅥA族元素作为中心原子（A）时，提供6个价电子，如SO_2中的S原子的价电子数为6，而O原子的成键电子数为0，因此，其价层电子对数为（6＋0）/2＝3。

如果所讨论的物质为正离子，应减去形成正离子所失去的电子数，也就是离子的电荷数；如果所讨论的物质为负离子，应加上离子的电荷数。极少数情况下分子中仍保留有未成对电子，按上述方法计算出来的价层电子对数为小数时，应在数位上进1为整数。如NO_2，其价层电子对数为5/2 ＝ 2.5。

2）确定价层电子对的空间构型

价层电子对尽可能远离且对称分布，以使斥力最小，整个分子具有最低的能量。表2-4归纳了价层电子对数为2～6的价层电子对的空间构型。

3)确定中心原子的孤对电子对数,推断分子的几何构型

价层电子对数包括成键电子对数目和孤对电子数目。当 AB_n 分子中成键数 n 等于价层电子对数时,分子的几何构型与价电子对的几何构型相同;当 n 小于价电子对数时,说明分子中存在孤对电子,分子的空间构型不包含孤对电子,所以分子的几何构型不同于价电子对的几何构型。

由表 2-4 的几何构型不难推断出中心原子 A 上带有孤对电子时共价分子的几何构型。对 AB_5 型三角双锥分子而言,孤对电子优先代替平伏位置上的 B 原子和相关成键电子;对 AB_6 型正八面体分子而言,第二对孤对电子优先代替第一对孤对电子反位的那个 B 原子和相关成键电子,分子的构型为平面四方形。

价层电子对互斥理论在预言第一、第二、第三周期主族多原子分子构型方面取得了一定的成功,并且这个结果和杂化轨道理论判断的分子构型结果基本一致。但在推断第五、第六主族元素形成的分子结构时和实验结果存在出入,而且不能说明键的成因和稳定性,这还需要依赖价键理论和分子轨道理论,本教材中不再详细讨论。

2.2.6　离域键

离域键是指多个原子之间形成的共价键。离域键有缺电子多中心键、富电子多中心键、π 配键、夹心键和共轭 π 键等几种类型。当分子中总的价层电子对数目少于键的数目时,就会形成缺电子多中心键。例如,在乙硼烷中有两个 B—H—B 桥式两电子三中心键。缺电子多中心键常导致形成环状或笼形分子结构。当电子对的数目超过可能形成的定域键数时,会出现富电子多中心键。例如,在 XeF_2 中存在四电子三中心键。π 配键是配体的 π 电子向受体配位形成的。例如在$[(C_2H_4)PtCl_3]$中,乙烯的 π 电子向铂原子配位,形成 C—Pt—C 三中心键。夹心键是指夹心络合物中存在的共轭 π 键向中心离子的配位键。最早发现的夹心络合物是二茂铁 $Fe(C_5H_5)_2$,其中铁和两个茂环之间存在夹心键。共轭 π 键是在三个以上原子中心之间形成的大 π 键。苯是典型的包含共轭 π 键的分子,其中有覆盖六个碳原子的大 π 键。

具有离域键的分子不可能用唯一的只含定域键的结构式表示。从定域键形成离域键,能使体系的能量降低,降低的这部分能量称为共轭能或离域能。

1. 大 π 键

(1)定义:在多原子分子中如有相互平行的 p 轨道,它们连贯重叠在一起构成一个整体,p 电子在多个原子间运动形成 π 型化学键,这种不局限在两个原子之间的 π 键称为离域 π 键,或大 π 键。

(2)形成大 π 键的条件:①这些原子都在同一平面上;②这些原子有相互平行的 p 轨道;③p 轨道上的电子总数小于 p 轨道数的 2 倍。

大 π 键是 3 个或 3 个以上原子形成的 π 键，通常指芳环的成环碳原子各以一个未杂化的 2p 轨道彼此侧向重叠而形成的一种封闭共轭 π 键。

例如，苯的分子结构是 6 个碳原子都以 sp^2 杂化轨道结合成一个处于同一平面的正六边形，每个碳原子上余下的未参加杂化的 p 轨道，由于都处于垂直于苯分子形成的平面而平行，因此所有 p 轨道之间都可以相互重叠而形成大 π 键。苯的大 π 键平均分布在六个碳原子上，所以苯分子中每个碳-碳键的键长和键能是相等的。

又如，1，3-丁二烯分子式为 $H_2C{=}CH{-}CH{=}CH_2$，4 个碳原子均与 3 个原子相邻，故采用 sp^2 杂化。这些杂化轨道相互重叠，形成分子 σ 骨架，故所有原子处于同一平面。每个碳原子还有一个未参与杂化的 p 轨道，垂直于分子平面，每个 p 轨道里面有一个电子，故丁二烯分子中存在一个"4 轨道 4 电子"的 p－p 大 π 键。通常用 π_a^b 来表示，其中 a 为平行的 p 轨道的数目，b 表示平行 p 轨道里的电子数。

(3)分类。

离域 π 键：在这类分子中，参与共轭体系的所有 π 电子的游动不局限在两个碳原子之间，而是扩展到组成共轭体系的所有碳原子之间，这种现象叫作离域。共轭 π 键也叫离域键或非定域键。由于共轭 π 键的离域作用，当分子中任何一个组成共轭体系的原子受外界试剂作用时，它会立即影响到体系的其他部分。共轭分子的共轭 π 键或离域键是化学反应的核心部位。

定域 π 键：有机分子中只包含 σ 键和孤立 π 键的分子称为非共轭分子。这些 σ 键和孤立 π 键，习惯地被看成是定域键，即组成 σ 键的一对 σ 电子和孤立 π 键中一对 π 电子近似于成对地固定在成键原子之间，这样的键叫作定域键。例如，CH_4 分子的任一个 C－H σ 键和 $CH_2{=}CH_2$ 分子的 π 键，其电子运动都局限在两个成键原子之间，都是定域键。

2. 共轭效应和超共轭效应

1）离域键中存在共轭效应和超共轭效应

不饱和的化合物中，有三个或三个以上互相平行的 p 轨道形成大 π 键，这种体系称为共轭体系。共轭体系中，π 电子云扩展到整个体系的现象称为电子离域或离域键。电子离域，能量降低，分子趋于稳定，键长平均化等现象称为共轭效应，也叫作 C 效应。共轭效应的结构特点是指共轭体系的特征是各 σ 键在同一平面内，参加共轭的 p 轨道轴互相平行，且垂直于 σ 键所在的平面，相邻 p 轨道从侧面重叠发生键离域。共轭效应与诱导效应相比还有一个特点是沿共轭体系传递不受距离的限制。

共轭效应用符号"C"表示。凡共轭体系上的取代基能降低体系的 π 电子云密度，则这些基团有吸电子共轭效应，用－C 表示，如—COOH，—CHO，—COR；凡共轭体系上的取代基

能增高共轭体系的 π 电子云密度，则这些基团有给电子共轭效应，用 +C 表示，如—NH_2，—OH，—R。同周期中从左到右或同族中自上而下共轭效应减弱：—NR_2 >—OR >—F，—F >—Cl >—Br >—I。

烷基上 C 原子与极小的氢原子结合，由于电子云的屏蔽效应很小，所以这些电子比较容易与邻近的 π 电子（或 p 电子）发生电子的离域作用，这种涉及 σ 轨道的离域作用的效应叫超共轭效应。超共轭体系比共轭体系作用弱，稳定性差，共轭能小。

2）离域键共轭的类型

π-π 共轭：通过形成 π 键的 p 轨道间相互重叠而导致 π 电子离域的作用称为 π-π 共轭。特点是单键、双键（或三键）交替出现。含有大 π 键的分子均是 π-π 共轭体系。π-π 共轭体系中的单键具有部分双键的特性。例如：

$$CH_2{=}CH{-}CH{=}CH{-}CH{=}CH_2$$

因为参加共轭的原子数目等于离域的电子总数，又称为等电子共轭。可以将其简单地概括为：双键、单键之间的共轭就是 π-π 共轭。共轭体系的分子骨架称作共轭链。

p-π 共轭：通过未成键的 p 轨道（包括全满、半满及全空轨道）与形成 π 键的 p 轨道的重叠而导致的电子离域作用，称为 p-π 共轭。p-π 共轭包括富电子、足电子、缺电子三种类型。也可以简单地理解为：双键相连的原子上的 p 轨道与 π 键的 p 轨道形成的共轭即为 p-π 共轭。

例如：氯乙烯，$CH_2{=}CH{-}Cl$ 的共轭体系是由 3 个原子（C，C，Cl）、4 个 p 电子（π 键 2 个，氯原子 2 个）组成，共轭 π 键中的 p 电子数多于共轭链的原子数，称为多电子 p-π 共轭。如果与 π 键共轭的 p 轨道是一个缺电子的空轨道，则形成共轭 π 键的 p 电子数少于共轭链的原子数，称为缺电子 p-π 共轭效应。

烯丙基自由基 $CH_2{=}CH{-}CH_2\cdot$，组成共轭链的原子数与 p 电子数相等，称为等电子 p-π共轭。由 p-π 共轭而产生的使分子趋于稳定、键长发生平均化的效应，称为 p-π 共轭效应。

3）离域键超共轭的类型

σ-π 超共轭：丙烯分子中的甲基可绕 C—C σ 的键旋转，当旋转到某一角度时，甲基中的 C—H 的 σ 键与 C═C 的 π 键在同一平面内，C—H σ 键轴与 π 键 p 轨道近似平行，形成σ-π 共轭体系，称为 σ-π 超共轭体系。σ-π 超共轭在研究有机反应时有着重要的应用。在学习不对称烯烃的 HX 加成反应时，我们以 C 正离子形成的稳定性来解释马尔科夫尼科夫规则，若应用 σ-π 超共轭效应，则不仅说明甲基是给电子的，同时加深了对这一经验规则的深入理解。再如，不饱和烯烃的 α-H 的特殊活泼性也可以用 σ-π 超共轭效应来理解。丙烯的甲基比丙烷的甲基活泼得多，在液氨中，丙烯中甲基的 H 原子易被取代，丙烷甲基中的 H 原子不易被取代。

σ－p 超共轭：当烷基与正离子或自由基相连时，C—H 上的电子云可以离域到空的 p 轨道或有单个电子的 p 轨道上，使正电荷和单电子得到分散，从而使体系趋于稳定，称作 σ－p 超共轭体系。简单地说就是，C—H 的 σ 键轨道与 p 轨道形成的共轭体系称作 σ－p 超共轭体系。如，乙基碳正离子即为 σ－p 超共轭体系。参加 σ－p 超共轭的 C—H 数目越多，正电荷越容易分散，C 正离子就越稳定。

例如：乙基碳正离子为 σ－p 超共轭体系。

$$\begin{array}{c} \mathrm{H} \\ |\sigma \quad + \\ \mathrm{H}-\mathrm{C}-\mathrm{CH_2} \\ | \\ \mathrm{H} \end{array}$$

科学实践就是实事求是地探索自然、探寻规律的过程。经典价键理论初步揭示了共价键的性质，但并未涉及共价键的方向性；现代价键理论解释了共价成键的本质属性是轨道重叠，但却仍不能解释某些分子的键角及其空间构型，于是杂化轨道理论诞生了；为了预测更多分子在空间的构型，发展了价层电子对互斥理论。共价键理论的发展历程正是孜孜以求的科学精神的体现。同学们应更好地学习人类对事物的认识过程、方法，并学会运用唯物主义世界观分析问题、解决问题。

2.3 配位键与配位化合物

配位化合物，简称配合物，是一类由中心离子（或原子）和配位体组成的化合物，它的存在和应用都很广泛。生物体内的金属元素多以配合物的形式存在。例如，血红蛋白是铁的配合物；很多生物催化剂——酶，几乎都是以金属配合物形式存在的。1983 年，瑞士的青年化学家维尔纳（A. Werner）在总结前人研究成果的基础上提出了配位键理论，从而奠定了配位化学的基础，并将其归为无机化学范畴。20 世纪后期，随着对原子结构和化学键理论研究的进展，对配合物的研究已远远超出无机化学的范畴，成为一门极具活力的新兴学科——配位化学。我国著名科学家徐光宪院士作了如下的比喻：把 21 世纪的化学比作一个人，那么物理化学、理论化学和计算化学是脑袋，分析化学是耳目，配位化学是心腹，无机化学是左手，有机化学和高分子化学是右手，材料科学是左腿，生命科学是右腿。可见，配位化学在整个化学领域内已经成为一个不可缺少的组成部分。本节主要介绍配合物的基本概念、配合物的价键理论，并对配位键的本质、配离子的形成和空间构型进行说明。

2.3.1　配位化合物的组成与命名

1.配合物的定义

在硫酸铜溶液中加入氨水，开始时有蓝色$Cu(OH)_2$沉淀生成，当继续加入过量氨水时，蓝色沉淀溶解，变成深蓝色溶液。总反应为

$$CuSO_4 + 4NH_3 \longrightarrow [Cu(NH_3)_4]SO_4\text{（深蓝色）}$$

此时在溶液中，除 SO_4^{2-} 和复杂离子$[Cu(NH_3)_4]^{2+}$外，几乎检测不到 Cu^{2+} 的存在。

像$[Cu(NH_3)_4]SO_4$ 这类通过配位键构筑的较复杂的化合物称为**配合物**。由于配合物种类繁多，组成较复杂，目前还没有一个严格的定义，只能从和简单化合物的对比中找到一个粗略定义。

简单化合物 NH_3、H_2O 分子都是每个原子提供一个电子，以共用电子对的形式结合；$CuSO_4$则是由离子键结合。这些简单化合物都符合经典的化学键理论。而一些由简单化合物的分子加合而成的“分子化合物”如：

$$CuSO_4 + 4NH_3 \longrightarrow [Cu(NH_3)_4]SO_4$$

$$HgI_2 + 2KI \longrightarrow K_2[HgI_4]$$

在它们的形成过程中，既没有电子的得失，也没有形成共价键。所以，这些“分子化合物”的形成不符合经典的化学键理论。

可以说，配合物是由中心离子（或原子）和配位体（阴离子或分子）以配位键的形式结合而成的复杂离子（或分子），通常称这种复杂离子为配位单元。凡是含有配位单元的化合物都称为配合物。

2.配合物的组成

现以$[Cu(NH_3)_4]SO_4$ 为例讨论配合物的组成。在$[Cu(NH_3)_4]SO_4$ 的分子结构中，Cu^{2+}占据中心位置，称为中心离子（原子）；在中心离子 Cu^{2+} 的周围，以配位键结合着 4 个 NH_3 分子，称为配位体；中心离子与配位体构成配合物的内界（配离子），通常把内界写在方括号内；SO_4^{2-} 被称为外界；内界与外界之间是离子键，在水中全部解离。

(1)中心离子（或原子）：中心离子是配合物的核心，它一般是带正电的阳离子，但也有电中性原子甚至还有极少数阴离子。如$[Ni(CO)_4]$中的 Ni 是电中性原子，而 $HCo(CO)_4$中的 Co 的氧化数是-1。中心离子绝大多数为金属离子，过渡金属离子最常见。

(2)配位体：配合物中和中心离子以配位键结合的阴离子或中性分子叫配位体，配位体中具有孤电子对。与中心离子（或原子）形成配位键的原子称为配位原子，配位原子通常是电负性较大的非金属原子，如 N、O、S、C 和卤素等原子，因为在配位体中，这些原子一般都带负电，而且其外层有孤电子对。一些常见的配位体和配位原子列于表 2－5 中。

表 2－5 一些常见的配位体和配位原子

配位体	配位原子	配位体	配位原子
NH_3、NCS^-	N	H_2S、SCN^-、$S_2O_3^{2-}$	S
H_2O、OH^-、ONO^-	O	F^-、Cl^-、Br^-、I^-	X
CN^-、CO	C		

只含有一个配位原子的配位体称为单基(齿)配位体，如 H_2O、NH_3、X^-、CN^- 等。含有两个或两个以上配位原子并同时与一个中心离子形成配位键的配位体，称为多基配位体，如乙二胺 $H_2NCH_2CH_2NH_2$(简记为 en)等。

多基配位体能与中心离子形成环状结构，像螃蟹持螯取物一样起螯合作用，因此，也称这种多基配位体为螯合剂。与螯合剂不同，有些配位体虽然也具有两个或两个以上配位原子，但在一定条件下，仅有一种配位原子与中心离子配位，这类配位体称为两可配位体。例如硫氰根(SCN^-，配位原子为 S)和异硫氰根(NCS^-，配位原子为 N)。

除了有孤对电子的物质可以作为配位体以外，还有一类配位体，它本身不含孤对电子，而是提供 π 键电子，如环戊二烯、苯、蒽等芳环。例如，二茂铁(图 2－26)，又称二环戊二烯合铁，就是由两个环戊二烯与铁原子配位形成的配合物。这类配合物因具有独特的催化化学反应活性、光、电、磁等性质而被广泛研究，在国民经济中具有重要应用价值。

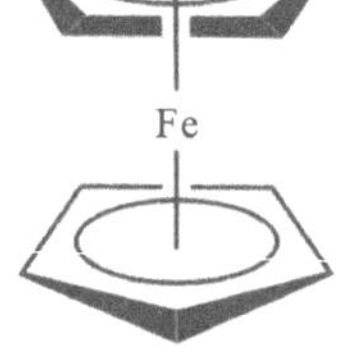

图 2－26 二茂铁示意图

(3)配位数：配合物中直接同中心离子形成配位键的配位原子的个数称为该中心离子(或原子)的配位数。一般而言，如果配合物的配位体是单基配位体，则中心离子的配位数即是内界中配位体的个数。例如，配合物$[Cu(NH_3)_4]SO_4$，中心离子 Cu^{2+} 与 4 个 NH_3 分子中的 N 原子配位，其配位数为 4。如果配合物的配位体是多基配位体，则中心离子的配位数不仅取决于配位体的个数，还与多基配位体所含的配位原子的个数有关。例如，在配合物$[Zn(en)_2]SO_4$ 中，中心离子 Zn^{2+} 与两个乙二胺分子结合，而每个乙二胺分子中有两个 N 原子配位，故 Zn^{2+} 的配位数为 4。因此应注意配位数与配位体数的区别。

和元素的化合价一样，在形成配合物时，影响中心离子配位数的因素是多方面的，主要取决于中心离子(或原子)和配位体的性质——电荷、电子层结构、离子半径和它们之间相互影响的情况，以及配合物形成时的温度和浓度等外部条件，一般有以下规律：

①同一配位体，中心离子(或原子)的电荷越高，吸引配位体孤对电子的能力越强，配位数就越大。

②对同一中心离子(或原子),配位体的半径越大,中心原子周围可容纳的配位体数越少,配位数越小。

③一般而言,增大配位体的浓度,有利于形成高配位数的配合物;温度升高,常会使配位数减小。

(4)配离子的电荷:配离子的电荷数等于中心离子和配位体电荷的代数和。例如在 $[Co(NH_3)_6]^{3+}$ 中,配位体是中性分子,所以配离子的电荷等于中心离子的电荷。在 $[Fe(CN)_6]^{4-}$ 中,中心离子 Fe^{2+} 的电荷为+2,6 个 CN^- 的电荷为−6,所以配离子的电荷为−4。如果形成的是带正电荷或负电荷的配离子,那么为了保持配合物的电中性,必然有电荷相等符号相反的外界离子同配离子结合。因此,有外界离子的电荷也可以标出配离子的电荷。例如 $K_2[HgI_4]$ 中配离子的电荷为−2。

3.配合物的命名

对整个配合物的命名与一般无机化合物的命名原则相同:

(1)若配合物的外界是简单离子的酸根(如 Cl^-),则称为某化某;

(2)若外界是复杂离子的酸根(如 SO_4^{2-}),则称某酸某;

(3)若外界为氢离子,则称为某酸;

(4)若外界为氢氧根离子,则称为氢氧化某。

配合物命名比一般无机化合物复杂的地方在于配合物的内界——配离子。配离子的组成较复杂,有其特定的命名原则。配离子按下列顺序依次命名:

(1)阴离子配位体→中性分子配位体→“合”→中心离子(用罗马数字标明氧化数)。氧化数无变化的中心离子可不注明氧化数。

(2)若有几种阴离子配位体,命名顺序是:简单离子→复杂离子→有机酸根离子。

(3)同类配位体按配位原子元素符号英文字母顺序排序。

(4)各配位体的个数用数字一、二、三……写在该种配位体名称的前面。不同配位体之间以“·”隔开。

下面列举一些配合物命名实例。

(1)配阴离子配合物:称“某酸某”或“某酸”。

$K_4[Fe(CN)_6]$ 六氰合铁(Ⅱ)酸钾

$K_3[Fe(CN)_6]$ 六氰合铁(Ⅲ)酸钾

$H[AuCl_4]$ 四氯合金(Ⅲ)酸

(2)配阳离子配合物:称“某化某”。

$[Co(NH_3)_6]Br_3$ 溴化六氨合钴(Ⅲ)

$[PtCl(NO_2)(NH_3)_4]CO_3$ 碳酸一氯·一硝基·四氨合铂(Ⅳ)

$[CoCl_2(NH_3)_3(H_2O)]Cl$ 氯化二氯·三氨·一水合钴(Ⅲ)

(3)中性分子配合物：

$[Ni(CO)_4]$ 四羰基合镍

$[PtCl_2(NH_3)_2]$ 二氯·二氨合铂(Ⅱ)

除系统命名法外，有些配合物至今还沿用习惯命名，如 $K_4[Fe(CN)_6]$叫亚铁氰化钾，$K_3[Fe(CN)_6]$叫铁氰化钾，$[Ag(NH_3)_2]^+$叫银氨配离子。

2.3.2 配位键的形成

在配合物中，配位体与中心原子以何种化学键结合？它们为什么具有一定的空间构型、配位数和稳定性？它们为什么具有不同的颜色和磁性？这些均是要说明、讨论的问题。目前配合物的化学键理论主要有价键理论、晶体场理论、配位场理论、分子轨道理论等，本教材只简要介绍配合物的价键理论。

配合物的价键理论是 20 世纪 30 年代由鲍林把电子配对法的共价键理论与原子轨道杂化理论结合发展而成的，该理论的要点为：

(1)配合物的中心离子(或原子)与配位体之间是以配位键结合的。配位体为电子对给予体，中心离子(或原子)为电子对接收体。配位体的配位原子将孤对电子填入中心离子(或原子)的空轨道形成配位键。

(2)为了形成稳定的配合物，中心离子通过杂化轨道与配位体形成配位键。常见的杂化轨道类型为 sp、sp^2、sp^3、dsp^2、d^2sp^3、sp^3d^2 等。

(3)形成配位键时所用杂化轨道的类型决定了配离子的空间结构、稳定性和中心离子的配位数，见表 2-6。

表 2-6 配合物的杂化轨道与空间构型

配位数	杂化轨道类型	空间构型	实例
2	sp	直线形	$[Ag(NH_3)_2]^+$、$[Ag(CN)_2]^-$
3	sp^2	平面三角形	$[HgI_3]^-$、$[CuCl_3]^{2-}$
4	sp^3	四面体形	$[Zn(CN)_4]^{2-}$、$[Co(SCN)_4]^{2-}$
	dsp^2	平面正方形	$[Ni(CN)_4]^{2-}$、$[Pt(NH_3)_2Cl_2]$
5	dsp^3	三角双锥形	$[Ni(CN)_5]^{3-}$、$Fe(CO)_5$
6	sp^3d^2	八面体形	$[CoF_6]^{3-}$、$[Cr(H_2O)_6]^{3+}$
	d^2sp^3		$[Fe(CN)_6]^{4-}$、$[Co(NH_3)_6]^{3+}$

综上所述，配合物的价键理论简单明了，使用方便，能直观地说明配合物的形成、配位数、空间结构及稳定性等，它曾是 20 世纪 30 年代化学家用以说明配合物结构的唯一方法。但其仍有不足，价键理论尚不能定量地说明配合物的性质，如不能解释过渡金属的配合物大多数都有一定的颜色，也不能说明同一过渡系金属所形成的配合物的稳定性的变化规律等，同时它也不能说明配合物的吸收光谱。这些性质必须通过晶体场理论、配位场理论、分子轨道理论等加以解释。

2.4 金属键

周期表的 100 多种元素中，约 80%的元素为金属元素，除汞外的其他金属在室温下都是固体。金属和许多合金具有金属光泽、优良的导电导热性及良好的延展性等。金属的特性是由金属内部原子间结合力的特点决定的。本节主要介绍金属键的自由电子模型和能带理论。

2.4.1 自由电子模型

金属键是化学键的一种，主要存在于金属晶体中。金属原子的价电子虽一般不会跑到金属外面来，但在金属内可自由运动，故将其称为**自由电子**。自由电子做穿梭运动，它不专属于某个金属原子而为整个金属晶体所共有。这些自由电子与全部金属离子相互作用，从而把所有的金属原子键合在一起，这种作用称为**金属键**。金属键是由自由电子及排列成晶格状的金属离子之间的静电吸引力组合而成。由于电子的自由运动，金属键没有饱和性和固定的方向，因而是非极性键。由金属键构成的金属有很多特性。例如，一般金属的熔、沸点高，硬度大，延展性好，导电性和导热性都好，熔、沸点随金属键的强度增大而升高。金属键的强弱通常与金属离子半径逆相关，与金属内部自由电子密度正相关。

由于金属没有方向性和饱和性，金属在形成晶体时，倾向于构成极为紧密的结构，使每个原子都有尽可能多的相邻原子(金属晶体一般都具有高配位数和紧密堆积结构)，如图 2-27 所示。

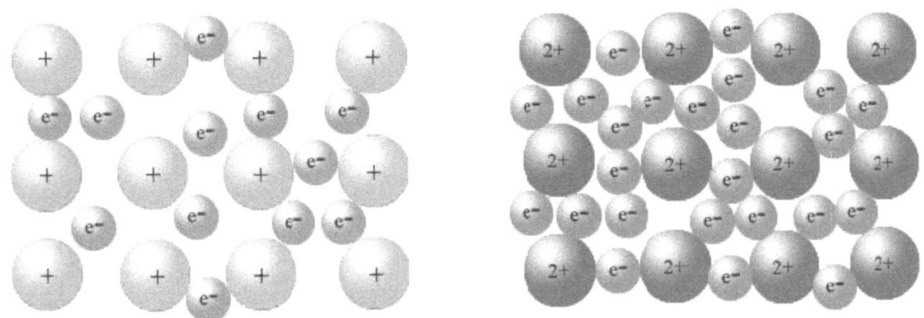

图 2-27 自由电子模型

上述假设模型叫作金属的自由电子模型，称为改性共价键理论。这一理论是1900年德鲁德(Paul Karl Ludwig Drude)等人为解释金属的导电、导热性能所提出的一种假设。该理论先后经过了洛伦兹(Hendrik Lorentz)和索末菲(Arnold Sommerfeld)等人的改进和发展，对金属的许多重要性质都给予了一定的解释。该理论的要点如下：

(1)自由电子不受某种具有特征能量和方向的键的束缚，因而能吸收并重新发射很宽波长范围的光线，从而使金属不透明且具金属光泽。

(2)自由电子在外电场影响下定向流动形成电流，使金属具有良好的导电性。金属的导热性也与自由电子有关，运动中的自由电子与金属离子通过碰撞而交换能量，进而将能量从一个部位迅速传至另一部位。

(3)与离子型和共价型物质不同，外力作用于金属晶体时正离子间发生的滑动不会导致键的断裂，使金属表现出良好的延性和展性，从而便于进行机械加工。金属具有较高的沸点和汽化热，表明金属正离子不那么容易游出“电子海”。

一般说来，价电子多的金属的熔、沸点相对比较高，这是由于更多的自由电子增强了金属键。价电子多的金属其硬度和密度通常也较大。

但是，由于金属的自由电子模型过于简单化，不能解释金属晶体为什么有结合力，也不能解释金属晶体为什么有导体、绝缘体和半导体之分。随着科学的发展，主要是量子理论的发展，逐渐建立了能带理论。

2.4.2 能带理论

金属键的能带理论是利用量子力学的观点来说明金属键的形成。因此，能带理论也称为金属键的量子力学模型，它包括以下基本观点：

(1)分子轨道所形成的能带，也可以看成是紧密堆积的金属原子的电子能级(图2-28)发生的重叠，这种能带是属于整个金属晶体的。例如图2-29所示的金属Li中，Li原子的1s能级互相重叠形成了金属晶格中的1s能带，等等。每个能带可以包括许多相近的能级，因此每个能带会覆盖相当大的能量范围。

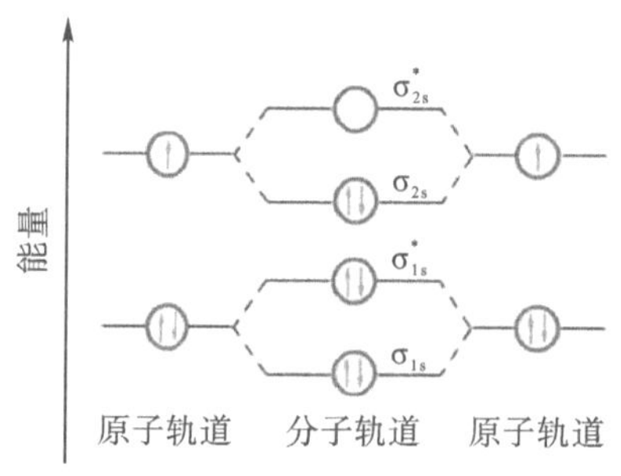

图2-28 Li_2分子轨道能级图

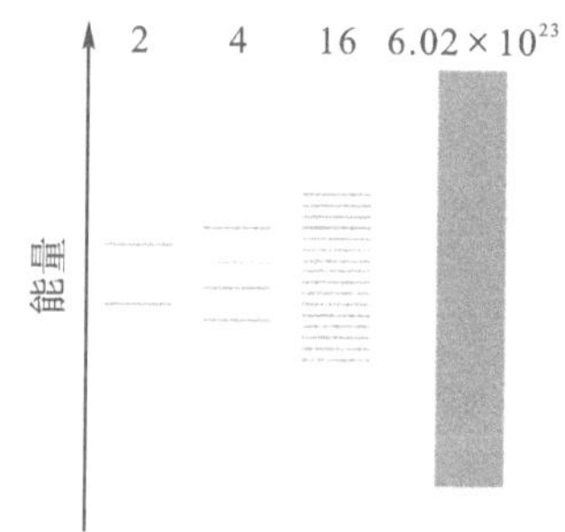

图2-29 金属Li能带形成示意图

(2)按原子轨道能级的不同,金属晶体可以有不同的能带(如上述金属 Li 中的 1s 能带和 2s 能带),由已充满电子的原子轨道能级所形成的低能量能带,叫作“**满带**”;由未充满电子的原子轨道能级所形成的高能量能带,叫作“**导带**”。这两类能带之间的能量差很大,以致低能带中的电子向高能带跃迁几乎不可能,所以把这两类能级间的能量间隔叫作“**禁带**”。

(3)金属中相邻的能带也可以互相重叠,如 Be(铍电子层结构为 $1s^2 2s^2$)的 2s 轨道已充满电子,2s 能带应该是个满带,似乎 Be 应该是一个非导体。但由于 Be 的 2s 能带和空的 2p 能带能量很接近而可以重叠,2s 能带中的电子可以升级进入 2p 能带运动,于是 Be 依然是一种有良好导电性的金属,并且具有金属的通性。

根据能带理论的观点,金属能带之间的能量差和能带中电子填充的状况决定了物质是导体、非导体还是半导体(即金属、非金属或准金属)。如果物质的所有能带都全满(或最高能带全空),而且能带间的能量间隔很大,则这个物质将是一个非导体;如果一种物质的能带是部分被电子充满,或者有空能带且能量间隙很小,能够和相邻(有电子的)能带发生重叠,则它是一种导体;半导体的能带结构是满带被电子充满,导带是空的,而禁带的宽度很窄,在一般情况下,由于满带上的电子不能进入导带,因此晶体不导电(尤其在低温下),而由于禁带宽度很窄,在一定条件下,满带上的电子很容易跃迁到导带上去,使原来空的导带也填充部分电子,同时在满带上留下空位(通常称为空穴),因此使导带与原来的满带均未充满电子,所以能导电。金属晶体能带形成示意图如图 2-30 所示。

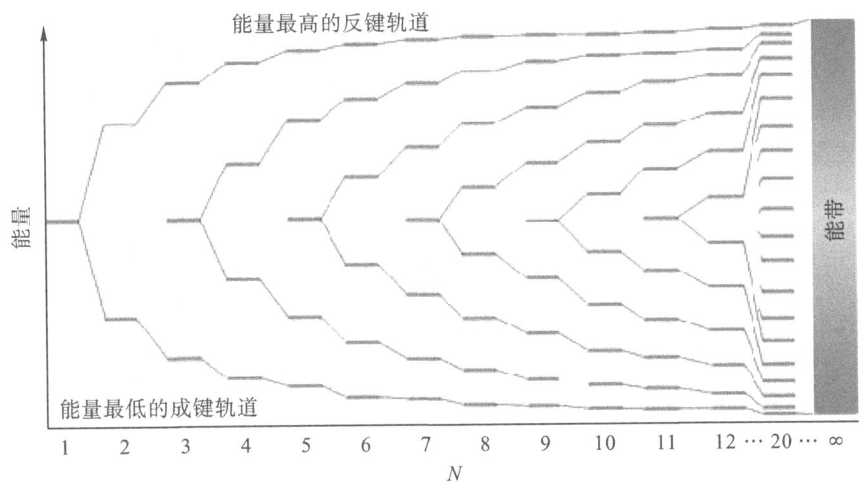

图 2-30　金属晶体能带形成示意图

能带理论也能很好地说明金属的某些共同物理性质。向金属施以外加电场时,导带中的电子便会在能带内向较高能级跃迁,并沿着外加电场方向通过晶格产生运动,这就说明了金属的导电性。能带中的电子可以吸收光能，并且能将吸收的能量再发射出去，这就说明了金属是辐射能的优良反射体。电子也可以传输热能，表明金属有导热性。给金属晶体施加应力时，由于在金属中电子是离域(即不属于任何一个原子而属于金属整体)的，一个地方的金属键被破坏，在另一个地方又可以形成金属键，因此机械加工不会破坏金属结构，而仅能改变金属的外形，这也是金属有延展性、可塑性等机械加工性能的原因。金属原子对于形成能带所提供的不成对价电子越多，金属键就越强，反应在物理性质上：熔点和沸点越高，密度和硬度越大。

能带理论对某些问题还难以说明，如某些过渡金属具有高硬度、高熔点等性质。有人认为，原子的次外层电子参与形成了部分共价性的金属键。金属键理论仍在发展和完善中，尤其是近年来，随着有机半导体的迅速发展，金属键理论迎来了新的发展机遇。

思考题

1.离子键是如何形成的？有哪些特征？

2.什么是晶格能？影响因素有哪些？

3.什么是共价键？都包括什么种类？共价键有什么特点？

4.在某些分子的形成过程中，原子轨道为什么要杂化？

5.杂化有哪些类型？形成的杂化轨道在空间的几何构型如何？该几何构型和形成的分子的几何构型一样吗？为什么？

6.简述分子轨道理论有什么优缺点。

7.价层电子互斥理论的提出是为了解释分子的空间构型。这句话对吗？为什么？

8.简述配位化合物命名的原则。

习　题

1.区分下列概念。

(1)极性共价键与非极性共价键；　(2)成键轨道与反键轨道；

(3)原子轨道和分子轨道；　(4)σ 键与 π 键；

(5) d^2sp^3 杂化与 sp^3d^2 杂化。

2.判断下列离子的几何构型。

(1)XeF_3^+；　(2)SO_3^{2-}；　(3)IF_4^+；　(4)ICl_4^-。

3.实验测得 O_2 的键长比 O_2^+ 的键长长，而 N_2 的键长比 N_2^+ 的键长短。解释上述实验事实，并判断各物质的磁性。

4. 影响离子化合物晶格能大小的因素有哪些？判断下列物质中作用力的大小。

(1) NaCl、KCl；　　(2) $MgSO_4$、$BaSO_4$；　　(3) KF、KCl、KBr、KI。

5. 写出 O_2^+、O_2、O_2^-、O_2^{2-} 的分子轨道电子排布式，计算其键级，比较其稳定性强弱，并说明其磁性。

6. s－p 型杂化可分为哪几种类型？各种类型的杂化轨道数及所含 s 成分和 p 成分各是多少？

7. BF_3 分子构型是平面三角形，而 NF_3 分子构型是三角锥形，试用杂化轨道理论解释。

8. 当中心原子的价电子对数为 5 时，其价电子对几何构型怎样？其分子空间构型有几种情况？各举出一个实例。

9. N_2 与 O_2 的分子轨道能级顺序是否相同？为什么？

10. 根据分子轨道理论写出下列物种的电子排布式，计算其键级，并推测它们的稳定性。

(1) H_2^+；　　(2) C_2；　　(3) B_2；　　(4) Li_2；

(5) He_2；　　(6) He_2^+；　　(7) Be_2。

11. 试用杂化轨道理论说明下列分子或离子的几何构型。

(1) $HgCl_2$（直线形）；　　(2) SiF_4（正四面体形）；

(3) BCl_3（平面三角形）；　　(4) NF_3（三角锥形，102°）；

(5) NO_2^-（V 形，115.4°）。

12. 应用 VSEPR 理论完成下表。

物质	价电子对数	成键电子对数	孤对电子数	空间构型
ClO_4^-				
NO_3^-				
SiF_6^{2-}				
BrF_5				
NF_3				
NH_4^+				

13. 命名下列配位化合物，并指出中心离子、配位体、配位原子、配位数、配离子的电荷数。

(1) $Fe_3[Fe(CN)_6]_2$；　　(2) $Fe(CO)_5$；

(3)[$Pt(NH_3)_2Cl_2$]；　(4)K_2[HgI_4]；

(5)[$CrCl_2(H_2O)_4$]Cl；　(6)K[$Co(NO_2)_4(NH_3)_2$]；

(7)$(NH_4)_2$[$FeCl_5(H_2O)$]；　(8)[$Co(NH_3)_2(en)_2$]$(NO_3)_2$。

14. 写出下列配合物的化学式。

(1)硫酸四氨合铜(Ⅱ)；　(2)六氯合铂(Ⅳ)酸钠；

(3)氯化·二氯·二氨·二水合钴(Ⅲ)；　(4)四硫氰·二氨合钴(Ⅲ)酸钾。

15. 试用金属键理论解释金属的共有性质(导电性、延展性等)。

（李银环，徐四龙 编）

>>>第 3 章　物质聚集状态

由于分子间相互作用力和分子运动的形式不同，物质表现出不同的聚集状态。物质的基本聚集状态通常有气、液、固三种。物质处在固态时，分子间距离很小，分子间作用力很强，分子的运动较微弱，只能在各自的平衡位置附近做微小的振动，因此固体物质有一定的形状和体积，很难被压缩；处在液体状态时，分子间距离较大，分子间作用力较小，分子的运动比较剧烈，分子间已没有固定的平衡位置，故液体没有一定的形状，但是液体分子还不能分散远离，因此表现出有一定的体积，压缩性不大；气体分子间距离很大，分子间作用力很小，分子运动剧烈，分子间没有固定的平衡位置，并且分子间不能维持一定的距离，分子近似于做自由运动，因此气体没有一定的形状和体积，可以充满任何容器空间，压缩性较大。

外界条件（如温度、压力等）可以影响到物质的分子运动形式（分子间距离和相互作用力），因此当外界条件改变时，物质可以由某一种聚集状态变到另一种聚集状态。当物质聚集状态改变时，会出现界面现象，也会产生热效应。本章介绍分子间作用力和氢键，以及物质处于气、液、固态时具有的特征和外界条件变化时所遵循的规律。

3.1　分子间作用力与氢键

原子通过共价键结合形成分子，共价键强度大（能量级别一般在 100 $kJ \cdot mol^{-1}$左右），通过共价键形成的分子能够稳定存在，表现出自身所固有的物理和化学性质。除了分子内强烈的化学键作用之外，分子间还存在着相对较弱的相互作用，即分子间作用力，其强度一般在几 $kJ \cdot mol^{-1}$到上百 $kJ \cdot mol^{-1}$之间。分子间相互作用具有多种形式，根据各种分子间相互作用的强度和结构特征，可将其分为氢键、静电作用、偶极作用、$\pi-\pi$ 堆积、疏水作用等。分子间相互作用强度虽然较共价键弱，但是宏观体系中大量分子的分子间相互作用累积起来，会对体系的宏观结构和物理化学性质产生重要影响，有时候分子间相互作用甚至还会对物质的性质起到决定性作用。本节主要介绍分子间作用力和氢键。

3.1.1 分子间作用力

分子间的相互作用与它们之间的距离密切相关。对气体状态性质的实验研究表明,当分子相距较远时,分子之间主要表现为吸引作用,因此稀薄的真实气体可以压缩,但是当真实气体被压缩到一定程度时,就会发生相变,即由气体转化成液体或者固体。此时,对液体或者固体再进行压缩,就变得十分困难,表明此时分子之间产生了强烈的排斥作用。1873年,范德瓦耳斯(van der Waals)指出,气体分子之间存在着相互吸引作用,气体分子是有体积的。

现代量子力学的观点认为,分子间相互作用不但是分子间距离的函数,还取决于分子之间的相互取向和分子形状。因此,精确计算分子间相互作用比较繁琐,计算量很大,必须使用超级电子计算机。对于稍微复杂的分子,即使电子计算机计算起来也非常困难。学者们考虑分子间相互作用时一般进行简化处理,往往忽略分子的具体形状和相互之间的取向,只考虑分子间相互作用的共性因素:距离。

学者们衡量化学键和分子间相互作用的强弱时,更多地使用能量而不是使用力来描述。伦纳德-琼斯(Lennard - Jones)针对分子间相互作用距离较大时表现为吸引作用、距离很小时表现为强的排斥作用,提出了分子间相互作用的势能表达式

$$E = \frac{A}{r^{12}} - \frac{B}{r^{6}}$$

式中,常数 A 和 B 可通过实验予以测定。

在伦纳德-琼斯势能函数中,A/r^{12} 项描述的是分子间的排斥作用,说明排斥势能与分子间距离 r 的 12 次方成反比关系。当分子距离增加时,斥力会迅速减小至可以忽略不计的程度,但是当分子距离非常小时,这一项将会急剧增加并且占据主导地位,此时分子间主要表现为斥力。函数中的 B/r^{6} 项对应的是分子之间的吸引作用,把这种吸引作用称为**范德瓦耳斯力**。

1. 分子的极性

分子间作用力的大小与分子的极性有关。分子中所有的原子核形成正电荷中心,所有的电子形成负电荷中心。从整个分子来考虑,如果正、负电荷中心不重合,分子中电荷的分布是不均匀的,这样的分子为极性分子;分子中正、负电荷中心重合则形成非极性分子。

分子极性的强弱用偶极矩($\boldsymbol{\mu}$)表示,偶极矩是表示分子中电荷分布状况的物理量,其数值定义为正、负电荷中心间的距离 r 与电荷量 q 的乘积。

$$\mu = q \times r$$

偶极矩是矢量。分子的偶极矩是分子中所有化学键键矩的矢量和。分子中正、负电荷中心不重合时,分子的偶极矩不为零,是极性分子。偶极矩越大,分子极性越强。分子中正、负电荷中心重合时,分子的偶极矩为零,是非极性分子。

分子的偶极产生方式一般有三种。没有外场作用下，如果一个分子的正、负电荷中心不重合，产生的偶极称为固有偶极，或者永久偶极。固有偶极只存在于极性分子中，如 HCl 和 CH_3CH_2OH 等。非极性分子在极性分子的电场中被诱导而产生的偶极称为诱导偶极。事实上，分子中不断运动的电子和不停振动的原子核在某一瞬间的相对位移会造成分子正、负电荷中心的分离，由此引起的偶极称为瞬时偶极。显然，无论是极性分子还是非极性分子都存在瞬时偶极。

2. 范德瓦耳斯力

范德瓦耳斯力提出之初，关于其本质是什么的研究较少，40 年之后学者们才陆续开始探索。1912 年，葛生(W. H. Keeson)提出：范德瓦耳斯力是极性分子的偶极矩之间的引力。1920—1921 年，德拜(Debye)认为：非极性分子被极化时会产生诱导偶极矩，于是提出极性分子与非极性分子之间也有作用力。但是，这两种作用力还不能说明为什么非极性分子之间也有吸引力。1930 年，伦敦(F. London)提出了范德瓦耳斯力的量子力学理论，学者们对范德瓦耳斯力的本质才有了较深的了解。他们的研究表明，范德瓦耳斯力由分子间的静电作用、诱导作用和色散作用三个部分组成。

1)静电力

1912 年，葛生指出具有永久偶极矩的分子之间能够产生静电相互作用，即静电力，静电力因此也被称为葛生力。偶极矩由于是矢量，所以静电力的大小与分子之间的距离和相互取向均有关系。根据葛生的计算，如果不考虑分子的取向，相距为 r 的两个偶极矩分别为 $\boldsymbol{\mu}_1$ 和 $\boldsymbol{\mu}_2$ 的分子间所产生的分子间静电作用能的平均值为

$$E_{\mu_1\mu_2}=-\frac{2\mu_1^2\mu_2^2}{3kTr^6}\cdot\frac{1}{(4\pi\varepsilon_0)^2} \tag{3-1}$$

式中，μ_1 和 μ_2 为两个相互作用的分子偶极矩的大小；r 是分子质心之间的距离；k 为玻尔兹曼常数；T 为热力学温度；负值代表能量降低。

式(3-1)是不考虑分子间的取向、对静电作用进行平均化处理之后的结果。实际上，分子间的静电作用与相互之间的取向密切相关。当两个分子的偶极矩处于同一直线时，分子之间的静电作用将达到最强，体系最为稳定。静电作用的这种特点导致具有偶极的分子在靠近时趋向于取向一致地排列起来。因此，静电力又被称为取向力。当温度升高时会破坏偶极分子的取向，导致相互作用能降低，故取向力的大小和热力学温度成反比。分子偶极矩越大，取向力越大。对同类分子，$\mu_1=\mu_2$，取向力与偶极矩的 4 次方成正比。

2)诱导力

诱导产生的偶极与原来极性分子偶极之间产生的静电吸引作用，称为诱导力。分子的诱导偶极矩不仅取决于永久偶极矩的大小，还取决于其分子内的电荷分布被极化的难易程度，也就是分子的极化率 α。

1920 年，德拜推导出偶极矩为 μ_1 的分子与极化率为 α_2 的分子之间的平均诱导作用能为

$$E_{\mu_1\alpha_2}=-\frac{\mu_1^2\alpha_2}{(4\pi\varepsilon_0)^2r^6} \tag{3-2}$$

因此，诱导力也被称为德拜力。诱导力不仅存在于非极性分子与极性分子之间，也存在于极性分子与极性分子之间。

3）色散力

1936 年，伦敦指出非极性分子之间的吸引力源自于分子中电子运动产生的瞬时偶极之间的作用，并将这种作用力称为色散力。色散力存在于所有分子之间，并不依赖于分子本身的极性。色散作用的强度取决于相互作用的分子的极化率。伦敦推导出两个分子之间色散能的表达式为

$$E_{\mu_1\mu_2}=-\frac{3}{2}\frac{I_1I_2}{I_1+I_2}\cdot\left(\frac{\alpha_1^2\alpha_2^2}{r^6}\right)\cdot\frac{1}{(4\pi\varepsilon_0)^2} \tag{3-3}$$

式中，I_1 和 I_2 为两个相互作用分子的电离能；α_1 和 α_2 是它们的极化率。

色散力也称伦敦力，是瞬时偶极矩之间的作用力。所有的分子之间，无论是极性分子还是非极性分子，都存在色散力。

一些纯化合物中的分子间作用能的贡献列于表 3-1 中。可以看出，除个别极性很高的分子外，分子间作用力中色散力多数情况是主要的。色散力与分子变形性有关，变形性越大，色散力越强。通常分子中电子数越多、原子半径越大、分子越易变形。色散力随着分子量的增大而增大。例如：卤素分子，其 α 值随相对分子质量的增大而增大，色散力也增大。

表 3-1　一些分子的分子间作用能的分配

分子	$E_{取向力}$/(kJ·mol^{-1})	$E_{诱导力}$/(kJ·mol^{-1})	$E_{色散力}$/(kJ·mol^{-1})	$E_{总}$/(kJ·mol^{-1})
Ar	0.000	0.000	8.49	8.49
CO	0.0029	0.0084	8.74	8.75
HI	0.025	0.1130	25.86	25.98
HBr	0.686	0.502	21.92	23.09
HCl	3.305	1.004	16.82	21.13
NH_3	13.31	1.548	14.94	29.58
H_2O	36.38	1.929	8.996	47.28

分子间作用力是人们在研究真实气体对理想气体的偏离时提出来的，它具有以下特点：

（1）分子间作用力的大小与分子间距离的 6 次方成反比。因此分子距离稍远时，分子间

作用力骤然减弱。它们的作用距离为 300～500 pm。

(2)分子间作用力没有方向性和饱和性。

(3)分子间作用力用能量表示，其值一般在 2～20 kJ · mol^{-1}，比化学键能小 1～2 个数量级。

气体分子能够凝聚为液体和固体，是范德瓦耳斯力作用的结果。分子间的范德瓦耳斯力越大，物质越不容易气化，所以沸点越高，汽化热越大。固体熔化为液体时也要部分地克服范德瓦耳斯力，所以分子间范德瓦耳斯力较大者，熔点也较高，熔化热较大。范德瓦耳斯作用能的公式可以用来讨论某些物质的沸点和熔点的规律性。

(1)同系物的沸点与熔点，随相对分子质量的增大而增高。这是因为同系物的偶极矩相等，电离能也大致相等，所以范德瓦耳斯作用能的大小主要取决于极化率大小。同系物中相对分子质量越大的极化率越大，因此沸点和熔点也越高。

(2)同分异构物的极化率 α 相等，偶极矩越大的分子，范德瓦耳斯作用能越大，沸点越高。

(3)有机化合物中氢被卤素取代后，偶极矩和极化率增大，沸点升高。

(4)稀有气体和一些简单的对称分子只有色散力，汽化热和沸点依相对原子质量的增加稳定地按 α/r^3 比例增加。

分子间除了分子间作用力外，还存在氢键。氢键由于结构和形成的特殊性，往往单独讨论。

3.1.2　氢键

氢键的概念由哈金斯(Huggins)于 1920 年提出，后经过鲍林等人的发展，人们对氢键的认识逐渐加深。氢键的存在对地球上生命的形成和发展具有重要的意义。例如：自然界中最为重要的生物分子——蛋白质和 DNA，正是依靠氢键才得以形成特定的结构，氢键在生物体内起着无法替代的重要作用。

当氢原子与一个电负性比较大的原子 X(如 F、O、N 等)通过共价键相连时，它能与另一个电负性高的原子 Y 产生吸引作用，通过 X—H 中的氢原子与 Y 原子上的孤对电子作用形成形如 X—H…Y 的直线形结构，这一结构被称为氢键。

X—H 是氢键的供体，Y 是氢键的受体，受体 Y 必须是电负性较大的、富电子的分子、离子及分子片段等，可以是含孤对电子的原子(如 F、O、N)，也可以是含 π 键的分子(如苯)。

氢键的本质也是静电作用力，它具有诸多共价键的特点，如具有方向性、饱和性和灵活性，其强度取决于氢键两端的 X 和 Y 原子的电负性，这两个原子的电负性越强，氢键越强。当 X－H…Y 中三个原子取直线构型时氢键最强。H…Y 距离越短，氢键越强。氢键的形成使得 X－H 距离增大，反映在红外光谱上，即 X－H 的伸缩频率红移。X－H 键长增加越多，H…Y 键就越牢固。

氢键通常在物质处于液态时形成，但形成后有时也能继续存在于某一些晶态甚至气态物质中。例如，在气态、液态和固态的 HF 中都有氢键存在。氢键的存在，对物质的某些性质会有影响，如熔点、沸点、溶解度和密度等。

3.2 气体

气体分子间距离很大，分子间作用力很小，分子运动剧烈，分子近似做自由运动。为了研究方便，通常假设有一种气体，其分子自身的体积可以忽略，分子之间没有相互作用力，并把这种气体称为理想气体。理想气体实际上是不存在的，平常遇到的气体都是真实气体。真实气体分子自身占有体积，分子之间也有相互作用力。根据经验，真实气体只有在较高温度（$>0°C$）和较低的压力（<101.3 kPa）下，其行为才接近理想气体。本节主要讨论理想气体和真实气体的行为和所遵循的规律。

3.2.1 气体定律

一定质量的气体在容器中具有一定的体积 V，气体的各部分具有同一温度 T 和同一压力 p。学者们通常用可以测量的物理量 p、V、T 和物质的量来描述气体所处的状态。大量实验表明，当这些物理量确定时，气体的状态也就确定了。学者们把描述气体状态的这些物理量称为状态参量。

17—18 世纪，学者们在研究低压（$p<1$ MPa）下的气体行为时归纳总结出一系列的经验定律，用以描述气体变化时所遵循的规律，主要有玻意耳（Boyle）定律、盖吕萨克（Gey-Lussac）定律、阿伏伽德罗定律和查理定律。

1）玻意耳定律

1621 年，玻意耳提出，一定温度下的一定量气体的体积与压力成反比，即

$$pV=C$$

式中，p 为气体的压力；V 为气体的体积；C 为常数。上式也可表示为

$$p\propto 1/V \quad \text{或} \quad V\propto 1/p$$

实验数据表明，玻意耳定律只在低压下成立。

2）盖吕萨克定律

查尔斯（Charles）和盖·吕萨克在研究压力恒定条件下温度与体积之间的关系时发现，在物质的量和压力恒定的条件下，气体的体积与热力学温度成正比，即

$$V=C'T$$

式中，T 为热力学温度，K；C' 为常数。T 与摄氏温度（t）之间的关系为

$$T = t + 273.15$$

3)阿伏伽德罗定律

1811 年,阿伏伽德罗提出,在相同的温度、压力下,相同体积的不同气体含有相同数目的分子数,即

$$V \propto n \quad 或 \quad V_m = V/n = C''$$

式中,n 为物质的量,mol;V_m为摩尔体积。根据阿伏伽德罗定律,在一定温度下,气体的摩尔体积是一个与气体种类无关的常数。1 mol 理想气体在 0 ℃和 1 atm (1 标准大气压,1.01×10^5 Pa)下的摩尔体积等于 24.414 $L\cdot mol^{-1}$。

4)查理定律

该定律由法国科学家查理(1746—1823)通过实验发现。查理定律指出,一定质量的气体,当其体积一定时,它的压强与热力学温度成正比。即

$$p = C'''T$$

式中,C'''为常数。

3.2.2　理想气体和理想气体状态方程

1.理想气体模型

早在 17 世纪中期,不少学者就开始研究低压($p<1$ MPa)下的气体行为,并根据研究的需要,从极低压力下气体的行为出发,抽象出理想气体的概念。理想气体的微观模型如下。

(1)气体分子的大小忽略不计。气体分子间的平均距离要比分子本身的直径大很多,稀薄气态条件下,分子本身的大小与分子之间的距离相比可以忽略不计。

(2)气体分子之间没有相互作用力。分子间的相互作用能与分子间距离 r 的 6 次方成反比,气体分子间的距离很大,气态条件下分子间的相互作用能可以忽略不计。因此,假设理想气体除分子间相互碰撞或与器壁碰撞外,分子间没有其他相互作用力。

(3)分子间的相互碰撞、分子与器壁的碰撞是完全弹性碰撞。气体分子总是处于永不停息的不规则运动之中,分子间存在相互碰撞。温度越高,分子杂乱无章的运动越剧烈,碰撞频率越高。处于一定状态下的气体,其压力与温度都有一定的数值,且不随时间改变。因此,假设理想气体分子在碰撞时没有动能的损失,属于弹性碰撞。

以上几条假设是将气体分子看成没有体积、相互间没有作用力、发生完全弹性碰撞的质点。物理学上将这种气体模型简称为无作用力、无体积的完全弹性质点模型,也就是理想气体模型。理想气体是科学的抽象概念,客观上并不存在。但通常的温度和压力下,将许多真实气体作为理想气体来处理,所得结果虽有一定的误差,但还能满足一般常压下化工生产的精度要求。

2. 理想气体状态方程

玻意耳、盖吕萨克定律考察的都是一定量的气体在体积 V、压力 p、温度 T 三者之一为定值时，其他两个变量之间的关系。我们下面讨论当 p、V、T 均发生改变时，三个物理参量之间所遵循的规律。

气体的体积随压力、温度以及气体的分子数（N）而变，写成函数的形式为

$$p = f(T, V, N)$$

将上式进一步写成微分形式

$$\mathrm{d}p = \left(\frac{\partial p}{\partial T}\right)_{V,N}\mathrm{d}T + \left(\frac{\partial p}{\partial V}\right)_{T,N}\mathrm{d}V + \left(\frac{\partial p}{\partial N}\right)_{T,V}\mathrm{d}N$$

对于一定量的气体，N 为常数，$\mathrm{d}N=0$，故有

$$\mathrm{d}p = \left(\frac{\partial p}{\partial T}\right)_{V,N}\mathrm{d}T + \left(\frac{\partial p}{\partial V}\right)_{T,N}\mathrm{d}V \tag{3-4}$$

根据玻意耳定律，有

$$p=C/V$$

于是有

$$\left(\frac{\partial p}{\partial V}\right)_{T,N} =- C/V^2 =- p/V \tag{3-5}$$

根据查理定律，有

$$p = C''' \cdot T$$

于是有

$$\left(\frac{\partial p}{\partial T}\right)_{V,N} = C''' = \frac{p}{T} \tag{3-6}$$

将式(3-5)和式(3-6)代入式(3-4)，可得

$$\frac{\mathrm{d}p}{p} =- \frac{\mathrm{d}V}{V} + \frac{\mathrm{d}T}{T}$$

将上式积分，得

$$\ln V + \ln p = \ln T + \text{常数}$$

若物质的量为 n，则

$$pV = nRT \tag{3-7}$$

式(3-7)就是著名的理想气体状态方程。式中，R 为气体摩尔常数，当 p、V、T 为 SI 制单位时，其值为 $8.314\ \mathrm{J\cdot mol^{-1}\cdot K^{-1}}$。

如果将 n 用 m/M 代替（m 为气体的质量，M 为该气体的摩尔质量），式(3-7)可表示为

$$pV = \frac{m}{M}RT \tag{3-8}$$

结合密度的定义 $\rho=m/V$，可得

$$\rho=\frac{pM}{RT} \tag{3-9}$$

压力越低，温度越高，气体越能符合式（3－7）、（3－8）、（3－9）所描述的关系式。通常把在任何压力、任何温度下都能严格遵守式（3－7）的气体称为理想气体。

3. 混合气体定律

以上讨论的是纯理想气体的行为，在自然界及日常工业生产中所遇到的气体，多数以混合物的形式存在。当几种气体混合后，各种气体的压强、体积会发生什么变化？下面我们分别讨论道尔顿分压定律和阿马加分体积定律。

1）道尔顿分压定律

实践表明，一般情况下气体都能以任何比例完全混合，混合物中每种气体都会对器壁施以压力。把各种气体施加压力的总和称为总压力，某一种组分气体所施加的压力称为分压力。道尔顿在研究气体时发现：混合气体中每一种组分所产生的压强和它单独占有整个容器时所产生的压强相同，此即为道尔顿分压定律。所谓分压力是指：在相同的温度下，混合气体中每一种气体单独占据与混合气体相同的体积时所具有的压力。道尔顿分压定律可描述为：在一定温度下，混合气体的总压力等于各组分气体的分压之和，其数学表达式为

$$p=p_1+p_2+p_3+\cdots+p_i=\sum p_i \tag{3-10}$$

如果混合气体中的每种组分遵守理想气体状态方程，即有

$$p=(n_1+n_2+n_3+\cdots+n_i)\frac{RT}{V}=n_{总}\frac{RT}{V} \tag{3-11}$$

由此可推导出混合气体中任一组分气体 i 的分压 p_i 等于其摩尔分数 x_i 与总压力 p 的乘积，即

$$p_i=x_ip \tag{3-12}$$

道尔顿分压定律原则上讲只适用于理想气体混合物，对于低压下的真实气体混合物也近似适用。

2）阿马加分体积定律

阿马加对低压气体的实验测定表明：混合气体的总体积等于各组分气体的分体积之和。所谓气体分体积是指混合气体中某一种组分单独存在，其温度和压强与混合气体相同时所占有的体积。阿马加分体积定律可表示为

$$V=V_1+V_2+V_3+\cdots+V_i=\sum V_i \tag{3-13}$$

类似地，理想气体混合物中组分 i 的分体积 V_i 与总体积 V 有如下关系

$$\frac{V_i}{V}=\frac{n_iRT/p}{nRT/p}=\frac{n_i}{n}=x_i \tag{3-14}$$

所以

$$V_i=x_iV \tag{3-15}$$

该式表明，混合气体中任一组分的分体积等于该组分的摩尔分数与总体积的乘积。阿马加分体积定律只适用于理想气体混合物，对于低压下的真实气体混合物近似适用。高压下，混合前后气体体积一般将发生变化，分体积定律不再适用，这时需引入偏摩尔体积的概念进行计算。

3.2.3 真实气体

1. 压缩因子

在低温高压下，分子之间的相互作用力和分子自身的体积不能再忽略不计，真实气体的行为与理想气体状态方程所描述的气体行为偏差很大，此时理想气体状态方程不再适用于描述气体的行为。为了衡量真实气体与理想气体之间的偏差大小，并描述真实气体的 p、V、T 之间的关系，定义了压缩因子 Z。压缩因子定义为处于相同温度和压力下的真实气体的摩尔体积 V_m 与理想气体的摩尔体积 V_m° 之比：

$$Z = \frac{V_m}{V_m^\circ} \tag{3-16}$$

对于理想气体，其摩尔体积 V_m° 等于 RT/p，因此压缩因子可表示为

$$Z = \frac{pV}{nRT} = \frac{pV_m}{RT} \tag{3-17}$$

对于理想气体，温度恒定时，任意压力下的压缩因子 $Z=1$。对于真实气体，Z 值偏离数值 1。若 $Z>1$，实测的 pV 值比按理想气体状态方程所计算的 nRT 值大，则该真实气体比理想气体更难压缩。反之，若 $Z<1$，实测的 pV 值比按理想气体状态方程所计算的 nRT 值小，则该真实气体较易压缩。在高压下，无论温度多高，Z 值都是大于 1 的，因为在高压下，气体的体积小，分子间距离很小，分子间排斥力特别显著；在低温中压时，Z 值大多小于 1，因为低温下分子的平动能（热运动）较弱，在分子间距离不是极小时，相互吸引作用占优势。

在同一温度下，各种气体的 Z 值随压力的变化各不相同，图 3-1 为几种气体的压缩因子随压力的变化情况。从图中可以看出，Z 值的变化有两种类型：一种是 Z 值随压力增加而单调增加，如 H_2；另一种是随压力的增加，Z 值先下降，后上升，曲线上出现最低点，如 N_2、CO_2 等。

事实上，如果进一步降低 H_2 的温度，其 $Z-p$ 曲线也会出现最低点。同一种气体在不同温度下，其 Z 值随压力的变化也不相同。如图 3-2 所示，当温度为 T_1、T_2 时，曲线上出现最低点。当温度升高到 T_3 时，开始转变，此时曲线随 p 减小以较缓慢的趋势趋向水平线（$Z=1$），并与水平线相切。此时在相当一段压力范围之内，Z 值近似等于 1，Z 值随压力的变化不大，气体行为符合理想气体的状态方程。此时的温度称为玻意耳温度 T_B，图形上表现为此温度时，等温线的斜率等于零，即

$$\lim_{p \to 0} \left(\frac{\partial (pV_m)}{\partial p} \right)_{T_B} = 0$$

只要知道状态方程，便可求得玻意耳温度 T_B。当气体的温度高于 T_B 时，气体的可压缩性小，难以液化。

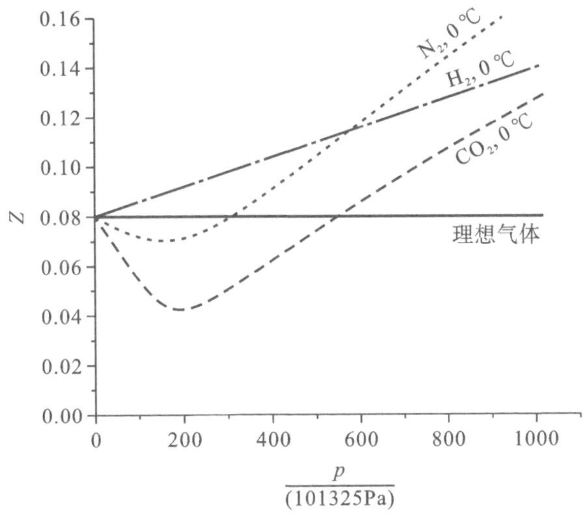

图 3-1　0°C 时几种气体的 $Z-p$ 曲线

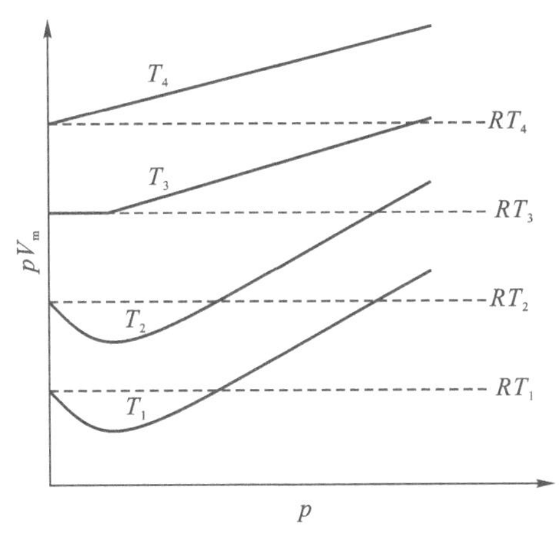

图 3-2　真实气体在不同温度时的 $Z-p$ 曲线

2. 范德瓦耳斯方程和其他重要真实气体状态方程

真实气体的行为与理想气体行为有很大的偏差，因此理想气体状态方程不能很好地描述真实气体的行为。到目前为止，学者们提出了超 200 种以上的状态方程，用于描述真实气体行为。这些方程大致可以分为两类：一类是经验的或半经验的气体状态方程，通常只适用于特定的气体，并且只在指定的温度和压力范围内能给出较精确的结果，工业上常常使用；另一类是有一定物理模型基础的半经验方程，通常其物理意义比较明确，具有一定的普遍性，这类方程中以范德瓦耳斯方程最为著名。

1)范德瓦耳斯方程

1873 年，荷兰科学家范德瓦耳斯在前人研究的基础上，考虑了真实气体与理想气体模型间的差别，针对引起真实气体与理想气体产生偏差的两个主要原因，对理想气体状态方程进行了重要修正。

(1)考虑分子本身具有体积所进行的修正。理想气体模型是把分子看作没有体积的质点，所以 V_m 是每个分子可以自由活动的空间，它等于容器的体积。对于真实气体，气体分子自身的体积不能忽视，考虑气体分子体积时，分子所能活动的空间不再是 V_m，而是从 V_m 中减去一个反映气体分子自身所占体积的修正项 b。于是，理想气体状态方程可修正为

$$p(V_m - b) = RT$$

式中，b 是可用实验方法测定的修正量，其数值约等于 1 mol 气体分子真实体积的 4 倍。

(2)考虑分子间存在相互作用所进行的修正。气体分子间作用力是近距离作用力，若作用力的有效距离为 d，可以设想在某分子周围 d 距离内的其他分子都会对这个中心分子产生一定的作用力。由于周围的气体分子是均匀分布的，所以周围分子对中心分子作用力的合力为零。但是，对于靠近器壁的分子来说，它所受到的作用力的合力不再等于零。内部分子的作用力趋向于把接近器壁的分子拉向气体的内部，这种作用力称为内压力。内压力的存在会降低运动着的分子对器壁所施加的碰撞力，因此真实气体比理想气体在相同条件下产生的压力小。考虑了分子间相互作用后，气体施加于器壁的压力 p 为

$$p = \frac{RT}{(V_m - b)} - p_i$$

真实气体与理想气体之间的压力在相同条件下就相差这个内压力 p_i，这就是压力项的校正值。内压力的大小与气体所占体积的 2 次方近似成反比，故有

$$p_i \propto \frac{1}{V_m^2} \quad 或 \quad p_i \propto \frac{a}{V_m^2}$$

式中，a 为比例系数，由气体的性质所决定，它表示 1 mol 气体在占有单位体积时，由于分子间相互作用而引起的压力减小量。

因此，考虑分子自身体积和分子间作用力引起的上述修正，1 mol 真实气体的状态方程为

$$\left(p + \frac{a}{V_m^2}\right)(V_m - b) = RT \qquad (3-18)$$

对 n mol 真实气体而言，其状态方程应为

$$\left(p + \frac{na}{V^2}\right)(V - nb) = nRT \qquad (3-19)$$

式(3-18)、式(3-19)均称为范德瓦耳斯方程，式中 a 为与分子间引力有关的常数；b 为与分子自身体积有关的常数，a 和 b 均可由实验测定，使用时应注意 a、b 的单位。

2)其他重要真实气体状态方程

范德瓦耳斯方程在较为宽泛的温度和压力范围内可以精确地描述真实气体的行为，但是其也有一定的局限性。20 世纪以来，高压与低温技术的发展推动学者们建立了许多适合特定气体和特定条件的气体状态方程，例如贝特洛(Berthelot)方程和位力方程。

(1)贝特洛方程。

$$pV_m = RT\left[1+\frac{9pT_c}{128p_cT}\left(1-6\frac{T_c^2}{T^2}\right)\right]$$

式中，T_c、p_c为临界温度与临界压力。此方程应用于较常压稍高的压力范围时，其准确度比范德瓦耳斯方程更高。

(2)位力方程(幂级数型方程)。

$$pV_m = RT\left[1+\frac{B}{V_m}+\frac{C}{V_m^2}+\frac{D}{V_m^3}+\cdots\right]$$

式中：B、C、D、…分别为二级、三级、四级、……位力系数。

位力系数的大小取决于气体的本性。对同一种气体，温度不同位力系数数值也不同。可以根据该状态方程应用的温度与压力范围及要求的精度选定应采用的位力系数的数值。一般压力越大，V_m越小，式中后面的项起的作用越大，所选用的项数也相应更多。

3.2.4　气体的液化

理想气体分子间没有相互作用力，所以在任何温度、压力下都不可能液化。对真实气体，降低温度和增大压力可以使得气体液化。各种气体分子间力大小不同，液化时的难易程度也不同。如水汽在 101.3 kPa 下，低于 100 ℃就可以液化；氯气在室温时必须加压才能液化；氧气则必须使其温度降低到－119 ℃以下并且加压至 5000 kPa 才能液化。

下面通过 CO_2气体的等温压缩，说明气体的液化过程。1869 年，安德鲁斯根据实验数据绘制出了 CO_2的等温线，如图 3－3 所示，发现其与理想气体的等温线截然不同。对于理想气体，$pV_m=RT=$常数，p-V_m图上的等温线均为常数，不同温度对应于不同的常数。但是，CO_2的等温线却分成三种情况。实验证明，CO_2的等温线具有普遍性和典型性，每种气体都有类似的等温线。

(1)30.98 ℃以下的等温线均相似，由三段组成。温度比较低时，如在 13.1 ℃时，压缩 CO_2气体，起初体积随压力增大而减小，到达 h 点后，其体积迅速减小，而压力不变，这时气体逐渐液化，直到 k 点。气体全部变成液体后，曲线几乎呈直线上升，即使体积略微减少也需要很大的压力。图中水平段表示气、液两相平衡共存，且在一定温度下，CO_2压力不随其体积改变而改变，为一定值。

(2)当温度升至 30.98 ℃时，等温线出现拐点。随着温度的升高，等温线的水平段逐渐缩短，当温度升至 30.98 ℃时，水平段消失而缩成一点 b，此时蒸气与液体的密度相等，气、液两相界面消失，两者不可区分。

(3)当温度明显高于 30.98 ℃时，CO_2的等温线与理想气体的等温线相似。此时，CO_2气体的行为接近理想气体行为，即气体的压力与其体积成反比。

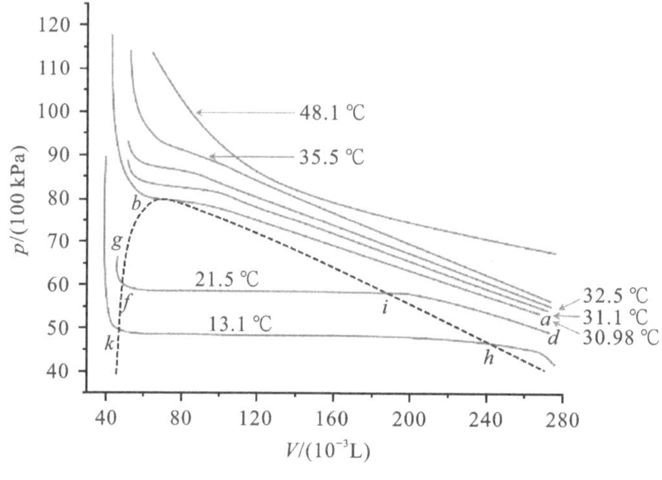

（虚线区域为气、液两相共存区）

图 3－3　CO_2的等温线

实验证明，每种气体都存在一个特定的温度，在该温度以上，无论施加多大的外压，都不可能使气体液化。该温度称为临界温度，用 T_c表示。例如：b 点为 CO_2的临界点，在 b 点温度(30.98 ℃)以上无论使用多大压力都不会出现液相。临界温度是使气体能够液化所允许的最高温度。在临界温度 T_c时，使气体液化所需要的最小压力称为临界压力，以 p_c表示。例如：b 点的压力为 CO_2在临界温度时气体液化所需的最小压力。在临界温度和临界压力下，物质的摩尔体积称为临界摩尔体积，以 $V_{m,c}$表示。

临界温度、临界压力下的状态称为临界状态。T_b、T_c、p_c、$V_{m,c}$统称为物质的临界参数，是物质的特性参数，一些物质的临界参数列于表 3－2 中。

表 3－2　几种物质的临界参数

物质		T_b/K	T_c/K	$p_c/(1\times10^5\ Pa)$	$V_{m,c}/(cm^3\cdot mol^{-1})$
永久气体	He	4.2	5.2	2.29	57.8
	H_2	20.4	33.0	12.94	65.5
	N_2	77.3	126.3	33.98	90.1
	O_2	90.2	154.8	50.79	76.4
	CH_4	111.7	190.6	46.04	99

续表

物质		T_b/K	T_c/K	$p_c/(1\times10^5\ Pa)$	$V_{m,c}/(cm^3\cdot mol^{-1})$
可凝聚气体	CO_2	194.7	304.2	73.79	94.0
	C_3H_3	1231.1	369.8	42.49	203
	Cl_2	239.1	417.2	77.1	124
	NH_3	239.7	405.6	112.7	72.5
	C_4H_{10}	272.7	425.2	38.2	255
液体	C_5H_{12}	309.3	469.7	33.78	304
	C_6H_{14}	341.9	507.4	29.7	370
	C_6H_6	353.3	562.1	48.97	259
	C_7H_{16}	371.6	540.2	27.35	432
	H_2O	373.1	647.4	221.1	55.4

3.3 液体

3.3.1 液体的性质

与气体一样，液体分子也处在不断的热运动之中。液体分子由于间距比气体分子小，分子间存在着较强的分子间作用力，因此运动的自由程度要比气体分子小很多，表现出的液体的性质与气体也有较大的差异。液体的特性主要反映在以下几方面。

液体分子间由于存在作用力而使液体分子被限定在一定的体积之内，故液体有恒定的体积。但这种作用力不足以使液体分子固定在特定的位置，限定在一定体积之内的液体分子仍然处于不断的运动之中，从而使液体分子呈现出一定的流动性。流动性使液体分子没有确定的外形，而只能取容器的形状。

液体分子间距较小，可以自由运动的空间比气体状态时小得多，因此当在一定温度下增加压力时，液体基本上不可压缩。同样，在一定压力下，若改变温度，对液体体积的影响也不大，如升高温度，液体的可膨胀性也不大。因为温度升高，虽使液体分子运动加剧，有使分子间距离增大的趋势，但因液体分子间作用力比较大，分子间作用阻止了因温度升高而引起分子间距离增大的趋势，阻止了液体的膨胀。

与气体类似，当把两种或两种以上分子结构和分子间作用力相似的液体相混合时，组分分子可以相互扩散，最终可形成能以任何比例互溶的均匀分布的状态，这种现象说明结构和分子间作用力相似的液体之间存在一定的掺混性，这种掺混作用虽然进行得比较慢，但它却是无法阻止的。

需要指出的是，这种掺混作用只出现在几种分子结构和分子间作用力类似的液体之间，如乙醇和水均为极性分子，分子中均存在氢键，故它们可以以任何比例混溶。反之，分子结构和分子间作用力不相似的液体混合时，则基本上不能互相扩散达到互溶的目的，如四氯化碳和酒精的混合物。

3.3.2 液体的气化

液体转变为气体的过程称为气化。气化是由于液体内分子能量分布不均，其中小部分分子的动能较大，能够克服分子间的引力逸出液面。液体在气化过程中，由于失去了这部分动能较大的分子，会使本身的温度降低，为了保持液体原来的温度，必须从外界吸收一定量的热。液体在等温过程中气化所吸收的热量称为汽化热。同一种液体，温度愈高，分子间的引力越弱，汽化热越少，到临界温度时，液-气之间没有界面，汽化热等于零。

在一定温度下的密封容器中，当单位时间内某物质由气体分子变成液体分子的数目与液体分子变成气体分子的数目相同，即气体的凝结速率与液体的蒸发速率相同时，气体和液体达成一种动态平衡，即气-液平衡。处于气-液平衡时气体的压力称为饱和蒸气压。

饱和蒸气压由物质的本性所决定，不同物质在同一温度下具有不同的饱和蒸气压；而对于同种物质，不同温度下具有不同的饱和蒸气压，即饱和蒸气压是温度的函数。当液体的饱和蒸气压与外界压力相等时，液体沸腾，此时的温度称为液体的沸点。习惯将 101.325 kPa 外压下液体的沸点称为正常沸点。外界压力越低，液体的沸点越低。反之，外界压力越高，液体的沸点越高。表 3－3 为水在不同温度下的饱和蒸气压。

表 3－3 水在不同温度下的饱和蒸气压

t/℃	p_{H_2O}/kPa	T/K	$\frac{1}{T}/(K^{-1})$	$\lg(p_{H_2O}/kPa)$
0	0.6	273	0.00366	−0.215
20	2.3	293	0.00341	0.369
40	7.4	313	0.00319	0.868
60	19.9	333	0.0300	1.299
80	47.3	353	0.00283	1.675
100	101.3	373	0.00268	2.006

3.3.3　液体的凝固

在一定压强下，液体温度降低到一定程度时就会凝结为固体。例如，水在100 kPa，温度为273 K时就会结冰。这种液体、固体两相共存时的温度为液体的凝固点。对液体样品不断进行降温，记录液体的温度随时间的变化，可得到一条步冷曲线，根据步冷曲线可以得到液体的凝固点。

3.4　溶液

一种物质以或大或小的粒子分散在另一物质中所构成的系统，称作分散系统。例如，糖水溶液、浮选矿浆、氢氧化铁溶胶等都属于分散系统。把分散系统中被分散的物质称为分散质，也称分散相；而把分散质分散开来的物质称为分散介质。例如，糖分子、矿物粒子、蛋白质分子和氢氧化铁粒子是分散质，水是分散介质。按照分散相物质颗粒的大小，把分散系统分为三类，其性质见表3－4。

表3－4　各种分散系统的性质

性质	粗分散系统	溶胶分散系统（憎液溶胶）	分子分散系统	
			高分子分散系统（亲液溶胶）	低分子分散系统
分散相粒度	大于0.1 μm，不可通过普通滤纸	0.1 μm～1 nm，可通过普通滤纸，但不可通过渗析膜	0.1 μm～1 nm，可通过普通滤纸，但不可通过渗析膜	小于1 nm，可通过普通滤纸和渗析膜
分散相组成	粗粒度	胶粒（原子或分子的聚集体）	大分子	原子、离子或小分子
相数	多相	多相	单相	单相
热力学稳定性	不稳定	不稳定	稳定	稳定
动力学稳定性	不稳定	稳定	稳定	稳定
光学性质	浑浊	丁铎尔现象	丁铎尔现象	丁铎尔现象
黏度	小	小	大	小
举例	泥浆	$Fe(OH)_3$溶胶	胶水	糖水

分子分散系统又称为溶液。即，溶液是指分散质以分子或者比分子更小的质点（如原子和离子）均匀地分散在分散介质中所得的分散系统。如果组成溶液的物质有不同的状态，常将液态物质称为溶剂，气态或固态物质称为溶质。如果都是液态，则把含量多的一种称为溶

剂，含量少的称为溶质。溶液以物态可分为气态溶液（如空气）、固态溶液（如合金）和液态溶液（如白酒）。最常见最重要的是液态溶液，特别是以水为溶剂的溶液。

本节主要介绍溶液浓度的表示方法及稀溶液的依数性。

3.4.1 溶液的浓度

广义的浓度概念是指一定量溶液或溶剂中溶质的量，这一笼统的浓度概念正像“量”的概念一样没有明确的含义。习惯上，浓度涉及的溶液的量取体积和质量，而溶质的量则取物质的量、质量、体积等。所以常用的浓度表示方法分为百分数（百分比浓度）、物质的量浓度（c_B）和质量摩尔浓度（b_B）。

1）百分数

如果溶液的量和溶质的量同时用物质的量、质量或者体积表示，对应的浓度分数分别表示为物质的量分数（又称摩尔分数）、质量分数或者体积分数，分别用符号 x_B、w_B、和 φ_B 表示，它们都没有量纲，单位为 1。

2）物质的量浓度（c_B）

溶质的物质的量浓度是指溶质的物质的量与溶液体积 V 的比值，用符号 c_B表示，国际单位是 $mol \cdot m^{-3}$，常用单位是 $mol \cdot L^{-1}$。

对于稀水溶液，忽略温度影响时，可用物质的量浓度代替质量摩尔浓度，作近似处理。

3）质量摩尔浓度（b_B）

因溶液的体积随温度而变，所以物质的量浓度也随温度而变，在严格的热力学计算中，为避免温度对数据的影响，常不使用物质的量浓度而使用质量摩尔浓度。质量摩尔浓度 b_B 定义为溶质的物质的量 n_B 与溶剂的质量 m_A 的比值，单位为 $mol \cdot kg^{-1}$，即

$$b_B = \frac{n_B}{m_A}$$

质量摩尔浓度的优点是可以用准确的称重法来配制溶液，不受温度影响，电化学中用得很多。

在本章中，溶液是指含有一种以上组分的液体相和固体相（即液相和固相，不包含气相）。一般将含量多者称为溶剂，含量较少者称为溶质。如果溶质的含量很少，即摩尔分数的总和远小于1，该类溶液被称为稀溶液。溶液的形成过程伴随着能量、体积的变化，有时还会有颜色的变化。一般而言，溶液具有均一性（溶液各处的密度、组成和性质完全一样）、稳定性（温度不变、溶剂量不变时，溶质和溶剂长期不会分离），并且属于混合物。溶液一般分为饱和溶液和不饱和溶液。**饱和溶液**指在一定温度、一定量的溶剂中，溶质不能继续被溶解的溶液；**不饱和溶液**指在一定温度、一定量的溶剂中，溶质可以继续被溶解的溶液。

为了更好地研究溶液体系各方面的性质，人们提出了不同的溶液模型。1929 年赫德勃

兰特(J. H. Hildebrand)提出了**规则溶液**模型，其混合(形成)热不为零，而混合熵为理想溶液的混合熵。规则溶液是更接近于真实溶液的一种溶液，被广泛应用于非电解质溶液(例如合金溶液)的研究，因此其更适用于冶金和金属材料科学。另一种模型为**理想溶液**模型，该溶液中的任一组分在全部浓度范围内都符合拉乌尔定律。理想溶液在应用过程中忽略了分子、离子以及其他微小质点之间的相互作用，是人们为了简化化学计算假设的一种溶液。

通常情况下，在溶液里进行的化学反应比较快。因此，在实验室或者化工生产过程中，为了使两种需要反应的固体快速发生反应，一般先将它们分别溶解于相应的溶剂中形成溶液，再将两种溶液混合进行反应。与此同时，溶液对动植物的生理活动也具有重大意义。例如，动物在摄取食物(养分)的过程中，必须经过消化，使营养成分变成溶液，才能被吸收；植物从土壤里获取的各种养料，也要先形成溶液，才能由根部逐渐吸收。

3.4.2　理想溶液与理想稀溶液

一定温度下，凝聚相与其蒸气建立两相平衡时，其蒸气的压力被称为该凝聚相的饱和蒸气压，简称蒸气压。饱和蒸气压与物质的种类、组成、相态和温度等因素有关。实验发现，稀溶液的液相组成和气相分压遵循两个重要的经验定律——拉乌尔(F. M. Raoult)定律和亨利(W. Henry)定律。这两个经验定律在溶液热力学中起着重要作用。

1. 拉乌尔定律

1887 年，法国物理学家拉乌尔归纳大量实验结果发现：在一定温度下，稀溶液中溶剂的蒸气压等于纯溶剂的蒸气压与溶液中溶剂摩尔分数的乘积。这一规律被称为拉乌尔定律(Raoult law)或蒸气压下降定律，用公式表示为

$$p_{\mathrm{A}} = p_{\mathrm{A}}^{*} x_{\mathrm{A}} \tag{3-20}$$

式中，p_{A}^{*} 代表同温度下纯溶剂 A 的蒸气压；x_{A} 代表溶液中溶剂 A 的摩尔分数。一般而言，溶液越稀，按照拉乌尔定律计算得出的 p_{A} 与实测结果越相符。

从分子层面可以进行如下解释：如果溶质分子和溶剂分子间相互作用的差异可以不计，则由于在纯溶剂中加入溶质后减少了单位体积中溶剂分子的数目，因而也减少了单位时间内可能离开液相表面而进入气相的溶剂的分子数目，以致溶剂与其蒸气压在较低的溶剂蒸气压力时就可达到平衡，即溶液中溶剂的蒸气压较纯溶剂的低，因此会出现饱和蒸气压降低的现象。

从宏观上定义：若液态混合物中的任一组分在全部浓度范围内均遵从拉乌尔定律，则称其为理想液态混合物，也称为理想溶液。

从微观角度定义：理想液态混合物指各组分的分子大小及作用力近似或相等，当不同组分之间相互取代时，没有能量或者空间结构的变化，即各组分混合时，既无焓变，也无体积变化的液态混合物。

因此从严格意义上讲，理想液态混合物客观上不存在，但是光学异构体的混合物、同位素化合物的混合物、结构异构体的混合物，以及紧邻同系物的混合物可以近似地看作理想液态混合物。

2. 亨利定律

1803 年，英国化学家亨利根据实验，研究气体在溶液中的溶解度后发现：在一定温度和平衡状态下，气体 B 的平衡分压与该气体在溶液里的溶解度（即浓度）成正比，比例系数为一常数。这一规律被称为亨利定律（Henry law），该定律同样适用于稀溶液中的挥发性溶质。

由于溶质 B 的浓度具有不同的表示方式，因此亨利定律可以使用不同的数学表达形式：

$$p_B = k_{x,B} x_B \tag{3-21}$$

式中，p_B代表平衡时液面上该气体 B 的压力；x_B代表挥发性溶质 B（即所溶解的气体）在溶液中的摩尔分数。

$$p_B = k_{b,B}\, b_B \tag{3-22}$$

式中，b_B代表溶质 B 的质量摩尔浓度。

$$p_B = k_{c,B}\, c_B \tag{3-23}$$

式中，c_B代表溶质 B 的物质的量浓度；$k_{x,B}$、$k_{b,B}$和$k_{c,B}$均称为亨利常数（Henry constant），单位分别为 Pa、Pa·kg·mol^{-1} 和 Pa·m^3·mol^{-1}，其数值取决于温度、压力、溶质及溶剂的性质。

使用亨利定律时应注意以下几点：

(1)溶质在气体与在溶液中的分子状态必须相同。例如，二氧化硫（SO_2）溶于氯甲烷（CH_3Cl）中，在气相和液相里都是呈 SO_2 的分子状态，系统服从亨利定律。但如果 SO_2 气体溶于水中，在气相中是 SO_2 分子，在液相中会电离成 H^+ 和SO_3^{2-}，这时亨利定律就不适用。

(2)溶剂中溶入几种挥发性溶质形成稀溶液时，各溶质组分可分别应用亨利定律。例如，空气溶于水中，可对空气中的各组分分别应用亨利定律。

(3)大多数气体溶于水时，溶解度随温度的升高而降低，因此升高温度或者降低气体分压都可以使溶液更稀，更服从于亨利定律。

例 3-1 计算 97.1 ℃时与质量分数为 3%的乙醇溶液相平衡的水和乙醇的蒸气分压（已知 97.1 ℃时水的总压为 91.3 kPa，乙醇溶于水的亨利常数 k_x=928 kPa）。

解 从题中可知，乙醇的含量很少，可以将溶液看作稀溶液进行计算处理。设乙醇为溶质 B，水为溶剂 A。根据拉乌尔定律可以计算出溶液中水的摩尔分数，即：

$$x_A = \frac{m_A M_A^{-1}}{m_A M_A^{-1} + m_B M_B^{-1}}$$

$$= \frac{97\ \text{g} \times (18.0\ \text{g}\cdot\text{mol}^{-1})^{-1}}{97\ \text{g} \times (18.0\ \text{g}\cdot\text{mol}^{-1})^{-1} + 3\ \text{g} \times (46.1\ \text{g}\cdot\text{mol}^{-1})^{-1}} = 0.988$$

根据公式(3-20)，水的蒸气分压为

$$p_A = p_A^* x_A = 91.3\ \text{kPa} \times 0.988 = 90.2\ \text{kPa}$$

对溶质乙醇 B 利用亨利定律，即公式(3－21)，得乙醇的蒸气分压为

$$p_B = k_{x,B} x_B = k_{x,B}(1 - x_A) = 928\ \text{kPa} \times (1 - 0.988) = 11.1\ \text{kPa}$$

3.4.3　理想稀溶液与稀溶液的依数性

理想稀溶液是指溶剂服从拉乌尔定律，溶质服从亨利定律的溶液，又可称为无限稀释溶液。

依数性质，简称依数性，是指非挥发性溶质二组分稀溶液的一些性质只取决于所含溶质分子的数目，而与溶质本性无关。例如蒸气压下降、凝固点降低、沸点升高以及具有渗透压等。

以下是一些依数性的定量关系。

1. 蒸气压下降

在相同温度下，稀溶液中溶剂的蒸气压低于纯溶剂的蒸气压，这种现象被称为**溶剂的蒸气压下降**。而且根据拉乌尔定律，稀溶液中溶剂的蒸气压下降只与溶质的数量有关，因此属于稀溶液的依数性之一。

2. 凝固点降低

一定压力下，固态纯溶剂与溶液呈相平衡时的温度称为溶液的**凝固点**。

将溶质 B 溶入纯溶剂 A 中形成稀溶液 B/A，若 A 与 B 不形成固态溶液(凝固时析出的固体为纯溶剂 A)，则溶液 B/A 的凝固点 T_f 低于纯溶剂的凝固点 T_f^*，这种现象称为**稀溶液的凝固点降低**。

设纯溶剂 A 的凝固点为 T_f^*，溶液 B/A 的凝固点为 T_f。在质量为 m_A(单位：kg)的溶剂中溶有溶质 m_B(单位：kg)，M_A 和 M_B 分别表示溶剂 A 和溶质 B 的摩尔质量(单位：kg・mol^{-1})，则：

$$\begin{aligned}\Delta T_f &= \frac{R\,(T_f^*)^2}{\Delta_{fus} H_{m,A}^*} \cdot M_A \left(\frac{m_B}{M_B m_A}\right) \\ &= K_f \left(\frac{m_B}{M_B m_A}\right) = K_f b_B\end{aligned} \tag{3-24}$$

式中，$\Delta_{fus} H_{m,A}^*$ 代表纯溶剂 A 的摩尔熔化热；R 代表摩尔气体常数($R = 8.3145\ \text{J} \cdot \text{K}^{-1} \cdot \text{mol}^{-1}$)；其中 $K_f = \dfrac{R\,(T_f^*)^2}{\Delta_{fus} H_{m,A}^*} \cdot M_A$ 被称为质量摩尔凝固点降低常数，简称为凝固点降低常数，其单位为 K・kg・mol^{-1}。从式(3－24)中可以看出，凝固点降低常数(K_f)只与纯溶剂 A 的性质有关，与溶质 B 的性质无关，属于稀溶液的依数性之一。

3. 沸点升高

沸点是指液体的蒸气压等于外压时的温度。根据拉乌尔定律，在相同温度下，当稀溶液

含有不挥发性溶质时，溶液的蒸气压总是低于纯溶剂的蒸气压，因此，这种稀溶液的沸点比纯溶剂的沸点高，这种现象称为**稀溶液的沸点升高**。

$$\Delta T_{\mathrm{b}}=\frac{R\ (T_{\mathrm{b}}^{*}\ )^{2}}{\Delta_{\mathrm{vap}}H_{\mathrm{m,A}}^{*}}\cdot M_{\mathrm{A}}\ \frac{n_{\mathrm{B}}}{m_{\mathrm{A}}}=K_{\mathrm{b}}b_{\mathrm{B}} \tag{3-25}$$

式中，$\Delta T_{\mathrm{b}}=T_{\mathrm{b}}-T_{\mathrm{b}}^{*}$ 为溶液的沸点升高值；T_{b}^{*} 代表纯溶剂的沸点；T_{b}代表溶液的沸点；$\Delta_{\mathrm{vap}}H_{\mathrm{m,A}}^{*}$代表溶剂的摩尔蒸发焓；$K_{\mathrm{b}}=\frac{R\ (T_{\mathrm{b}}^{*}\ )^{2}}{\Delta_{\mathrm{vap}}H_{\mathrm{m,A}}^{*}}\cdot M_{\mathrm{A}}$被称为沸点升高常数。$\Delta T_{\mathrm{b}}$只与溶剂的性质有关，与溶质的性质无关，属于稀溶液的一种依数性。

4. 渗透压

在温度 T 下，用一种只能透过溶剂而不能透过溶质的半透膜（半透膜是指对于物质透过有选择性的薄膜）将 U 型容器内的纯溶剂 A 与稀溶液 B/A 分隔开（如图 3-4 所示），溶剂分子可以通过半透膜向两边渗透。

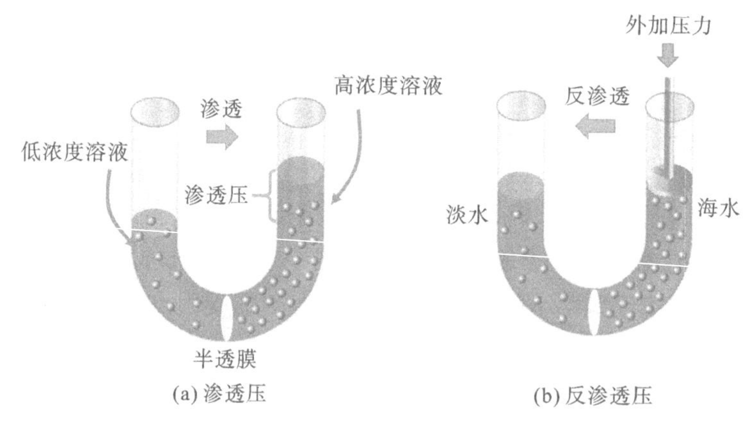

(a) 渗透压　　(b) 反渗透压

图 3-4　参透压和反渗透压示意图

由于纯溶剂的化学势μ_{A}^{*}大于溶液中溶剂的化学势μ_{A}，所以溶剂 A 分子会透过半透膜向溶液 B/A 一方渗透，因此溶液 B/A 的液面上升，压力增大，化学势增大，直到两边的化学势相等$\mu_{\mathrm{A}}^{*}=\mu_{\mathrm{A}}$，达到渗透压平衡（详细论述见第 6 章）。

当达到渗透压平衡时，与溶剂 A 液面同一高度的溶液 B/A 截面上所受的压力与溶剂 A 液面上所受的压力之差称为溶液的**渗透压**，用 Π 表示，是指维持平衡时双方的压力差，单位为 Pa。

当施加于溶液 B/A 与纯溶剂 A 上的压力差大于溶液的渗透压时，溶液中的溶剂分子会通过半透膜进入纯溶剂的一方，这种现象被称为**反渗透**（或逆向渗透）。反渗透可以应用于海水淡化以及工业废水处理等领域，如图 3-4(b)所示。

一般而言，渗透压是溶液的一种属性，稀溶液的渗透压取决于温度和溶质的浓度，与溶质的种类无关，属于稀溶液的一种依数性质。渗透压决定了达到渗透平衡时溶液液面上升的高度。

例 3－2　2.60 g 尿素溶于 50.0 g 水中，请计算该溶液的凝固点和沸点（已知尿素的摩尔质量为 60.0 g·mmol^{-1}，$K_f=1.86\ \mathrm{K\cdot kg\cdot mol^{-1}}$，$K_b=0.52\ \mathrm{K\cdot kg\cdot mol^{-1}}$）。

解　从题中可知，尿素为溶质 B。由于尿素的质量摩尔浓度为

$$b_B=\frac{2.60\ \mathrm{g}\times 1000}{50.0\ \mathrm{g}\times 60.0\ \mathrm{g\cdot mol^{-1}}}=0.867(\mathrm{mol\cdot kg^{-1}})$$

$$\Delta T_f=K_f b_B=(1.86\times 0.867)\mathrm{K}=1.61\ \mathrm{K}$$

$$\Delta T_b=K_b b_B=(0.52\times 0.867)\mathrm{K}=0.45\ \mathrm{K}$$

则该溶液的凝固点为

$$T_f=(273-1.61)\mathrm{K}=271.39\ \mathrm{K}$$

沸点为

$$T_b=(373+0.45)\mathrm{K}=373.45\ \mathrm{K}$$

例 3－3　将 0.245 g 的苯甲酸溶于 25.0 g 的苯中，测得凝固点下降 0.205 K，请计算苯甲酸在苯中的分子式（已知苯的凝固点降低常数 $K_f=5.10\ \mathrm{K\cdot kg\cdot mol^{-1}}$）。

解　根据公式(3－24)，可知：

$$\Delta T_f=K_f b_B=K_f\left(\frac{m_B}{M_B m_A}\right)$$

即

$$M_B=\frac{K_f m_B}{m_A\ \Delta T_f}$$

$$=\frac{5.10\ \mathrm{K\cdot kg\cdot mol^{-1}}\times 0.245\times 10^{-3}\ \mathrm{kg}}{25.0\times 10^{-3}\ \mathrm{kg}\times 0.205\ \mathrm{K}}=0.224\ \mathrm{kg\cdot mol^{-1}}$$

已知 $M(C_5H_6COOH)=0.122\ \mathrm{kg\cdot mol^{-1}}$，所求 M_B 为 0.244 kg·mol^{-1}，由此可以知，苯甲酸在苯溶液中为双分子缔合结构，所以其分子式为$(C_5H_6COOH)_2$。

3.5　晶体和非晶体

固态物质通常可分为两类——晶体和非晶体。晶体中的微粒（分子、原子或离子）按一定规律周期性重复排列，外观上具有独特的几何构型。如食盐的晶体结构为立方体，冰的晶体结构为六角棱柱体，明矾的晶体结构为八面体等。非晶体，也称无定形体。在非晶体结构中，构成物质的微观粒子排列没有规律性和周期性，即微粒排列是无规则的。本节主要介绍晶体的特征、晶体结构的周期性和晶体的基本类型。

3.5.1　晶体的特征

晶体是由具有一定结构的微粒（分子、原子或离子）按一定的周期在三维空间重复排列而成，其最基本的特征在于内部结构排列有严格的规律性。正因如此，晶体有如下特征。

(1)晶体具有规则的几何外形，如有天然的平面和棱角等。

(2)晶体具有确定的熔点。如冰在一个标准大气压下的熔点为 0 ℃，高于 0 ℃，冰完全融化成水，低于 0 ℃，水完全凝结成冰。

(3)晶体具有各向异性的特点。晶体在不同方向上的物理性质各不相同，如机械强度、导热性、导电性等。

(4)晶体可以使 X 射线发生衍射。因此，可以通过 X 射线衍射测定晶体的结构。

(5)晶体具有对称性。晶体特定的几何外形反映出了晶体内部结构具有特有的对称性。晶体的对称性和晶体的性质密切相关。

非晶体的内部微粒在三维空间不呈周期性重复排列，所以非晶体不具备以上特征。

3.5.2 晶体结构的周期性

在晶体内部，原子在三维空间按周期性规律重复排列，每个重复单位的化学组成相同、空间结构相同、排列取向相同、周围环境也相同。这种组成晶体的重复排列的基本单元称为结构基元。结构基元是周期地重复排列的结构中，能够通过平移在空间重复排列的基本结构单位。结构基元要同时满足化学组成相同、空间结构相同、排列取向相同、周围环境相同这四个基本条件。

为了更简明地描述晶体的结构和理解晶体内部原子排列的周期性，常把每个结构基元抽象成一个几何点，画在每个结构基元某个确定的位置，这些点连接起来就形成了点阵。抽象出一组分布在同一直线上等距离的点称为直线点阵；直线点阵平行排列而形成平面点阵；许多平面点阵平行排列即形成三维空间点阵。因此，可以简单地将晶体结构示意表示为

$$\text{晶体结构}=\text{点阵}+\text{结构基元}$$

用以描述晶体中原子排列规律的空间框架称为晶格。空间点阵必可选择 3 个不相平行的单位矢量 $\boldsymbol{a}$、$\boldsymbol{b}$、$\boldsymbol{c}$，这 3 个单位矢量将点阵划分成的并列放置的平行六面体单位，称为点阵单位。相应地，按照晶体结构的周期性划分所得的这种平行六面体单位称为晶胞。晶胞有两个要素，一是晶胞的大小、类型，也就是它在三维空间中的向量大小和方向，由晶胞参数即晶胞边长 a、b、c 和晶面夹角 α、β、γ 确定；另一个是晶胞的内容，即晶胞中原子或分子的种类、数目，以及它们在晶胞中的分布位置（由原子坐标参数 x、y、z 确定，其值均小于或等于 1，称为原子的分数坐标），如图 3－5 所示。根据这两个要素，尽量选取体积小、形状规则、包含点阵较少的晶胞作为正当晶胞。

根据晶体的对称性，可将晶体分为 7 个晶系，每个晶系有它自己的特征对称元素。根据晶体空间点阵结构的对称性，将点阵在空间的分布按正当晶胞形状的规定和带心型式进行分类，共有 14 种型式。

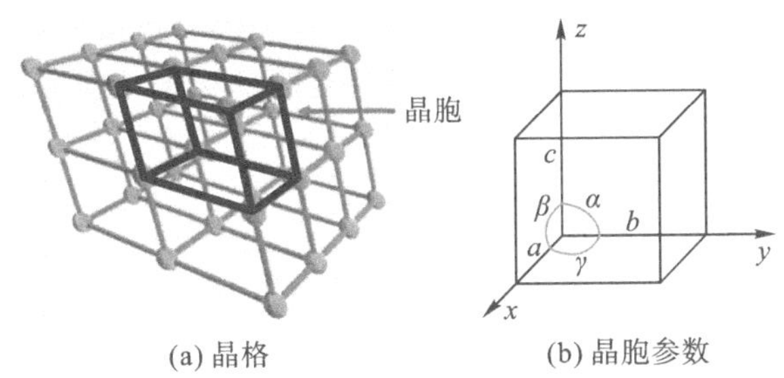

(a) 晶格　　(b) 晶胞参数

图 3-5　晶格和晶胞参数

3.5.3　晶体的 X 射线衍射

晶体的周期性结构使晶体能对 X 射线产生衍射效应，而通过这些衍射数据能获得有关晶体结构的可靠而精确的数据。X 射线是波长范围为 $10^{-2} \sim 10^{2}$ Å(1 Å＝0.1 nm)的电磁波。用于晶体结构分析的 X 射线波长在 50～250 pm，与晶体晶面间距的数量级相当。当 X 射线按一定方向作用于晶体时，部分光子会与原子上束缚较紧的电子相互作用，不损失能量，产生散射波的波长不变，并可在一定的角度产生相干衍射。衍射方向取决于晶体内部结构重复的方式和晶体安置的位置。测定晶体的衍射方向，可以求得晶胞的大小和形状。联系衍射方向和晶胞大小、形状的方程有两个：劳厄(Laue)方程和布拉格(Bragg)方程。劳厄方程以直线点阵为出发点，布拉格方程以平面点阵为出发点。

晶体的空间点阵可以从各个方向予以划分，成为许多组平行、等间距的平面点阵，平面点阵所处的平面称为晶面。同一晶体不同方向的晶面在空间取向不同，晶面间距 d 也不同。一束平行的单色 X 射线照射到晶体上时，若以 θ 角入射到某一晶面，同一晶面上所有原子散射波在反射方向上的相位均相同，可以互相加强。X 射线也可穿透晶体照射到与之间距为 d 的其他平行晶面，当这一族平行晶面上在反射方向的散射波的光程差满足衍射条件时，互相加强而产生衍射。

图 3-6 表示空间点阵对波长为 λ 的平行入射 X 射线产生的衍射情况。第一个晶面入射光的光程和反射光的光程之和与第二个晶面入射光的光程和反射光的光程之和的差值为 $BD+BF$。由于 $BD=BF=d\sin\theta$，所以 $BD+BF=2d\sin\theta$。如果相邻两个晶面的反射线的光程差为波长的整数倍时，即

$$2d\sin\theta = n\lambda \tag{3-26}$$

则所有平行晶面上的反射线可一致加强。式(3-26)即为布拉格方程，式中 d 为晶面间距；θ 为入射 X 射线与相应晶面的夹角；λ 为 X 射线的波长；n 为整数，称为衍射的级数。在晶体结构分析中，布拉格方程常写为

$$2\,\frac{d\sin\theta}{n} = \lambda$$

因此，若已知入射 X 线的波长 λ，从衍射谱中直接读出各衍射峰的 θ 值，通过布拉格方程可求得所对应的各 n/d 值，如知道各衍射峰所对应的衍射指数，则晶胞的晶胞参数就可定出。

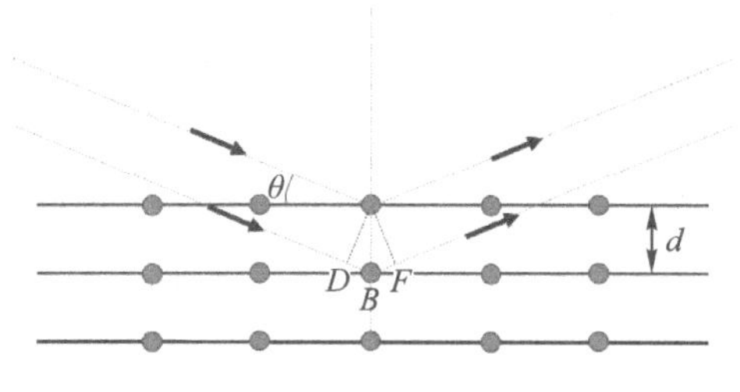

图 3－6　X 射线衍射原理

若光程差为$\frac{n\lambda}{2}$，则光波互相抵消，出现系统消光。

3.5.4　晶体的基本类型

晶体的一些性质取决于将质点联结成固体的结合力，这些力通常涉及原子及分子的最外层电子的相互作用。按照晶体中化学键的不同，可把晶体分为离子晶体、分子晶体、原子晶体和金属晶体四大基本类型。

1. 离子晶体

离子晶体中，晶格上的结点是正、负离子，结合力是静电作用（离子键）。因离子键比较强，所以离子晶体的硬度、熔点、沸点都比较高。离子晶体固态时虽含有离子，但因其不能自由移动，所以不导电；而溶于水中或融化时，因离子可以自由移动，所以其水溶液或者熔融状态能导电。

离子键无方向性和饱和性，离子晶体形成时正、负离子尽可能地与异号离子接触，采用最密堆积以使每个离子周围结合尽可能多的异性离子，降低体系的能量。图 3－7 为 NaCl 和 CsCl 的晶体模型。

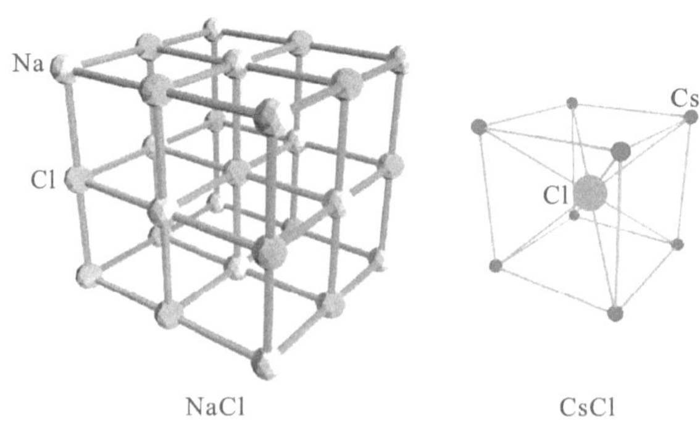

图 3－7　NaCl 和 CsCl 的晶体模型

2. 分子晶体

分子晶体中，晶格结点上排的是独立分子，结合力是范德瓦耳斯力，在某些分子晶体中还存在氢键。卤素、硫、白磷等单质，CO_2、H_2O、SO_2等许多共价小分子化合物和多数有机化合物，在固态时形成分子晶体。零族元素所形成的晶体，在结点上排列的是原子，属于单原子分子，它们之间的作用力仍然属于分子间力，它们也属于分子晶体。图 3-8 为 CO_2分子晶体的晶体结构。直线形的 CO_2分子按照面心立方晶格排列在结点上。CO_2晶胞为立方体结构，CO_2分子占据立方体的八个顶角和六个面的中心位置，分子间以极弱的色散力结合。CO_2晶体很容易被破坏。

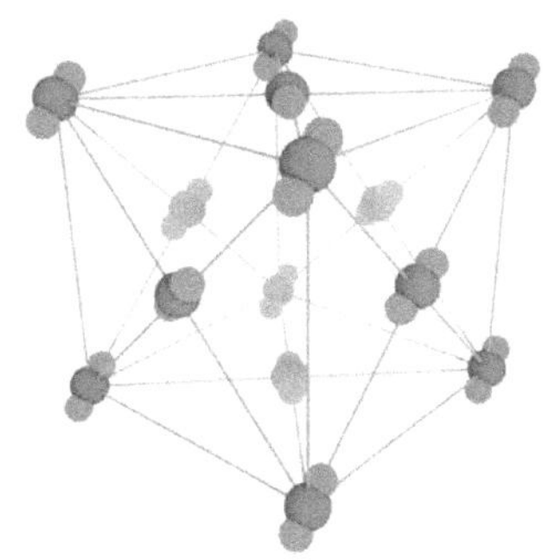

图 3-8 CO_2分子晶体的晶体结构

分子晶体以分子间作用力结合，相对较弱，分子晶体容易被破坏。分子晶体的特点是硬度小，熔点、沸点低。分子晶体由于不含自由电子和离子，它们在固态和熔融态时一般都不导电或者导电能力很弱。

3. 原子晶体

原子晶体是指晶格结点上的质点是中性原子的晶体，原子间以共价键相结合，所以原子晶体又称为共价型晶体。典型的原子晶体有金刚石，Si、Ge、Sn 等的单质，SiC、SiO_2等。金刚石和 SiO_2是典型的原子晶体，结构如图 3-9 所示。在金刚石晶体中，每个碳原子以 sp^3杂化轨道与相邻的 4 个碳原子形成 4 个共价单键，碳原子的配位数为 4。SiO_2晶体中不存在单个的 SiO_2分子，而是以 SiO_4四面体形式存在，只是晶体中 Si、O 原子个数比为 1∶2。

原子晶体由于结合力是共价键，一般硬度大，熔点高，不具延展性。原子晶体的熔点和硬度与共价键的强度有关。碳族元素形成单质的原子晶体，由于 C—C 共价键很强，故金刚石的熔点在所有单质中是最高的，也是自然界中最硬的物质。原子晶体中不存在单个分子，SiC、SiO_2等化学式并不代表一个分子的组成，只代表晶体中各种元素原子个数比例。

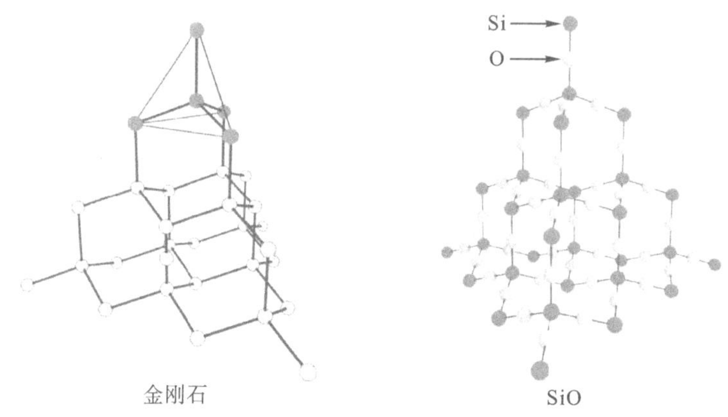

图 3－9　金刚石和 SiO_2 的结构

4. 金属晶体

金属键是一种很强的化学键，其本质是金属中自由运动的自由电子与多个原子或者金属离子之间形成的强烈的吸引作用。金属单质和一些金属合金都属于金属晶体。金属具有共同的特性，如有金属光泽、不透明、是热和电的良导体、有良好的延展性和机械强度。大多数金属具有较高的熔点和硬度。金属中金属离子的半径越小、离子电荷越高，金属键越强，金属的熔点、沸点越高。

通过物质聚集状态知识的学习，可提高辩证思维能力，能够科学地分析问题，善于透过现象看本质；善于抓主要矛盾和矛盾的主要方面；能够清晰地认识事物是发展和变化的，在自然现象中探寻科学的本质。

思考题

1. 分子间作用力有哪些种类？
2. 氢键的存在对物质的哪些性质有影响？
3. 什么是理想气体状态方程？简述它的来历。
4. 什么是分压定律？什么是分体积定律？
5. 什么是临界温度？它与沸点有什么关系？
6. 在沸点之上，液体能否存在？在临界温度以上，液体能否存在？
7. 加热冰和水共存体系，温度是否变化？为什么？
8. “H_2O 在 0℃以下、100℃以上都不能以液态存在”，这种说法对吗？为什么？
9. 拉乌尔定律和亨利定律的适用条件和不同之处分别是什么？
10. 稀溶液的依数性有哪些？
11. 为什么冬天在路上撒盐能使积雪更容易融化？此时路温是升高还是降低？

12.为什么土壤中氯化钠含量高时,植物难以生存?

13.冬天室外水池结冰时,腌菜缸里面的水为什么不结冰?

14.简述晶体与非晶体的区别。

15.晶体有哪些种类?它们各有什么特征?

习 题

1.判断下列各组分子间存在哪些分子间作用力。

(1)H_2S; (2)Ne; (3)CH_3F; (4)$BeCl_2$与CH_4;

(5)NH_3与HCl; (6)CO_2与HCl。

2.按沸点由高到低的顺序排列下列各组物质,并说明理由。

(1)CI_4,CBr_4,CCl_4,CF_4; (2)H_2,CO,Ne,HF。

3.一个密闭容器中含1 mol H_2和2 mol N_2,请回答:

(1)哪种气体的分压大?

(2)哪种分子碰撞器壁次数多?

(3)哪种分子的体积大?

4.一个装满氮气的钢瓶,容积为100.0 L,温度为25 ℃,使用前压强为20.0 MPa,使用后压强为16.0 MPa。计算使用了多少千克氮气。

5.一个人每天呼出的CO_2在标准状况(273.15 K、100 kPa)下为5.8×10^2 L,它含有多少摩尔CO_2分子?

6.实验室制氧气时用排水收集法,在23 ℃、100 kPa条件下,收集500 mL的气体,23 ℃时水的饱和蒸气压为2.800 kPa。求23 ℃时气体中氧气的分压,并求氧气的质量。

7.在298 K时,有0.10 kg质量分数为0.0947的硫酸(H_2SO_4)水溶液,试分别用:(1)质量摩尔浓度b_B;(2)物质的量浓度c_B;(3)摩尔分数x_B来表示硫酸的含量。已知在该条件下,硫酸溶液的密度为$1.0603\times10^3\ kg\cdot m^{-3}$,纯水密度为$997.1\ kg\cdot m^{-3}$。

8.将68.4 g的蔗糖溶于1.0 kg水中,已知20 ℃时此溶液的体积质量为$1.02\ g\cdot cm^{-3}$,水的蒸气压为3.08 kPa。试计算:

(1)20 ℃时此溶液的蒸气压;

(2)20 ℃时此溶液的渗透压。

(王栋东 编)

>>>第 4 章　胶体

由两种或者两种以上物质所形成的系统称为多组分系统。对于多组分系统而言，必然存在各组分之间如何分散的问题。在本章内容中，我们主要讨论不同大小的粒子组成的不同分散系统，例如溶液（分子大小的粒子相互分散的均相系统），胶体分散系统（粒子大小在1～100 nm之间），或者大分子化合物（例如橡胶、蛋白质等）溶液（粒子以分子的形式分散于介质中，但是粒子的半径在 1～100 nm 之间，因此同时具有胶体分散系统的性质和一些异于胶体分散系统的特殊性质）。

一种或者几种物质以细分的状态分散于另一种物质中形成的系统被称为分散系统，其中胶体是一种特殊的分散系统。胶体化学是研究胶体分散系统、一般粗分散系统和表面现象的化学分支。胶体系统的两个重要特点是分散相粒子很小，其与分散介质间有很大的相界面。胶体分散系统由于分散程度较高，并且为多相体系，因此很多性质与其他分散系统有所不同。而且胶体分散系统在生物界和非生物界都普遍存在，在实际生产生活中占有重要地位。例如工业（石油、冶金、造纸，以及橡胶、塑料、肥皂制造等），生物学、医学、化学、气象学以及地质学等领域和学科中均涉及与胶体分散系统相关的问题，因此近年来关于胶体分散系统的研究得到了迅速发展，目前已经成为一门独立的学科。

随着社会的发展和进步，人类对客观世界的认识不断从宏观和微观两个层次深入。宏观是指研究对象的尺寸很大，其下限为人肉眼可见的最小物体（直径约为 1 μm），而上限是无限的，目前人们对宏观认识的尺度达到上百亿光年。对于微观而言，是指上限为原子、分子，而下限是一个无限的时空，例如人们对时间的概念已经缩小到阿秒级（10^{-18} s）。但是自从纳米材料出现之后，人们发现在宏观和微观世界之间还存在一个介观世界，范 · 坎彭（Van Kampen）于 1981 年定义了介观物质，具体是指存在于微观与宏观之间的物质，其尺度在纳米量级和毫米量级之间。介观物质一方面具有微观属性，即量子力学特性，另一方面其尺寸是宏观的，即物理量具有自平均性。由此可知介观物质是一个介于宏观（经典物理）和微观(量子物理)之间的一种新物质。介观物体的尺寸具有宏观大小,但具有许多我们原来认为只能在微观世界中才能观察到的物理现象。介观物质涉及量子物理、统计物理和经典物理的一些基本问题。在介观物质研究领域中,从应用的角度分析,一方面可以测量现有器件尺寸减小的下限;另一方面,新发现的现象为制作新的量子器件提供了丰富的思想,这将会成为下一代更小的集成电路的理论基础。另外,胶体和表面化学所涉及的超细微粒的尺寸在 1～100 nm 之间,基本上可以归入介观领域。与此同时,纳米结构材料的物理和化学性质,表现为既不同于通常块体状态,也不同于构成纳米材料本身的单个原子或分子,而是处于宏观物质世界与原子分子的量子世界的“交叉路口”,即介观领域。

纳米材料一般是指材料尺寸至少在一个维度上小于 100 nm 或由其作为基本单元构成的新材料,由于纳米尺寸效应而被广泛用于能源、发光、磁性和催化等领域,同时又是工业和军事应用的先进技术关键元件的重要组成部分。在过去几十年中,纳米材料的制备与性质研究引起了学术界和工业领域的巨大兴趣,例如离子扩散的动力学、应变/应力的大小以及活性材料的利用。一般情况下,纳米材料按结构可以分为三类:零维纳米颗粒、一维纳米线/纳米棒/纳米管、二维超薄纳米片和三维纳米框架。随着科学技术的不断发展,人们对于材料性能的要求越来越高,单一纳米材料在性能应用方面具有一定的局限性。最近,纳米材料的多功能化设计为其在能源、生物和催化等领域的应用发展提供了新思路。一方面,纳米颗粒(1～100 nm)可以与大多数生物分子相互作用,实现生物成像、标定以及药物靶向输送等生物医学应用;另一方面,纳米材料由于其独特的纳米结构,在发光、磁矩、磁化率、电子和磁弛豫时间、催化活性等方面表现出独特的性质。例如:①纳米材料的形貌、大小以及表面性质对材料的发光有决定性的影响,其发光性质与晶体的表面活性位点有很大的相关性。表面活性位点高,会表现出与较大尺寸材料不同的发光行为。②纳米材料的磁学性质取决于材料的体积、表面积和量子尺寸。③纳米材料的催化性质与材料的比表面积和表面活性位点等属性有关,其具有较高的比表面积、材料边缘位置暴露有较多的反应活性位点,在催化中表现出优异的性能。

高分子化合物又称为高聚物,是由成千上万的结构单元聚合而成,相对分子质量很大,其结构比一般的小分子化合物复杂得多。换而言之,高分子化合物就是由众多小分子单体通过化学键合而成的高相对分子质量化合物,其相对分子质量高达几万、十几万乃至几百万。高分子链中的单体单元被称为重复结构单元,一个高分子链的重复结构单元可达 10^3～10^5 个。量变引起质变,很高的相对分子质量使高分子化合物具有一些特有的结构层次和特殊的物理和化学性能。高分子化合物几乎无挥发性,常温下一般以固态或液态存在。固态高分子化合物按其结构形态可分为晶态和非晶态,前者分子排列规整有序,而后者分子排列无规则。同一种高分子化合物可以兼具晶态和非晶态两种结构。大多数的合成树脂属于非晶态结构。另外，按照性能可以将高分子化合物分成塑料[分为热塑性塑料（如聚乙烯、聚氯乙烯等）和热固性塑料（如酚醛树脂、环氧树脂、不饱和聚酯树脂等），具有良好的机械强度，用作结构材料]、橡胶（分为天然橡胶和合成橡胶，具有良好的高弹性能，用作弹性材料）和纤维（分为天然纤维和化学纤维，能抽丝成型，有较好的强度和挠曲性能，用作纺织材料）三大类。高分子化合物的应用极为广泛，遍及人们的衣、食、住、行，国民经济各部门和尖端技术。但是由于高分子材料在高温条件下会发生热分解，影响其在电池和电容器高温环境下的应用，因此迫切需要研制出在储能应用过程中高温性能稳定和离子传输速率高的新型高分子材料。这将成为高分子科学今后发展的重要课题和方向之一。

4.1 胶体的分类和基本特性

胶体是物质在自然界中广泛存在的特殊形式，与人们的生产和生活联系非常紧密，据统计，有50%左右的产品和天然物质属于胶体。“胶体”的概念由英国科学家格雷姆(Graham)于1861年第一次提出，胶体化学是指研究微不均相体系（即研究胶体分散体系）的科学。然而胶体化学真正被人们所重视和获得较大发展始于1903年，这一年德国化学家席格蒙迪(Zsigmondy)和光学家西登托普夫(Siedentopf)发明了超显微镜，从而确定了胶体的多相性。1907年，德国物理化学家奥斯特瓦尔德(Ostwald)创办了第一个胶体化学期刊《胶体化学与工业杂志》，并于1915年提出胶体系统属于“被忽视尺寸的世界”，最终确立了胶体化学的特殊地位，使其正式成为一门独立的学科。

1. 胶体的特性

(1)胶体粒子具有大的比表面积，界面现象显著。胶体粒子的粒径小，使胶体分散体系具有高比例的界面原子，而界面原子有很强的活泼性，因此胶体分散体系的界面现象显著（例如多孔物质的强吸附性能，以及超细粉末的优异催化性能等）。

(2)对于固态胶体粒子而言，其具有纳米粒子的所有特性，即小尺寸效应、表面效应以及宏观量子隧道效应等。

2. 胶体的分类(按照不同的分类方式进行分类)

(1)按照分散介质为气态、液态和固态，胶体可以分为气态溶胶、液态溶胶和固态溶胶三大类。其中液态溶胶通常简称为溶胶。

(2)根据分散相颗粒与分散介质之间的亲和力的强弱，可以将胶体分为亲液胶体和憎液胶体（或疏液胶体）。

亲液胶体是指分散相与分散介质之间有较强亲和力的胶体系统。以液体为分散介质的亲液胶体主要分为两类，一类是某些天然或者合成的大分子化合物（如聚合物）溶解于良溶剂中形成的溶液，其中大分子以单分子的状态存在；另一类是双亲表面活性物质在液体介质中构成的缔合物（如胶束、囊泡等），被称为缔合胶体。

憎液胶体是指分散相与分散介质之间的亲和力较弱的胶体系统。为了使被分散的物质以适当的大小分散于分散介质中，必须通过外界做功。难溶物质分散在分散介质中，其中粒子都是由很大数目的分子构成。该体系热力学不稳定、不可逆，有自发聚沉的趋势，如泡沫、悬浮液、乳状液等。

4.1.1 胶体分散系统

分散系统的分散介质是以分子（原子、离子）的聚集体为基本单元，这些聚集体被称为分散颗粒。

根据分散相和分散介质的不同状态，可以将分散系统分为以下 9 类，如表 4－1 所示。一般可以按照分散介质的聚集状态命名胶体，例如，分散介质为气态时称为气溶胶。

表 4－1 根据聚集状态对分散系统的分类

分散相	分散介质	分散系统名称	实例
气	气	气-气分散系统	混合气体
	液	气-液分散系统（泡沫）	灭火泡沫
	固	气-固分散系统（固体泡沫）	海绵 泡沫塑料
液	气	液-气分散系统（气溶胶）	云、雾
	液	液-液分散系统（乳状液）	牛奶
	固	液-固分散系统（凝胶）	豆腐
固	气	固-气分散系统（气溶胶）	尘、烟
	液	固-液分散系统（溶胶、悬浮液）	涂料、墨水 牙膏
	固	固-固分散系统（固溶胶）	合金 有色玻璃

在根据分散相粒子的大小，可以把分散系统分为粗分散系统、胶体分散系统和分子分散系统三类，如表 4－2 所示。胶体是一种特殊的分散系统，其分散相粒子至少在一个尺度上的大小被限定在 1～100 nm。换而言之，分散相粒子的大小为 1～100 nm 的分散系统称为胶体分散系统，简称胶体。

表 4-2 根据分散相粒子大小对分散系统的分类

分散系统	分散相粒子大小	分散系统的性质
粗分散系统	>100 nm	粒子粗大，不扩散，不渗析 普通显微镜下可见 体系不稳定
胶体分散系统	1～100 nm	粒子细小，扩散极慢 普通显微镜下不可见，超显微镜下可见 体系具有一定的稳定性
分子分散系统	<1 nm	颗粒扩散快、体系均相、透明 普通显微镜和超显微镜下都不可见 稳定

4.1.2 胶体的结构

胶体的结构比较复杂，首先由一定量非常小的不溶性微粒聚结形成具有带电体的胶体中心（称为**胶核**，在胶体中属于独立运动单位，是胶体颗粒的核心，具有一定的晶体结构和大的比表面积）；然后胶核选择性吸附稳定剂中的一种离子，形成紧密吸附层（胶核连同吸附在其上面的离子，包括吸附层中的相反电荷离子，被称为**胶粒**）；胶粒与扩散层中的相反电荷离子构成电中性的**胶团**（也称为胶束）。

胶核在吸附离子的过程中具有选择性，一般情况下，首先吸附与胶核中相同的某种离子，因同离子效应使胶核不易溶解；如果没有相同离子，则首先吸附水化能力较弱的负离子。因此，在自然界中的胶粒大多数带负电（例如泥浆、豆浆都属于负溶胶）。

我们结合双电层模型来剖析胶团的结构。如图 4-1 所示，m 表示胶核中所含 AgI 的分子数，n 表示胶核所吸附的异性粒子数（一般 n 的数值比 m 的数值小得多），x 是扩散层中的反离子数。在图 4-1(a)中，AgI 为负溶胶，在制备 AgI 时 KI 过剩，I^- 在胶核表面优先被吸附，因此胶核带负电。溶液中的 K^+ 又可以部分地吸附在其周围，$(n-x)$为吸附层中带相反电荷的粒子数。由上述结构组成的即为胶粒（$[(AgI)_m \cdot nI^- \cdot (n-x)K^+]^{x-}$），胶粒连同周围的介质中相反电荷离子构成胶团（$[(AgI)_m \cdot nI^- \cdot (n-x)K^+]^{x-} \cdot xK^+$）。

而在图 4-1(b)中，AgI 为正溶胶。在该体系中，$AgNO_3$ 过量，在 AgI 分子聚集体优先吸附一定量的 Ag^+ 而形成带正电的胶核 $(AgI)_m \cdot nAg^+$。带正电的胶核与分散介质中的反

离子 NO_3^- 之间存在静电力、范德瓦耳斯力等形式的吸引力，使一部分$(n-x)$反离子分布于滑动面以内，另一部分(x)反离子分散于滑动面以外，形成扩散层。即滑动面所包围的带电体为胶粒（$[(AgI)_m \cdot nAg^+ \cdot (n-x)NO_3^-]^{x+}$）。最终胶粒与滑动面以外的扩散层构成电中性的胶团（$[(AgI)_m \cdot nAg^+ \cdot (n-x)NO_3^-]^{x+} \cdot xNO_3^-$）。

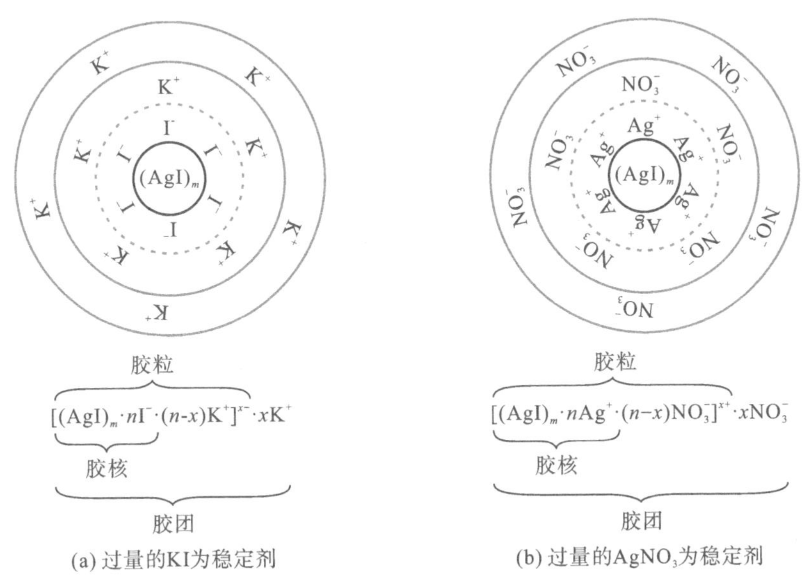

图 4-1 碘化银胶团构造示意

4.2 溶胶的制备和净化

4.2.1 溶胶的制备

胶体颗粒的大小在 1～100 nm 之间，一般可由分子或者离子凝聚而成胶体，或者由大块物质分散成胶体，最终形成胶体分散系统（即溶胶分散系统）。因此溶胶分散系统的制备方法具有两种：分散法和凝聚法。

溶胶制备的一般条件如下。

(1)分散相在介质中的溶解度必须极小。当分散相在溶剂中的溶解度较大时，会形成真溶液。例如三氯化铁在水中溶解为真溶液，但是水解形成的氢氧化铁不溶于水，所以可以在适当条件下使三氯化铁水解制备氢氧化铁水溶胶。因此分散相在介质中的极小溶解度是形成溶胶的必要条件之一。同时反应物浓度应该很低，生成的难溶物晶粒很小又无条件继续长大时，才能得到溶胶。如果反应物的浓度过高，瞬间生成过多难溶物颗粒，则这个过程可能形成凝胶。

(2)必须有稳定剂的存在。在使用分散法制备溶胶的过程中，颗粒的总表面积增大，导致体系的表面能增大，因此该体系热力学不稳定。为了得到稳定的溶胶体系，必须加入第三类物质，即稳定剂。

1. 分散法

分散法是将尺寸大于 100 nm 的固体粉碎至溶胶颗粒的大小(1～100 nm)。按照分散方式的不同，可以将分散法分为以下几种。

(1)**机械法**：即研磨法，该方法适用于脆而易碎的物质。常用的研磨方法有气流磨、胶体磨、喷射磨、转筒式球磨、行星球磨、高压辊磨等。为了防止被粉碎的颗粒聚结，研磨时要加入少量稳定剂(常用的稳定剂一般为能降低颗粒表面吉布斯函数的表面活性剂)。

(2)**超声波分散法**：利用超声波(频率大于 20 kHz)所产生的能量将体系分散，主要用于制备乳状液。在超声过程中产生高频机械波，使分散相均匀分散而形成溶胶或者乳状液。

(3)**电分散法**：即电弧法，主要用于制备金属(例如 Au、Pt、Ag 等)水溶胶。以金属为电极，通直流电(电流 5～10 A，电压 40～60 V)，产生电弧。在电弧的作用下，电极表面的金属气化，遇水冷却之后形成胶粒。该方法为分散法的延伸，主要包括了分散和凝聚两个过程，在放电过程中金属原子因为高温而蒸发，之后被溶液冷却凝聚。在溶液中需要加入稳定剂(例如 NaOH)，使溶胶稳定。

(4)**胶溶法**：即解胶法。先将胶体聚沉物中的多余电解质除去，加入适量的稳定剂(即胶溶剂，根据胶核表面所能吸附的离子决定如何选择胶溶剂)，或者置于某一温度下，使暂时凝聚起来的沉淀重新分散成溶胶，该过程称为胶溶作用。这是一种先凝聚再分散的方法，一般情况下，若沉淀放置的时间较长，则沉淀老化后不易发生胶溶作用，因此得不到溶胶。

(5)**气相沉积法**：在惰性气氛中，使用加热、高频感应、电子束或者激光等热源照射金属，使其在很短的时间内局部受热而达到熔点，原子或分子从表面逸出，逸出的原子或分子按照一定的规律发生共聚或者化学反应，形成纳米级粒子，再将其用稳定剂保护，防止粒子聚集。

2. 聚凝法

聚凝法是由原子、分子或者离子聚集形成尺寸为 1～100 nm 的溶胶颗粒。一般可以通过以下两种方法进行溶胶颗粒的凝聚。

(1)**物理法**：改变溶剂种类、物质浓度或者温度等，使物相析出，凝聚成胶体粒子，形成微非均相体系。例如，将硫的乙醇溶液逐滴加入水中，可以形成硫的溶胶；将松香的乙醇溶液滴入水中，溶质松香由于在水中的溶解度很低而呈胶粒析出，形成松香的水溶胶。

(2)**化学法**：通过化学反应(如还原反应、氧化反应、水解反应以及复分解反应等)生成不溶物微粒，并使之在介质中分散形成胶粒。该过程形成的胶粒表面吸附了过量的具有溶剂化层的反应物粒子，使溶胶变得稳定，因此不需要外加稳定剂。粒子浓度对溶胶的稳定性有直接影响，电解质浓度过大时，会引起胶粒聚沉。

还原反应：主要用来制备各种金属溶胶（如 Au、Pt、Pd 等）。例如：

$$2HAuCl_4(\text{稀溶液})+3HCHO(\text{少量})+11KOH \xrightarrow{\text{加热}} 2Au(\text{溶胶})+3HCOOK+8KCl+8H_2O$$

氧化反应：常用的硫溶胶主要通过氧化-还原反应制备。例如：

$$Na_2S_2O_3+2HCl \longrightarrow 2NaCl+H_2O+SO_2+S(\text{溶胶})$$

水解反应：主要用来制备各种金属的氢氧化物溶胶（如铁、铝、铬、铜、钒等金属的氢氧化物）。例如：

$$FeCl_3+3H_2O \xrightarrow{\text{煮沸}} Fe(OH)_3(\text{溶胶})+3HCl$$

复分解反应：常用来制备各种盐类溶胶（如 As_2S_3 溶胶、AgI 溶胶等）。例如：

$$AgNO_3+KI \longrightarrow AgI(\text{溶胶})+KNO_3$$

4.2.2　溶胶的净化

一般情况下，用化学法制备的溶胶中通常含有较多的电解质，除了形成胶团所需要的电解质之外，还有过多的电解质存在。过多的电解质会压缩双电层，使双电层变薄，从而降低溶胶的稳定性。为了使溶胶体系稳定，需要将溶胶中多余的电解质除去。而用凝聚法制得的溶胶都是多分散性的，即体系中含有大小不等的各类粒子，其中一些会超出溶胶颗粒的范围。

因此，为了得到纯净、稳定的溶胶体系，必须对制得的溶胶进行净化。对于溶胶中的粗粒子可以通过过滤、沉降或者离心的方法将其除去。而其中过多的电解质，必须通过渗析的方法除去。

若将溶胶体系中的粗粒子进行分离，可以使用一般沉淀法或者离心的方法将粗粒子沉淀，而溶胶不沉淀。

若将溶胶与体系中的分子、离子或者电解质进行分离，则可以通过以下几种方法进行溶胶的净化。

1. 渗析法

用半透膜（常见的半透膜材质有羊皮纸、动物膀胱膜、火棉胶-硝化纤维素以及醋酸纤维素等）将溶胶与纯溶剂隔开，溶胶粒子不能通过半透膜，而分子或离子可以通过。半透膜内外的分子、离子等杂质浓度有差别，膜内的分子或离子等能透过半透膜向外迁移。若不断更换膜外的溶剂，可以逐渐降低溶胶中电解质或者杂质小分子的浓度，最终达到净化溶胶的目的，这种方法称为渗析法（如图 4－2 所示）。

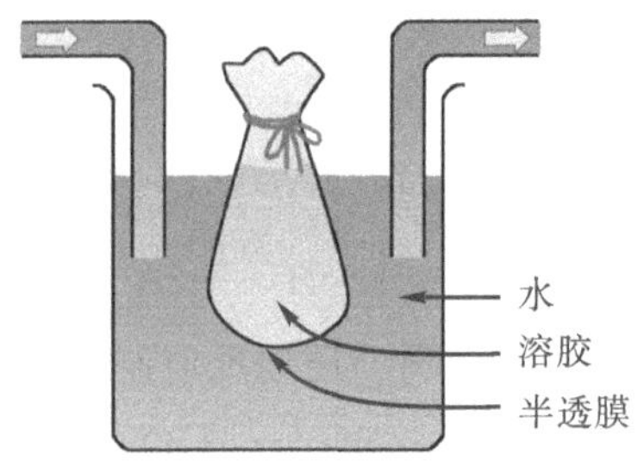

图 4-2　溶胶的渗析

在工业生产过程中，为了加快渗析速度，提高生产效率，普遍采用电渗析方法，因为在外加电场的作用下进行渗析可以加快离子的迁移速率。如图 4-3 所示，电渗析过程中，在溶胶溶液中放置正、负电极，通过施加一定的电压，使溶胶粒子与溶液中的反离子向不同的方向运动，加快渗析过程。此方法适用于除去少量电解质的体系，但是需要注意的是，电渗析过程中所用的电流密度不宜过大，避免溶胶因受热而变质（高温会破坏溶胶的稳定性）。

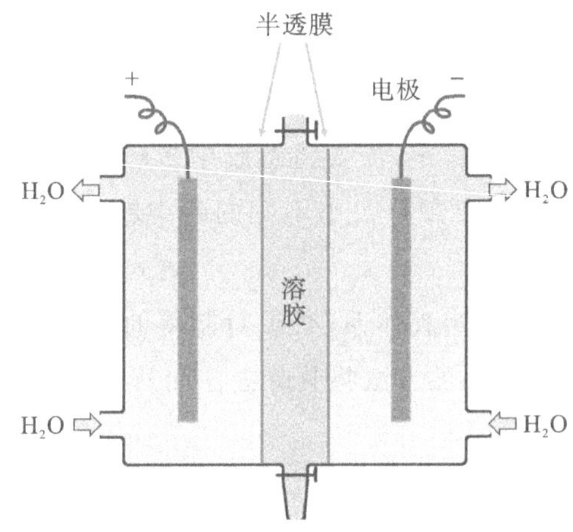

图 4-3　电渗析示意图

电渗析技术目前已经扩展到储能领域。例如，电渗析技术可以与太阳能集成，利用太阳能产生的电力进行电渗析，实现能量的存储和转换。白天使用太阳能进行电渗析储能，而在夜间或电力需求高峰时释放能量。另外，电渗析技术可以从盐湖中高效提取锂离子，将锂提取过程与太阳能等新能源进行集成，利用太阳能获得高价值的锂材料，实现以低排放、高质量的方式提取锂离子。

2. 超过滤法

该方法是指用孔径细小的半透膜在加压吸滤的情况下，使溶胶粒子与介质分开。工业上常用的超过滤膜主要有二醋酸纤维素(CA)或者聚碳酸脂膜(PC)等。超过滤过程中，在一定压力(一般为 0.2～0.4 MPa)下，半透膜(孔径一般为 10～300 nm)用来截留溶胶粒子或者大分子，可溶性杂质能通过滤板被除去。

如果在超过滤过程中，在半透膜的两边安装电极，加上一定的电压，则称之为电超过滤法。该方法是将电渗析法与超过滤法合二为一，一方面可以降低超过滤的压力，另一方面可以较快地除去溶胶中多余的电解质。

3. **反渗透法**

渗透是指利用半透膜将溶液(浓相)和溶剂(稀相，如水)隔开，半透膜只允许溶剂分子通过，胶粒或者溶质不能通过，最后渗透会达到平衡并产生一定的渗透压。当渗透平衡时，在浓相的一侧施加外压(施加的外压大于渗透压)，则浓相中的溶剂分子将向稀相迁移，该过程被称为**反渗透**。目前工业中经常使用的反渗透膜主要有醋酸纤维素膜、芳香聚酰胺膜等，无论何种膜都需要通过施加外压来实现反渗透过程。反渗透工艺已经用于电子、食品、饮料、化工等领域的纯水或者超纯水制备，可以有效除去微生物、细菌以及有机污染物等，同时会除去水中的 Ca、Mg、Zn 等人体所需微量元素，因此对于纯净水的饮用需要适度。

4.2.3 溶胶的形成条件和老化机理

溶胶的形成过程需要经过两个阶段：晶核的形成和晶体的生长。在这两个阶段中，如果晶核形成很快，晶体生长速度很慢或者接近停止，则得到的溶胶具有很好的分散性。反之，得到的溶胶颗粒很粗，甚至会发生沉淀。

晶核的形成：成核过程实际上是液体中的原子附着在核胚上(原子自液相中迁移到核胚上是扩散过程)，并使其长大成为临界核的过程。当体系温度低于临界析晶温度时，液体分子动能降低，部分区域出现短程有序的排列，形成“核胚”(即温度升高，核胚消失；温度降低，核胚生长成核)。处于过冷状态下的液体，分子的热运动使其内部组成和结构上有差异，浓度不均匀，局部浓度高于平均浓度，且随着过冷度的增加，高浓度范围扩大，形成核胚。核胚进一步生长达到热力学稳定态，形成晶核。

晶体的生长：对于晶核而言，由于粒径小，比表面积大，表面自由能高，故在达到其临界成核半径之前不能稳定存在。只有在一定的过冷度下，析出新相微粒的粒径大于其临界成核半径时，才会生长成为胶粒。

由类似于开尔文公式(Kelvin equation)的奥斯特瓦尔德-弗罗因德利希方程(Ostwald-Freundlich equation)可以对晶体的生长过程进行说明，如式(4-1)所示

$$\ln\frac{S_2}{S_1}=\frac{M}{RT}\cdot\frac{2\gamma}{\rho}\left(\frac{1}{r_2}-\frac{1}{r_1}\right) \tag{4-1}$$

式中，S_1 和 S_2 分别代表粒径为 r_1 和 r_2 的粒子的溶解度；γ 代表液/固界面的界面张力；M 代表颗粒的平均摩尔质量；ρ 代表颗粒的密度。由上述公式可以看出，溶解度与粒径相关，粒径越

小，溶解度越大。因此大粒子相对应的饱和浓度对于小粒子而言则未饱和，所以小粒子形成后在粒径达到其临界成核半径之前不能稳定存在。

通常新制成的溶胶含有很多电解质，而其中只有很小一部分是溶胶粒子表面上所需要吸附的离子，以保持溶胶分散体系平衡。其余电解质的存在反而会影响溶胶粒子的稳定性，因此需要经过净化去除。但是即使经过净化的溶胶粒子，也会随着时间的推移在溶液中慢慢增大，最终导致沉淀，该过程称为溶胶的老化。溶胶的老化属于自发过程，因为在老化过程中系统的表面吉布斯能降低。

我们可以用 Ostwald-Freundlich 方程解释溶胶的老化过程，即大小颗粒同时存在于一个溶胶中，小颗粒附近的饱和浓度大于较大颗粒的饱和浓度，所以溶质有从小颗粒附近自动扩散到大颗粒附近的趋势。对于大颗粒而言，其周围已经是饱和浓度，扩散过来的溶质会在大颗粒上发生沉淀，该过程不断地进行，导致小颗粒越来越小，大颗粒越来越大，直到小颗粒全部溶解为止，而大颗粒在增大到一定程度时便会发生沉淀，此即为溶胶老化过程。

*4.2.4　单分散溶胶

在通常条件下制备的溶胶颗粒和形状都不均一，尺寸分布范围也较大。但是如果严格控制反应条件，则有可能制备形状相同、尺寸均匀的溶胶颗粒。由这样的颗粒组成的分散系统被称为均分散系统或者单分散系统。在特定条件下制备的胶粒尺寸、形状和组成皆相同的溶胶被称为单分散溶胶。

1. 单分散溶胶的形成机理

关于单分散溶胶的形成机理，一个较为传统的说法就是拉默（LaMer）的观点。即研究者们通过拉默曲线描述溶胶颗粒生长的动力学过程，如图 4－4 所示。整个溶胶颗粒的生长过程分成四个主要阶段，称为单体积累、成核、生长和重结晶过程。其中单体被定义为溶胶颗粒的基本来源，并且通常被认为是直接构建溶胶颗粒的相应裸离子或分子。如图 4－4 所示，单体浓度被认为是决定系统动力学特性的关键因素，一般通过两个特定值，即成核浓度（c_n）和溶解度（c_s），说明不饱和、成核和生长过程。第一阶段（阶段Ⅰ）为单体的积累阶段，在该阶段中，通过增加前驱体的浓度或者反应温度使单体的浓度增加，因为当单体浓度低于成核浓度，溶液中会有很多不成形的溶胶颗粒，当单体浓度达到成核极限时，将发生均相成核过程。在溶液中形成晶核（阶段Ⅱ），在成核初期，由于单体的浓度高于溶胶颗粒的溶解度（饱和浓度），所有的晶核都将在溶液中消耗单体开始生长，当到达成核过程的中期，因为单体的消耗速率将随着核数的增加而增加，最终将超过单体形成的速率，所以单体的浓度将降低，当单体浓度降到成核浓度以下时，成核过程将停止，并且溶液中不再形成晶核，即进入溶胶颗粒的生长阶段（阶段Ⅲ）。

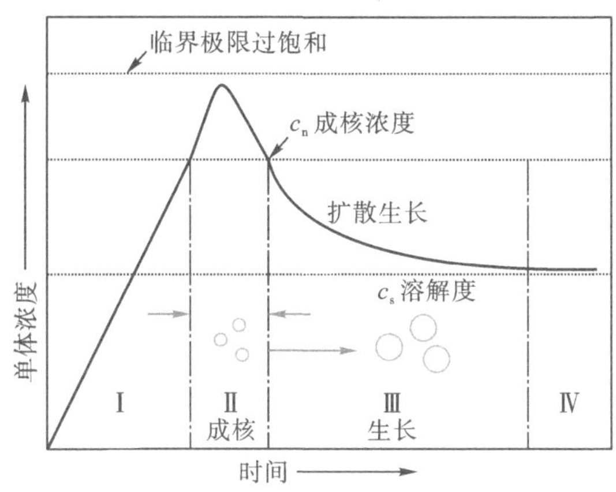

图 4-4　描述溶胶颗粒生长动力学的拉默曲线

在溶胶颗粒生长阶段，由于单体浓度仍然高于溶解度(超饱和状态)，在成核过程中形成的所有晶体将连续生长。根据汤普森方程(4-2)

$$S_r = S_b \exp\left(\frac{2\gamma V_m}{rRT}\right) \tag{4-2}$$

式中：S_r和 S_b分别代表溶胶颗粒和相应块状材料的溶解度；γ 代表比表面能；r 代表溶胶颗粒的半径；V_m代表材料的摩尔体积；R 代表气体常数；T 代表反应温度。较小的晶体将比较大的晶体具有更大的生长速率，这将会导致尺寸聚焦过程平衡不同晶体的尺寸。

随着反应的进行，进入溶胶颗粒的重结晶阶段(阶段Ⅳ)。随着材料单体的不断消耗，单体的浓度将在较小颗粒和较大颗粒的溶解度之间降低至一定值，在这个阶段，较小的溶胶颗粒溶解，较大的颗粒继续生长，因此会进一步破坏尺寸均匀性，这个过程称为奥斯特瓦尔德熟化过程。

根据上述生长动力学过程发现，在溶胶颗粒生长过程中，所有的晶核在成核(阶段Ⅰ)和生长过程(阶段Ⅱ)中生长，当早期形成的晶核生长到相当大的尺寸时，较长时间的成核过程将产生新的小核，因此较短的成核过程将会提高溶胶颗粒的尺寸均匀性。所以，在合成均匀的单分散溶胶颗粒过程中，首先要控制溶胶颗粒使其可实现爆破式瞬间成核，一般情况下可以通过将单一金属络合物前驱体注入高温反应溶液中实现快速成核的过程。其次，在合成溶胶颗粒中通过提供新的额外单体或者控制反应时间避免奥斯特瓦尔德熟化过程的出现。

2. 单分散溶胶的制备方法

原则上讲，任何物质都能制成均分散系统。但是在这个过程中需要控制很多因素，例如反应物的浓度、pH、温度以及外加特定的离子等。常用的具体制备方法主要有以下几种。

(1)金属盐强制水解法：将金属盐水溶液在较高温度下陈化一定时间(陈化温度、时间与金属离子的水解能力有关)，最终得到金属(水合)氧化物单分散离子。例如，水合氧化铝、一

定浓度的 $Al(NO_3)_3$ 和 $(NH_4)_2SO_4$ 水溶液在温度为 105 ℃时陈化 24 h，得到水合氧化铝单分散溶胶颗粒。

(2) 金属络合物高温水解法：金属络合物在高温条件下发生水解反应，最终制备得到相应的金属单质单分散纳米颗粒，此方法可用来制备 Pd、Pt、Ir 以及 Os 等单分散溶胶颗粒。

(3)微乳液法：两种互不相溶的溶剂在表面活性剂的作用下形成乳液，在微泡中经成核、聚结、团聚、热处理后得单分散溶胶粒子。常用的表面活性剂包括：双链离子型表面活性剂，如琥珀酸二辛酯磺酸钠(AOT)；阴离子表面活性剂，如十二烷基磺酸钠(SDS)、十二烷基苯磺酸钠(DBS)；阳离子表面活性剂，如十六烷基三甲基溴化铵(CTAB)；非离子表面活性剂，如 TritonX 系列(聚氧乙烯醚类)等。微乳液属于热力学稳定体系，内部的分散相(也称为内相，inner phase)是单分散的，液滴直径在 10～100 nm 之间。人们常用油包水型微乳液制备单分散溶胶。

(4)溶胶凝胶转变法：是以无机物或金属醇盐作前驱体，在液相将这些原料均匀混合，并进行水解、缩合化学反应。在溶液中形成稳定的透明溶胶体系，溶胶经陈化，胶粒缓慢聚合，形成三维空间网络结构的凝胶，凝胶网络间充满了失去流动性的溶剂。凝胶经过干燥、烧结固化之后，制备出具有单分散性的溶胶颗粒。

3. 单分散溶胶在储能领域的应用前景

一般方法制备的多分散溶胶粒子给研究和使用带来了许多不便，而单分散溶胶在储能领域有很好的应用前景。

(1)提高电极材料的均匀性和性能：单分散溶胶技术可以制备出尺寸均一、分布均匀的纳米颗粒，这些颗粒作为电极材料时，能够提高电极的导电性和反应活性，从而提升储能设备的电化学性能。

(2)优化电极结构：利用单分散溶胶技术，可以精确控制纳米颗粒的沉积位置和覆盖度，实现对电极微观结构的优化，进而提高电极的充放电效率和循环稳定性。

(3)制备新型储能材料：单分散溶胶技术可以用于制备新型的储能材料，如高性能的有机-无机纳米复合材料、拟均相纳米催化材料等，这些材料在储能领域具有潜在的应用价值。

(4)提高电解质的离子传导性：单分散溶胶技术制备的电解质材料，由于具备高均匀性和高稳定性，可以提高电解质的离子传导性，从而提升电池或超级电容器的整体性能。

(5)促进柔性和可穿戴储能设备的发展：单分散溶胶技术制备的纳米材料具有优异的机械性能和柔韧性，可用于开发柔性和可穿戴的储能设备，满足未来电子设备对柔性化的需求。

(6)推动智能化储能系统的研发：单分散溶胶技术可以制备出具有刺激响应性和自我修复能力的智能材料，这些材料有望应用于智能化储能系统，提高系统的自适应性和安全性。

(7)促进环保和可持续发展：单分散溶胶技术在制备过程中可以实现对材料组成和结构

的精确控制，有助于减少材料的浪费和环境污染，符合可持续发展的趋势。

4.3　溶胶的性质

溶胶系统的性质不同于真溶液，其具有独特的运动性质、光学性质以及电学性质。此外，溶胶系统既具有一定的稳定性，也能够在一定条件下发生聚沉。本节将对溶胶的运动性质、光学性质以及电学性质进行详细介绍。

4.3.1　溶胶的动力性质

溶胶中的粒子和溶液中的溶质分子类似，总是处于不停的、无规则的运动之中。从分子运动的角度分析，胶粒的运动和分子运动都符合分子运动理论，不同的是胶粒比一般分子大，因此运动强度小。溶胶的动力性质（又称动态性质，dynamic property）是指溶胶中粒子的不规则运动，并由此产生的扩散、渗透压以及在重力场下的浓度高度分布平衡等性质。

1. 布朗运动

1827 年，苏格兰植物学家布朗（R. Brown）将花粉撒在水上，并用显微镜观察到悬浮在液面上的花粉颗粒不断地做无规则的折线运动，这种现象被称为布朗运动。1903 年，齐格蒙迪发明了超显微镜，用其观察溶胶体系时，发现溶胶颗粒也在不断地做不规则的、连续的布朗运动（如图 4－5 所示）。

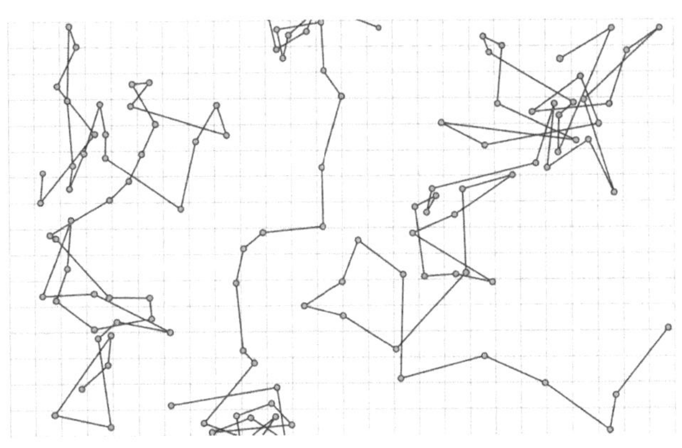

图 4－5　布朗运动

齐格蒙迪利用超显微镜观察了一系列的溶胶发现：溶胶粒子越小，布朗运动越激烈，而且其运动的激烈程度不随时间而改变，但是随温度的升高而增加。由此分析溶胶产生布朗运动的原因为：进行热运动的分散介质分子不断地从各个方向同时撞击溶胶颗粒，每一瞬间撞击在溶胶颗粒上的合力常常不为零，致使在不同时刻这些合力将溶胶颗粒推向不同的方向，最终造成溶胶颗粒的无规则曲折运动。

1905 年，爱因斯坦（Albert Einstein）用概率的概念和分子运动论的观点，创立了布朗运动的理论，并推导出爱因斯坦-布朗（Einstein-Brown）平均位移公式，即粒子的平均位移$\overline{X}$与温度 T、位移时间 t 之间的关系：

$$\overline{X}=\sqrt{\frac{RT}{N_A}\cdot\frac{t}{3\pi\eta r}} \tag{4-3}$$

式中，$\overline{X}$在观察时间 t 内粒子沿 x 轴方向的平均位移；r 为粒子半径；η 为介质的黏度；N_A 为阿伏加德罗（Avogadro）常数。该公式也称为 Einstein-Brown 运动公式。从式（4－3）中可以看出，当其他条件不变时，微粒的平均位移的 2 次方$\overline{X}^2$与时间 t 和温度 T 成正比，与 η 及 r 成反比。

在后期的研究中，许多实验证实了 Einstein－Brown 运动公式的正确性。例如，佩兰（Perrin）在 290 K、以粒子半径为 0.212 μm 的藤黄水溶胶（水的黏度为 1.1 mPa·s）进行实验，经过 30 s 后，测得粒子在 x 轴方向上的平均位移$\overline{X}$为 7.09 cm/s，根据上述数据计算得到阿伏加德罗常数为 $6.5\times10^{23}\ mol^{-1}$。斯韦德贝里（Svedberg）用超显微镜把半径为 27 nm 和 52 nm 的两种金溶胶颗粒涂覆在感光片上，测定$\overline{X}$值和曝光相隔时间 t，发现计算结果与实验结果相当一致。因此，佩兰等人的工作为分子运动理论提供了有力的实验依据。

人们发现，利用超显微镜观察溶胶粒子运动时，在较大体积范围内，溶胶粒子分布均匀；但是观察一个有限的小体积元发现，由于粒子的布朗运动，小体积内粒子的数目有时较多，有时较少，这种离子数的变动现象被称为涨落现象。溶胶的涨落现象是研究溶胶光散射等现象以及大分子溶液的一些物理化学性质的基础。

2. 扩散与菲克（Fick）定律

根据热力学第二定律，分子无序分布在它们所能占据的整个空间中时熵最大（见第 5 章），因此系统平衡时，物质趋向于均匀分布（即浓度处处相等）。如果体系中的质点分布不均匀，浓度差将促使其自发均匀分布，这个自发均匀分布的过程称为扩散。溶胶中的质点也具有从高浓度区向低浓度区扩散的现象，最后使溶胶系统浓度达到“均匀”。因此，扩散过程属于自发过程。

设在如图 4－6(a)所示的容器内盛有溶胶，在截面 A 处两边所盛溶胶浓度不同，$c_2>c_1$。则溶胶将从高浓度（c_2）的一方向低浓度（c_1）的一方迁移，直至达到平衡（即浓度相等）。若胶粒大小相同，且沿 x 方向胶粒浓度随距离的变化率为 dc/dx（即浓度梯度），则在 x 方向上的扩散速度与浓度梯度及截面积 A 成正比，用公式表示为

$$\frac{dQ}{dt}=-DA\frac{dc}{dx} \tag{4-4}$$

式（4－4）即为**菲克第一定律**（Fick 's first law）。式中，dQ/dt 代表单位时间通过截面积 A 扩散的物质数量；D 代表扩散系数，单位通常为 $cm^2\cdot s^{-1}$。因为在扩散方向上浓度梯度为负值，所以加负号，使扩散速度为正值。扩散系数与质点大小有关，质点越大，扩散系数越小。

普通分子的扩散系数为 10^{-5}，溶胶质点为 10^{-7}。

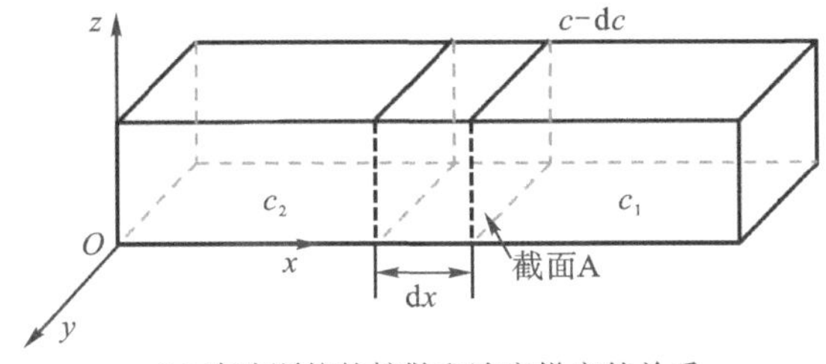

(a) 溶胶颗粒的扩散和浓度梯度的关系

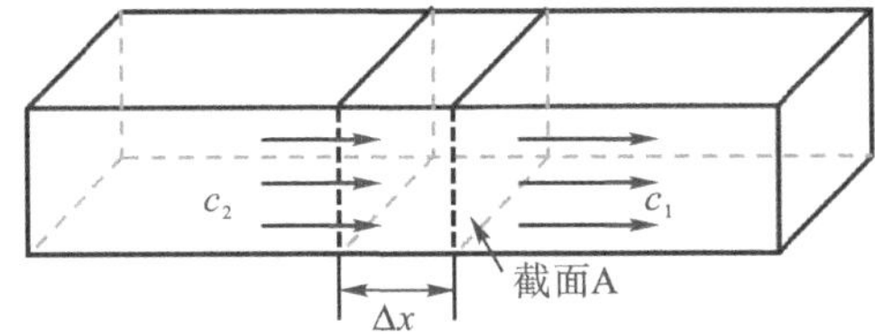

(b) 两个不同浓度的溶液，扩散层厚度为Δx

图 4-6　溶胶颗粒的扩散和不同浓度梯度的关系示意图

爱因斯坦指出，扩散系数 D 与质点在介质中运动时的阻力系数 f 之间的关系为

$$D=\frac{RT}{N_{\mathrm{A}}f} \tag{4-5}$$

式中，N_{A}代表阿伏加德罗常数；R 代表气体常数；如果颗粒为球形，则根据斯托克斯(Stokes)定律可以确定阻力系数 f 为

$$f=6\pi\eta r \tag{4-6}$$

式中，η 代表介质黏度；r 代表质点半径。由公式(4-5)和(4-6)可得

$$D=\frac{RT}{N_{\mathrm{A}}}\cdot\frac{1}{6\pi\eta r} \tag{4-7}$$

公式(4-7)被称为爱因斯坦扩散公式，由此可以求出扩散系数，或者在已知 D 和 η 的情况下，求得质点的半径 r。

菲克第一定律只适用于浓度梯度不变的溶胶系统，实际在扩散过程中浓度梯度是不断变化的。设溶胶的横截面积仍为 A，流过截面积 A 的溶质量为 Q，Q/A 的变化率为穿过边界的溶质通量，用 J 表示，即

$$J=\frac{\mathrm{d}(Q/A)}{\mathrm{d}t} \tag{4-8}$$

如图 4-6(b)所示，如果在厚度为 Δx 的区域内，物质数量变化为

$$\Delta Q=(J_{\text{进}}-J_{\text{出}})A\Delta t \tag{4-9}$$

区域内浓度在 Δt 时间内的变化为 Δc，则 ΔQ 表示为

$$\Delta Q=A\Delta x\Delta c \tag{4-10}$$

假如 Δt 足够小，并且浓度变化 Δc 不大，则认为扩散系数 D 不变，可将菲克第一定律式(4-4)代入式(4-9)和(4-10)，有

$$\frac{\Delta c}{\Delta t}=D\frac{\left(\frac{\mathrm{d}c}{\mathrm{d}x}\right)_{x=0}-\left(\frac{\mathrm{d}c}{\mathrm{d}x}\right)_{x=\Delta x}}{\Delta x} \tag{4-11}$$

令 Δt 和 Δx 趋于零，则

$$\frac{\mathrm{d}c}{\mathrm{d}t}=D\frac{\mathrm{d}^2c}{\mathrm{d}x^2} \tag{4-12}$$

公式(4-12)被称为**菲克第二定律**(Fick's second law)，它可以用来描述体系的浓度随时间和位置的变化规律。

3. 沉降与斯托克斯定律

分散于气体或者液体介质中的微粒都会受到两种相反的作用力——重力和扩散力。如果微粒的密度大于介质，微粒会因为重力而向下沉，这种现象被称为沉降。

胶粒质点沉降的分布情况与地面大气分布情况类似，距离地面越远，大气越稀薄，大气压越低。因此大气压随高度的分布为

$$p_h=p_0\cdot \mathrm{e}^{-Mgh/RT} \tag{4-13}$$

式中，p_0代表地面大气压力；p_h代表高度 h 处的大气压力；M 代表大气的平均相对分子质量；g 代表重力常数；R 代表气体常数；T 代表热力学温度。

由于溶胶粒子的布朗运动与气体分子的热运动本质相同，因此溶胶粒子随高度变化的分布规律亦可用公式(4-13)的形式描述，但需要对公式(4-13)进行修正。

(1)公式(4-13)中p_h/p_0反映了不同高度的气体分子浓度比，对于溶胶系统而言，不同高度的胶粒浓度比为c_1/c_2；

(2)修正后 M 代表胶粒的“摩尔质量”，在数值上为 $N_A\cdot\frac{4}{3}\pi r^3(\rho-\rho_0)$，其中 N_A代表阿伏加德罗常数，r 代表胶粒半径，ρ 代表胶粒密度，ρ_0代表介质密度；

(3)h 代表胶粒浓度为 c_1和 c_2的两层间的距离，即 $h=x_2-x_1$。

由此得出胶粒浓度随高度的变化为

$$\frac{c_2}{c_1}=\mathrm{e}^{\left[\frac{N_A}{RT}\times\frac{4}{3}\pi r^3(\rho-\rho_0)\right](x_2-x_1)g} \tag{4-14}$$

从公式(4-14)中可以看出，溶胶颗粒浓度因高度而改变的情况与粒子的半径 r 和密度差$(\rho-\rho_0)$有关。颗粒半径越大，浓度随高度的变化越明显。

1)溶胶的沉降速度

在重力作用下，介质中粒子所受的重力为

$$F_1=V_0(\rho-\rho_0)g \tag{4-15}$$

式中，V_0代表粒子的体积。对于半径为 r 的球形质点

$$F_1 = \frac{4}{3}\pi r^3(\rho - \rho_0)g \tag{4-16}$$

斯托克斯从流体力学理论导出球形质点在流体介质中运动时所受的阻力 F_2 为

$$F_2 = 6\pi\eta r v \tag{4-17}$$

公式(4-17)被称为**斯托克斯定律**。式中，v 代表粒子的沉降速度；η 代表介质的黏度。由此可以看出，在小速度时，作用于质点的黏性阻力与速度成正比。当 $F_1 = F_2$ 时，粒子匀速下降，对于球形质点，由沉降速度可以求出质点的半径

$$r = \sqrt{\frac{9\eta v}{2(\rho - \rho_0)g}} \tag{4-18}$$

公式(4-18)被称为球形质点在液体中的沉降公式。由此可见，在其他条件相同的情况下，粒子的沉降速度 v 与其半径的 2 次方 r^2 成正比，即半径越大，沉降速度越快；半径越小，沉降速度显著降低。

* 2）离心力场中的沉降

对于典型的溶胶分散系统(溶胶颗粒的大小在 1～100 nm 之间)而言，在重力场作用下的沉降速度极为缓慢，可以忽略不记。这意味着溶胶系统具有动力学稳定性，同时说明沉降公式(4-18)并不适用于溶胶系统，很难实际测定其沉降速度。溶胶系统中的颗粒，只能在超离心力场中以显著的速度进行沉降。

1924 年，瑞典科学家斯韦德贝里发明了离心机，将可提供的离心力提高到地心引力的 5000 倍。经过后期改进，目前新型离心机的转速可达到 10 万～16 万 r/min，其离心力可以达到地心引力的 10^6 倍。超速离心机在溶胶颗粒和高分子物质(如蛋白质分子)方面得到了重要的应用。

在离心力场中，加速度比在重力场中大得多。设质点以角速度 ω(rad/s)或转速 n(r/min)做半径为 x 的圆周运动($\omega = 2\pi n/60$)，因此质点的径向加速度(即离心加速度)为 $\omega^2 x$。在离心力场中，可以用沉降公式，以径向加速度代替重力加速度，但是需要注意，在一定转速的离心机中，v 不再是常数，而是随 x 变化，因此需将 v 改成 $\mathrm{d}x/\mathrm{d}t$。当发生沉降时，v 逐渐变大，发生析出时，v 逐渐变小。当沉降达到平衡，扩散力与离心力大小相等、方向相反时，即

$$\frac{4}{3}\pi r^3(\rho - \rho_0)\omega^2 x = 6\pi\eta r\frac{\mathrm{d}x}{\mathrm{d}t} \tag{4-19}$$

对公式(4-19)进行积分

$$6\pi\eta r\int_{x_1}^{x_2}\frac{\mathrm{d}x}{x} = \frac{4}{3}\pi r^3(\rho - \rho_0)\omega^2\int_{t_1}^{t_2}\mathrm{d}t$$

即

$$\ln\frac{x_2}{x_1} = \frac{2r^2(\rho - \rho_0)\omega^2(t_2 - t_1)}{9\eta} \tag{4-20}$$

式中，x_1 和 x_2 分别为离心时间 t_1 和 t_2 时截面和旋转轴之间的距离。通过公式（4－20）便可求得粒子的半径 r。

在很多情况下，溶胶系统中的粒子不一定是球形，因此，人们常用 1 mol 粒子为基准，求得粒子或者大分子的摩尔质量 M。利用公式（4－19）可得：

$$N_A \frac{4}{3}\pi r^3(\rho-\rho_0)\omega^2 x = V(\rho-\rho_0)\omega^2 x$$

$$= \frac{M}{\rho}(\rho-\rho_0)\omega^2 x = M\left(1-\frac{\rho_0}{\rho}\right)\omega^2 x = N_A 6\pi\eta r\frac{dx}{dt} \tag{4-21}$$

将爱因斯坦第一扩散公式（4－7）带入公式（4－21）中，得

$$\frac{RT}{D}\cdot\frac{dx}{dt} = M\left(1-\frac{\rho_0}{\rho}\right)\omega^2 x$$

即

$$M = \frac{RT\ln\frac{x_2}{x_1}}{D\left(1-\frac{\rho_0}{\rho}\right)(t_2-t_1)\omega^2} \tag{4-22}$$

公式（4－22）中，关于粒子摩尔质量的计算是基于“沉降速度法”求出。但是在离心加速度比较低（如约为重力加速度的 $10^4 \sim 10^5$ 倍）的时候，可以采用“沉降平衡法”测定粒子的摩尔质量。此时，粒子向管底沉降过程中会产生浓度差，反方向的扩散作用（或渗透压力）可以与沉降力抗衡，经过一段时间之后达到沉降平衡。溶胶的渗透压力为

$$dp = RT dc = RT\frac{dn}{N_A} \tag{4-23}$$

式中，c 代表摩尔浓度；n 代表单位体积中的粒子数；N_A 代表阿伏加德罗常；R 代表气体常数。假如沉降池的截面积为 1 cm^2，则 dx 厚度层的粒子数为 $n dx$（如图 4－7 所示），离心力为

$$\frac{4}{3}\pi r^3(\rho-\rho_0)\omega^2 x(n dx) = \frac{4}{3}\pi r^3(\rho-\rho_0)\omega^2 x(cN_A dx)$$

$$= M\left(1-\frac{\rho_0}{\rho}\right)\omega^2 xc\,dx \tag{4-24}$$

当达到平衡时，渗透压力与超离心力相等，即

$$RT dc = M\left(1-\frac{\rho_0}{\rho}\right)\omega^2 xc\,dx \tag{4-25}$$

积分得

$$\ln\frac{c_2}{c_1}=\frac{M\left(1-\frac{\rho_0}{\rho}\right)\omega^2}{2RT}(x_2^2-x_1^2)$$

即

$$M=\frac{2RT\ln\frac{c_2}{c_1}}{\left(1-\frac{\rho_0}{\rho}\right)\omega^2(x_2^2-x_1^2)} \tag{4-26}$$

因此，测得平衡时距旋转轴不同距离 x_1 和 x_2 处的浓度 c_1 和 c_2，利用公式(4-26)便可求出质点的摩尔质量 M。

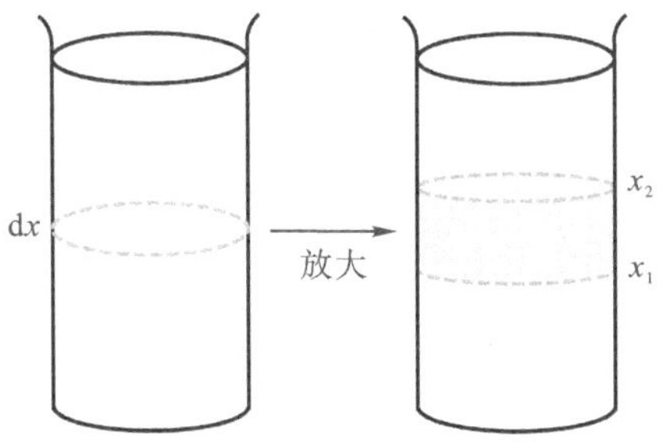

图 4-7　$\mathrm{d}x$ 厚度层内的粒子数

3)扩散与沉降的平衡

在多组分系统中，同时存在着扩散与沉降两个相反的过程。沉降使质点趋向于集中，扩散使质点趋向于分散。当质点很小时(分子的分散系统)，扩散过程占主导地位，沉降可忽略不计，因此宏观上分子的分散系统是均匀的。相反，若质点很大，沉降过程将占主导地位，扩散远不能抗衡沉降，该系统在宏观上将表现为沉降或者乳析。对于溶胶分散系统而言，扩散与沉降两种作用并存且互相抗衡，使溶胶粒子既非均匀分布，又不能完全沉降或者乳析。当两种效应的相反力相等时，粒子的分布达到平衡，形成一定的浓度梯度，这种状态称为沉降平衡。

4.3.2　溶胶的光学性质

溶胶的光学性质是其高度不分散性和不均匀性的反映。对溶胶系统光学性质的研究，有利于解释溶胶的光学现象，同时能够使我们直接观察溶胶颗粒的运动，并确定胶粒的大小、形状等重要信息(例如：球状粒子不闪光，不对称的粒子在向光面变化时有闪光现象；粒子大小不同时，散射光的强度也不同)。

丁铎尔现象

溶胶颗粒的一大特征是能够产生光散射现象。1869 年，英国物理学家约翰·丁铎尔(John Tyndall)发现，如果以一束汇聚光射入溶胶，从侧面(即入射光的垂直方向)可以看到在溶胶中有一个明亮的光带，该现象被称为丁铎尔现象，如图 4-8 所示。丁铎尔现象是胶体特有的光学性质。

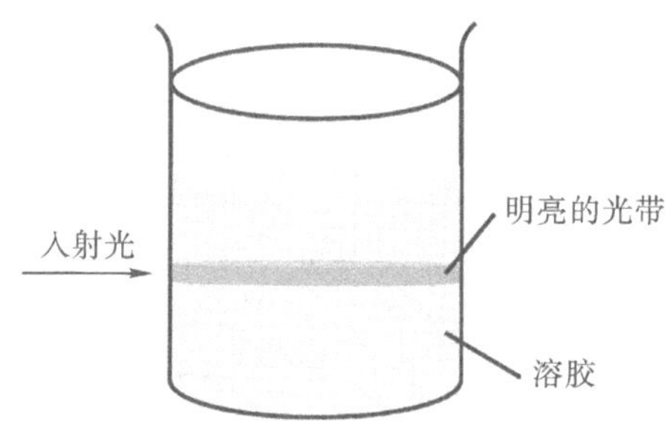

图 4-8　丁铎尔现象

光本质上是电磁波，当光射入分散系统时，一部分光自由通过，另一部分光被吸收、散射或者反射。如果分散颗粒(如悬浮液中的粒子)的尺寸大于入射光的波长，光线会被分散颗粒反射或者折射，粗分散系统会出现这种现象。如果分散颗粒的尺寸小于入射光的波长，颗粒中的电子被迫振动(其振动频率与入射光的频率相同)，成为二次波源，向各个方向发出与入射光相同频率的电磁波，即为散射光，也被称为乳光。

英国物理学家瑞利(Rayleigh)通过对丁铎尔现象的详细研究，于 1871 年发现并推导出稀薄气溶胶产生散射光强度的计算公式，即

$$I = \frac{24\pi^2 A^2 vV^2}{\lambda^4}\left(\frac{n_1^2 - n_2^2}{n_1^2 + 2n_2^2}\right)^2 \tag{4-27}$$

式中，A 代表入射光的振幅；λ 代表入射光的波长；v 代表单位体积中的粒子数；V 代表每个粒子的体积；n_1 和 n_2 分别代表分散相和分散介质的折射率。该公式被称为瑞利散射定律，适用于不导电粒子并且粒子半径小于 47 nm 的系统，或者分散程度更高的系统。由此定律可知：

(1)散射光的强度正比于入射光的强度，与入射光波长的 4 次方成反比。即入射光波长越短，越容易被散射。如果入射光为白光，其中的蓝色和紫色部分散射作用最强。

(2)散射光强度与单位体积中的粒子数 v 成正比。通常所用的“浊度计”就是根据这个原理设计的，目前测定污水中悬浮杂质含量时，主要使用浊度计。

(3)散射光的强度与粒子体积 V 的 2 次方成正比。因此在粗分散系统中，由于粒子的线性尺寸大于可见光波长，因此无乳光，只有反射光；而在分子体积小于可见光波长的溶液中，散射光很弱，不易被肉眼观察，因此可以利用丁铎尔现象鉴别溶胶和真溶液。

(4)粒子的折射率与周围介质的折射率相差越大，粒子的散射光越强。

4.3.3　溶胶的电学性质

溶胶的电学性质包括电泳、电渗、流动电势和沉降电势等，产生这些电学性质的原因在于溶胶颗粒带电。

1. 固-液界面电现象的起因(质点表面电荷的来源)

一般情况下，在溶胶固-液界面上存在电位差，固体带一种电荷，与其接触的液体则会带相反的电荷，而溶胶固体表面电荷主要来源于以下几方面。

(1)电离：当固体与液体接触时，固体物质会电离出某种离子，导致带相反电荷的离子留在固体表面，使固体表面带电。

(2)吸附：吸附是由电解质和固体性质决定的，固体的表面很多时候会选择性吸附液体中某些离子而带电(如 H^+、OH^- 或其他离子)。一般情况下，可以与固体表面形成不电离、不溶解的物质离子，都可以吸附在固体的表面。被固体表面吸附而使固体表面带电的离子称为电位决定离子(简称定位离子)。

(3)摩擦接触：对于非离子型的物质和非电解质，电荷来源于固体质点与液体之间的摩擦。相互接触的固-液两相对电子的亲和力不同，电子由介电常数大的一相移动到介电常数小的另一相，使介电常数大的一相带正电，小的一相带负电(科恩经验规律)。

(4)晶格取代(同晶置换)：固体表面带电的特殊情况。例如黏土矿中的高岭土，主要由铝氧四面体和硅氧四面体组成。在铝氧四面体中，Al^{3+} 与周围 4 个氧的电荷不平衡，多余的负电荷会吸附正离子(如 H^+、Na^+ 或 K^+ 等)来平衡电荷，但是一方面正离子在介质中会发生电离并扩散，同时 Al^{3+} 常常被 Mg^{2+} 或 Ca^{2+} 所取代，最终使黏土微粒带负电。

2. 双电层理论

在溶胶液-固界面处，固体表面与其附近的液体内通常会分别带有电性相反、电荷量相同的两层粒子，从而形成双电层。双电层的存在是电动电势或 Zeta 电势以及双电层排斥效应产生的基础，而 Zeta 电势和双电层的排斥效应是分散体系的重要稳定因素。双电层理论主要讨论溶剂(水相)一侧反离子的分布规律，以及由此导致的界面电势随距离的变化规律。

粒子表面带电时，因为整个系统是电中性的，所以在液相中必有与表面电荷数量相等而符号相反的离子存在，这些离子称为反离子或异电离子。胶粒表面的电荷与周围介质中的反离子构成双电层。胶粒表面与液体内部的电势差称为胶粒的表面电势。

1)亥姆霍兹平行板电容器型双电层理论

1879 年亥姆霍兹(Helmholtz)提出了最简单的双电层模型——平行板电容器型双电层模型。如图 4-9(a)所示，固体 A 的表面为一个带电层，与固体表面一定距离的溶液 B 处有另一个带相反符号的离子构成的带电层。两者相互平行、整齐地排列，构成平行板双电层。

若将其看作平行板电容器，如图 4-9(b)所示，其板间距为 d，由亥姆霍兹公式可以求出跨过双电层的电位差 Ψ。

$$\Psi = \frac{4\pi d\sigma}{D} \tag{4-28}$$

式中，D 代表介电常数；σ 代表单位面积固体表面上所带的电量（固体表面电荷密度）。计算得出双电层的电位差 Ψ 之后，可以求得双电层的间距 d。

$$d = \frac{\Psi D}{4\pi\sigma} \tag{4-29}$$

但是这属于双电层中的极端情况，适用于浓溶液。然而对于带电固-液或液-液界面，双电层的厚度较大，并且由于热运动，反离子不可能排在同一平面内，因此亥姆霍兹平行板电容器型双电层模型与试剂双电层结构有一定差异。

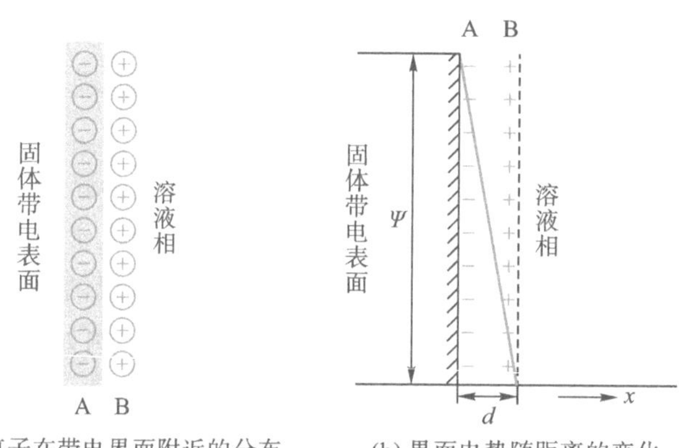

(a) 反离子在带电界面附近的分布　　(b) 界面电势随距离的变化

图 4-9　亥姆霍兹平行板电容器型双电层模型示意图

2）古依-查普曼扩散双电层理论

由于溶液中离子的热运动，溶胶界面处溶液一侧的电荷很难像平板电容器型双电层模型中所描述的那样整齐排列。1910 年，古依（Gouy）和查普曼（Chapman）提出了扩散双电层模型。该模型经常被用来处理涉及溶胶界面电荷和界面电势的实验数据。

古依-查普曼扩散双电层理论认为，反离子有向溶液中均匀分布的趋势，同时受到固体表面带电层的吸引力。如图 4-10(a)所示，在两种力的作用下，靠近固体表面的反离子分布较稠密，远离固体表面的反离子分布较稀疏。因此，双电层实际包括了紧密层和扩散层两部分。在电场作用下，固-液之间发生电动现象时，移动的切动面（即滑动面）为 AB 面（见图 4-10(b)），相对运动边界处与溶液本体之间的电势差称为**电动电势**或者 **Zeta 电势**（Zeta-potential）。

古依-查普曼扩散双电层模型提出以下假设：

(1)带电固体表面是一个无限大的平面，表面电荷分布均匀；

(2)扩散层中的反离子作为无大小、无体积的点电荷，在溶液中符合玻尔兹曼(Boltzman)能量分布规律；

(3)溶剂对双电层的影响仅通过介电常数起作用。溶液中各部分的介电常数处处相等，不随反离子的分布而变化，溶剂为连续介质。

古依-查普曼扩散双电层理论解释了 Zeta 电势(ζ 电势)现象以及电解质对表面电势 Ψ_0 与 Zeta 电势的影响。即随着电解质浓度的增加(或电解质价型增加)，双电层厚度减小，Zeta 电势减小。

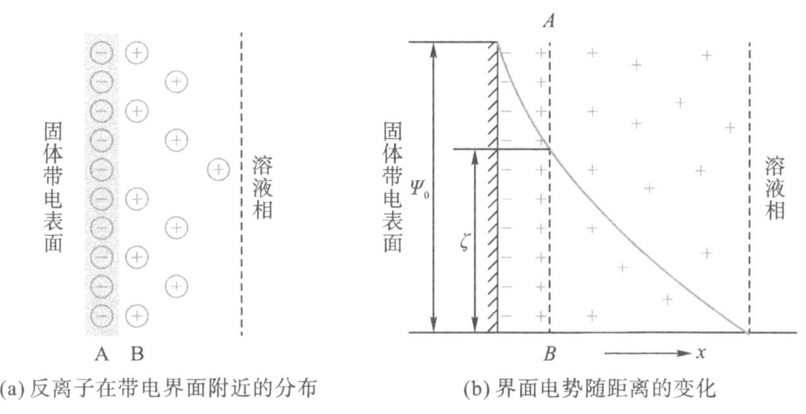

图 4-10 古依-查普曼扩散双电层模型示意图

3)施特恩双电层理论

古依-查普曼扩散双电层理论中把离子看作点电荷，离子不占体积。但是实验中发现，有时 ζ 电势会随离子浓度的增加而增加，因为这一假设在低电解质浓度时可以接受，在高电解质浓度时就与实际情况不相符了。施特恩(Stern)对其进行了修正，即：紧密层(Stern 层)的厚度约为 1～2 个分子层，紧密吸附于固体表面，这种吸附被称为特性吸附，吸附于表面上的这层离子被称为特性离子。在紧密层中，反离子的电性中心构成了 Stern 面(如图 4-11 所示)，Stern 层与 Helmholtz 平行板电容器型双电层模型相类似，Stern 层中的电势降随束缚反离子浓度的增加而增加，但最终趋于恒定值，此时 Stern 层中达到饱和吸附。由此可以得出，Stern 模型的核心是吸附于 Stern 层中的反离子不可能是无限的。由于离子的溶剂化作用，紧密层结合了一定数量的溶剂分子，在电场作用下，它与固体质点作为一个整体一起移动。

综上所述，Stern 双电层可以分为以下几部分：最里面是非溶剂化的化学吸附的内层，决定表面电势 Ψ_0；然后是厚度为 δ 的 Stern 层，层内的水合离子靠范德瓦耳斯力和静电力吸附在表面上，电势由 Ψ_0 降为 Ψ_δ；再稍向外是滑动面，电位为 ζ，略低于 Stern 面的电势 Ψ_δ；再向外为扩散层。

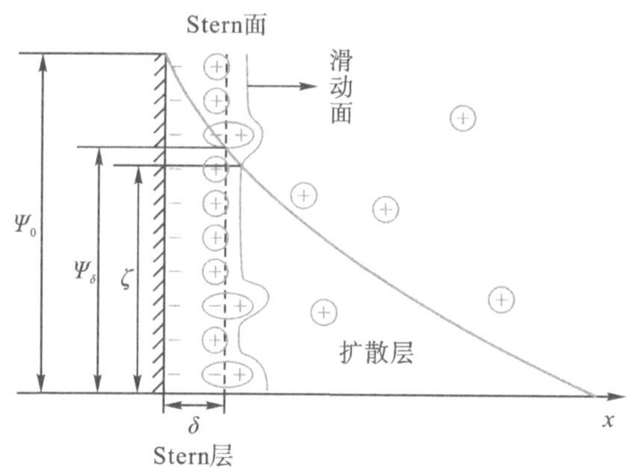

图 4-11　Stern 双电层模型示意图

3. **电动现象**

在外电场的作用下，固相的溶胶颗粒与液相的分散介质发生相对的移动，或者在外力作用下固、液两相发生相对移动而产生电势差，这两类现象都被称为溶胶系统的电动现象(electrokinetic phenomena)。

电泳、电渗、沉降电势和流动电势均属于电动现象。

1) 电泳

在带电溶胶分散系统中施加一个外电场，在此电场作用下带电的胶体质点向相反的电极移动，而扩散层向另一极移动，该现象被称为电泳。研究胶粒电泳的仪器称为电泳仪，归纳起来大致分为三类：显微电泳仪、界面移动电泳仪和区域电泳仪。常用的显微电泳仪和界面移动电泳仪如图 4-12 所示。对于有色溶胶，可直接观察溶胶界面的移动，无色溶胶可在仪器的侧面用光照射，使其产生丁铎尔现象以判断胶粒的涌动方向。研究发现，有的溶胶液面在负极一侧下降而在正极一侧上升，证明该溶胶离子带负电(如硫溶胶、金属硫化物溶胶以及贵金属溶胶)；有的溶胶液面在正极一侧下降而在负极一侧上升，证明该溶胶离子带正电(如金属氧化物溶胶)。

影响电泳的因素有：①带电粒子的大小、形状；②粒子表面的电荷数目；③溶剂中电解质的种类、离子强度以及 pH、温度和所加外电压等。对于两性电解质(如蛋白质)而言，在其等电点处，粒子在外加电场中不移动，不发生电泳现象，而在等电点前后粒子向相反的方向电泳。

电泳在储能领域的实际应用如下。

(1)锂离子电池电极制造：电泳沉积技术被用于制造锂离子电池的电极，通过优化电泳沉积参数，如沉积电压、时间、悬浮液浓度等，可以制造出具有高能量密度和长循环寿命的电极材料。

(2)超级电容器电极制备:利用电泳沉积技术在超级电容器电极上沉积高导电性的活性材料,如碳纳米管或石墨烯,以提高超级电容器的功率密度和能量存储能力。

(3)钠离子电池电极开发:电泳沉积技术也被用于钠离子电池的电极制造,通过共沉积不同的活性材料,如钠氧化物,以提高电池的整体性能。

(4)固态电解质的制造:固态电解质是全固态电池的关键组成部分,相较于液态电解质,其具有更高的安全性和电化学稳定性。电泳显示技术(electrophoretic display,EPD)技术可以用于制造具有特定组成和微观结构的固态电解质薄膜。通过精确控制沉积参数,如电压、时间、悬浮液浓度等,可以制备出均匀、致密的电解质层。

(5)储能电极材料的表面改性:通过电泳沉积技术对储能电极材料进行表面改性,可以改善其机械性能、导电性和表面积,从而提高储能设备的性能。

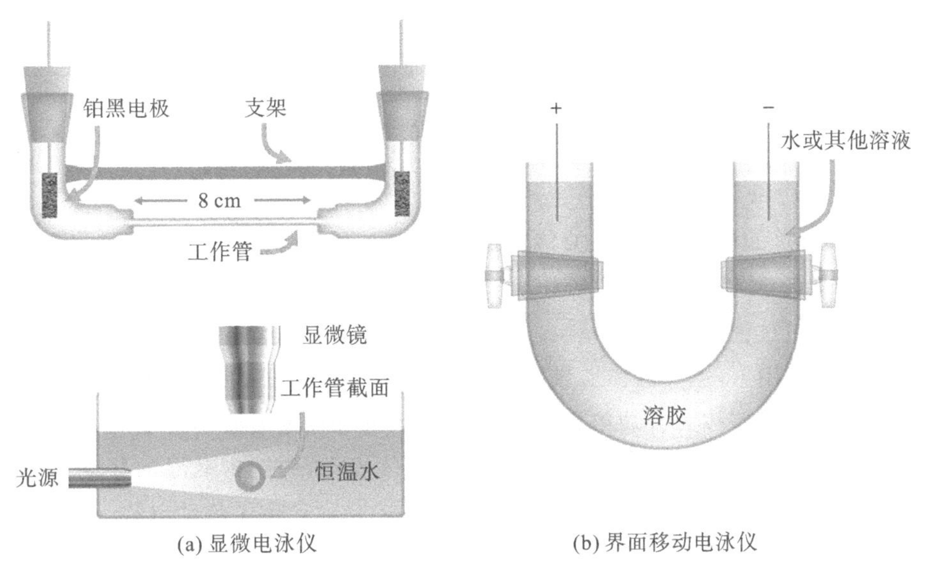

(a) 显微电泳仪　　(b) 界面移动电泳仪

图 4－12　常用显微电泳仪和界面移动电泳仪示意图

2)电渗

在外电场作用下,毛细管内或固相空隙内的液体发生定向移动的现象称为电渗。电渗是液相移动,固相则不动。如图 4－13 所示电渗仪,U 型管中间的固体多孔膜可以看作许多连通两侧液体的毛细管通道。U 型管的右侧上部附有一个微向上的毛细管,用来观察液面的移动。多孔膜两侧装有电极,当两电极通直流电,右侧液面将上升或者下降,即液体透过多孔膜向某一电极方向移动,表明液体带有某种电荷。液体运动是因为在多孔膜与液体的界面上存在双电层。

目前,电渗在储能领域的应用广泛,具有巨大的潜力和发展前景。例如,在电解水制氢过程中,可通过电渗过程将水分解为氢气和氧气,这是一种重要的可再生能源储存方式;在电池充电过程中，电渗可以用于电池的快速充电，特别是在电动汽车和固定存储等领域应用广泛；电渗有助于提高超级电容器的性能，如增加容量和提高能量密度，等等。因此，随着科学技术的不断进步，电渗将在未来的储能系统中发挥越来越重要的作用。

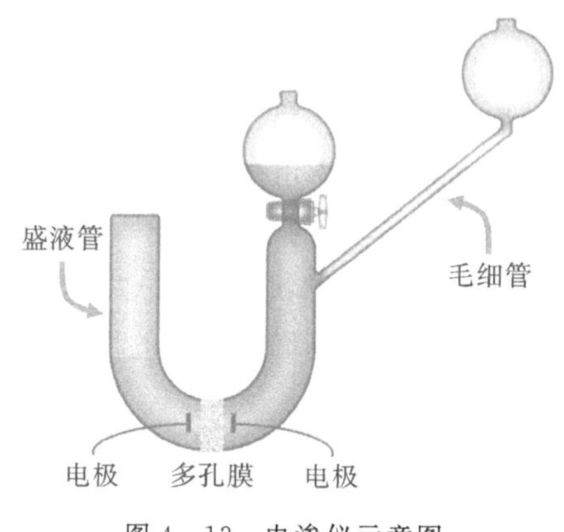

图 4-13 电渗仪示意图

3）沉降电势和流动电势

带电固体颗粒（如溶胶颗粒）在液体介质中迅速下沉导致液体介质上、下两端产生的电势差称为**沉降电势**。沉降电势是在胶粒沉降过程中产生的电动势，因胶粒移动而产生，其产生过程是电泳的逆过程。

在外加压力作用下，迫使液体通过固体表面（如多孔膜、毛细管）定向流动导致固体表面两侧产生的现象电势差称为**流动电势**。流动电势产生过程是电渗的逆过程，溶胶可以产生电渗现象。固体的表面是带电的，如果外力迫使液体流动，由于扩散层的移动，液体将双电层中的扩散层离子带走，因而与固体表面产生电势差，从而产生了流动电势。

4.4 溶胶的稳定性和聚沉作用

4.4.1 溶胶的稳定性

溶胶的稳定性是指其某种性质（如分散相浓度、颗粒大小、系统黏度以及密度等）有一定程度的不变性。制备好的溶胶可以稳定存在相当长的时间而不发生聚沉现象，其相对稳定存在主要有以下三方面原因。

（1）动力学因素。布朗运动引起的扩散可以抵消重力下沉作用。分散度越大，布朗运动越剧烈，溶胶的动力学稳定性越好。

（2）溶剂化因素。由于胶粒表面吸附的离子都处于溶剂化状态，不仅降低了胶粒的表面能，而且形成的溶剂化膜可以有效阻隔胶粒的聚结。

(3)电学因素。由于胶粒与溶液界面处存在双电层,胶粒相互接近时首先是彼此的反离子相接触。带有相同电荷的离子因为静电斥力的作用,阻止胶粒进一步靠近而发生聚结,从而使溶胶具有稳定性。这是溶胶稳定的最主要因素。

溶胶的分散相(胶粒)具有很大的比表面积,表面的吉布斯函数很高,粒子间有相互聚结而降低其表面能的趋势,因此属于热力学不稳定的多相系统。胶粒因热运动而相互接近、相互吸引并合并成较大颗粒以降低表面能的过程称为聚集过程(或聚结),由胶体粒子聚集而成的大粒子称为聚集体。胶粒聚集到一定大小后,因重力作用而下沉,称为沉降。聚结与沉降过程合称为聚沉过程,为了加速聚沉,可以外加其他物质作为聚沉剂。

4.4.2　电解质对胶体的聚沉和稳定作用

溶胶对电解质的影响非常敏感,通常用聚沉值(或凝结值)表示电解质的聚沉能力,不同电解质对相应溶胶体系的聚沉值如表 4-3 所示。聚沉值是指使一定量溶胶在一定时间内明显聚沉所需的外加电解质的最小浓度,又称为此电解质的临界聚沉浓度,常用单位为 mol/m^3 或 mmol/L。人们定义聚沉值的倒数为电解质的聚沉能力(或聚沉率)。电解质的聚沉值越小,其聚沉能力越大。

表 4-3　不同电解质对相应溶胶体系的聚沉值(单位:$mmol \cdot L^{-1}$)

As_2S_3(负溶胶)		AgI(负溶胶)		Al_2O_3(正溶胶)	
LiCl	58	$LiNO_3$	165	NaCl	43.5
NaCl	51	$NaNO_3$	140	KCl	46
KCl	49.5	KNO_3	136	KNO_3	60
KNO_3	50	$RbNO_3$	126	K_2SO_4	0.30
$CaCl_2$	0.65	$Ca(NO_3)_2$	2.40	$K_2Cr_2O_7$	0.63
$MgCl_2$	0.72	$Mg(NO_3)_2$	2.60	$K_2C_2O_4$	0.69
$MgSO_4$	0.81	$Pb(NO_3)_2$	2.43	$K_3[Fe(CN)_6]$	0.08
$AlCl_3$	0.093	$Al(NO_3)_3$	0.067		
$(1/2)Al_2(SO_4)_3$	0.096	$La(NO_3)_3$	0.069		
$Al(NO_3)_3$	0.095	$Ce(NO_3)_3$	0.069		

1. 电解质对溶胶的聚沉规律

(1)舒尔策-哈代价数规则。聚沉能力主要取决于与胶粒带相反电荷的离子的价数。与胶粒电荷相反的离子聚沉作用强,同号离子聚沉作用弱。因此,离子的价数越高,聚沉作用越强，聚沉值越小。聚沉值与离子价数的倒数的 6 次方成反比，即一、二、三价离子的聚沉能力之比约为 $1:2^6:3^6$。

(2) 感胶离子序。感胶离子序是指同价离子聚沉能力的次序。价数相同的离子聚沉能力也有所不同。这个顺序与水合离子半径次序大致相同。水合离子半径越小，越易靠近胶体粒子，聚沉率高，聚沉值小。常见的一些粒子聚沉值如下。

一价阳离子聚沉值顺序：$Li^+ > Na^+ > K^+ > Rb^+ > Cs^+ > H^+$

其水合离子半径的顺序：$Li^+ > Na^+ > K^+ > Rb^+ > Cs^+ > H^+$

二价阳离子聚沉值顺序：$Mg^{2+} > Ca^{2+} > Sr^{2+} > Ba^{2+}$

一价阴离子聚沉值顺序：$CNS^- > I^- > Br^- > ClO_3^- > Cl^- > BrO_3^- > H_2PO_4^- > IO_3^- > F^-$

(3)一般有机离子的聚沉能力很强，与其具有很强的吸附能力有关。例如一些表面活性剂(如脂肪酸盐)和聚酰胺类高聚物破坏溶胶更有效，被称为高分子凝结剂。

(4)不规则聚沉。由于胶体粒子对高价异号离子强烈吸附，因此开始加入少量电解质，溶胶便会聚沉；再继续加入电解质，胶粒重新分散，但是胶粒所带电荷与原来相反；如果电解质的浓度再次升高，会使新形成的溶胶再次聚沉，这种现象称为不规则聚沉。不规则聚沉是溶胶粒子对高价异号离子强烈吸附的结果。

(5)相互聚沉和同号离子的影响。带两种相反电荷的溶胶相混合时，引发的聚沉为相互聚沉。电解质的聚沉作用是正负离子作用的总和，通常相同电性离子的价数越高，该电解质的聚沉能力越低，这可能与这些相同电性离子的吸附作用有关。

2. 带电胶粒稳定性的理论——DLVO 理论

在扩散层模型的基础上，苏联学者杰里亚金(Derjaguin)和朗道(Landau)与荷兰学者费尔韦(Verwey)和奥弗贝克(Overbeek)于 20 世纪 40 年代初分别提出关于带电胶粒稳定性的理论，即 DLVO 理论。该理论认为，带电胶粒之间存在双电层重叠时的静电斥力和粒子间的长程范德瓦耳斯力两种作用力；这两种力使得胶粒间具有相互排斥位能和吸引位能以及总位能，并且位能的大小随粒子间距离的变化而变化；这两种相互作用位能的相对大小决定了溶胶的稳定或者聚沉；外加电解质对胶粒间的相互吸引位能影响不大，但极大地影响着相互排斥位能和总位能，从而影响胶体的稳定性。

(1)溶胶颗粒之间的相互吸引(引力位能，E_A)。溶胶颗粒之间的相互吸引本质上是范德瓦耳斯力。而溶胶颗粒是许多分子的聚集体，胶粒之间的引力是胶粒中所有分子引力的总和。哈马克(Hamaker)假设，胶粒间的相互作用等于组成它们的各分子对之间相互作用的总和。由此可推导出不同形状粒子间的范德瓦耳斯引力势能。

对于大小相同的两个球形粒子，引力势能为

$$E_A = -\frac{Ar}{12H} \tag{4-38}$$

式中，r 代表球形粒子半径；H 代表两球间的最短距离；A 代表哈马克常数，与粒子的性质有关,是物质的特性常数,其值在 10^{-20}J 左右(某些物质的哈马克常数如表 4 - 4 所示);式中的负号是因为一般规定引力势能为负值。

表 4 - 4　某些物质的哈马克常数

物质名称	$A/\times10^{-20}$J(宏观法)	$A/\times10^{-20}$J(微观法)
水	3.0～6.1	3.3～6.4
离子晶体	5.8～11.8	15.8～41.8
金属	22.1	7.6～15.9
石英	8.0～8.8	11.0～18.6
碳氢化合物	6.3	4.6～10
聚苯乙烯	5.6～6.4	6.2～16.8

对于两个彼此平行的平行板粒子,其引力势能为

$$E_A = -\frac{A}{12\pi D^2} \tag{4-39}$$

式中,D 代表两个平行板之间的距离。

(2)溶胶颗粒之间的相互排斥(斥力位能,E_R)。对于大小相同的球形粒子,其斥力势能 E_R 约为

$$E_R \approx K\varepsilon r\Psi_0^2\exp(-\kappa H_0) \quad 4-40)$$

式中,K 代表常数;ε 代表介质的介电常数;Ψ_0 代表胶粒表面的电势;κ 代表德拜-休克尔(Debye- Hückel)公式中离子氛半径的倒数;H_0 代表两球表面的最小距离;r 代表粒子半径。由上述公式可以看出,斥力势能 E_R 随表面电势 Ψ_0 和离子半径 r 的增大而升高,随粒子间距离的增加呈指数下降。

对于两个彼此平行的平行板粒子,其斥力势能 E_R 约为

$$E_R = K_1 c^{1/2}\exp(-K_2 c^{1/2}) \tag{4-41}$$

式中,c 代表电解质浓度;K_1 和 K_2 代表常数。由上述公式可以看出,斥力势能 E_R 随电解质浓度 c 增加呈指数下降,因此电解质浓度对于胶粒稳定性具有很大的影响。

(3)溶胶颗粒之间的总相互作用能(总位能,E_T)。溶胶颗粒间的总位能是引力势能和斥力势能的总和,即 $E_T = E_A + E_R$。当两胶粒相距较远时,离子氛尚未重叠,粒子间“远距离”的吸引力起作用,即引力势能占优势,总势能为负值。随着胶粒间距离变近,离子氛重叠,斥力起作用,总势能逐渐上升为正值,直到某一点处,总势能最大。

通过对溶胶系统总势能的分析,经过若干步骤简化,得到以水为介质的 DLVO 理论的简化表示式,如下

$$c = K \cdot \frac{\gamma^4}{A^2 z^6} \tag{4-42}$$

式中，c 代表电解质的聚沉浓度；K 代表常数；A 代表哈马克常数；γ 代表与表面电势有关的物理量；z 代表反离子的价数。

DLVO 理论的要点：

(1)胶粒之间存在着斥力位能和引力位能。斥力位能是由于带电胶粒相互靠近时双电层重叠所产生的静电排斥力所致，引力位能是胶粒间的长程范德瓦耳斯力作用的结果。

(2) 胶粒间斥力位能和引力位能的相对大小决定了体系的总位能，决定了胶体的稳定性。

(3) 斥力位能、引力位能和总位能均随着粒子间距离的变化而变化，但规律不同。

(4) 电解质的存在对引力位能的影响小，对斥力位能的影响大。

4.4.3 高分子化合物对溶胶的稳定作用和絮凝作用

1. 高分子化合物对溶胶的稳定作用

高分子化合物(即高聚物)对溶胶的稳定作用表现为两种形式：

(1) 胶体吸附聚合物而稳定，被称为空间稳定理论。即聚合物在粒子表面吸附时，大分子的部分链段留在介质中形成空间位垒，从而使体系稳定。聚合物吸附层越厚，聚合物分子与电解质的亲和性越强，稳定效果越好。

(2)自由聚合物对溶胶的稳定作用，被称为空缺稳定理论。

1)空间稳定理论

当溶胶系统因为聚合物的存在而稳定时，稳定的主要因素是吸附的聚合物层，而不是扩散重叠时的静电斥力。因此溶胶粒子吸附聚合物层之后会产生如下效应：

(1)溶胶粒子吸附带电聚合物之后会增加胶粒之间的静电斥力位能，可以用 DLVO 理论进行分析和解释。

(2)高分子化合物的存在通常会减少溶胶粒子之间的哈马克常数，减少吸引位能。

(3)高分子化合物的存在会产生一种新的排斥位能，即空间排斥位能。当有高分子化合物存在时，空间排斥位能对溶胶的稳定起主要作用，即空间稳定。

空间稳定性的影响因素：

(1)吸附聚合物的分子结构对空间稳定性有影响。最有效的吸附聚合物为嵌段共聚物或接枝共聚物。

(2)分子量和吸附层厚度对空间稳定性也有影响。由熵效应及渗透斥力效应，胶体稳定性随着吸附层厚度的增加而增加，吸附层厚度随分子量的增加而增大，因此高分子量的吸附聚合物有利于胶体的稳定。

(3)分散介质对聚合物的溶解度同样会影响溶胶的空间稳定性。对聚合物具有更强溶解性的溶剂,会对聚合物链段具有较大亲和力。当吸附层重叠时,链段不会发生吸引作用,胶体更稳定。可溶性差的溶剂,会使胶体絮凝。

2)空缺稳定理论

空缺稳定理论与空间稳定理论相反。溶胶粒子对聚合物产生吸附,溶胶粒子表面的聚合物浓度低于体相浓度,会在溶胶粒子表面形成一层“空缺层”。空缺层发生重叠,产生斥力位能和引力位能,从而使位能曲线发生变化并产生势垒。这种稳定作用是靠空缺层的形成,即靠体相中的自由聚合物而达到,所以又叫“自由聚合物稳定理论”。

2. 高分子化合物对溶胶的絮凝作用

若在溶胶粒子聚沉时加入的聚沉剂是高分子物质、表面活性剂或者高价异号离子,沉淀可以较快地形成,且沉淀下来的溶胶粒子堆积较疏松,该过程被称为絮凝,或称为敏化。产生的这类沉淀物称为絮凝物(floc)。能产生絮凝作用的高分子化合物称为絮凝剂。

高分子对胶粒的絮凝作用是由于吸附了溶胶粒子以后,高分子化合物本身的链段旋转和运动,使固体粒子聚集在一起而产生沉淀,因此高分子化合物在胶粒间具有“桥联作用”。与高分子化合物引起的絮凝作用相比,电解质引起的聚沉作用过程较缓慢,产生的沉淀颗粒紧密、体积小,这是由于电解质压缩了溶胶粒子的扩散双电层所引起的。

1)高分子化合物对溶胶絮凝作用的特点

(1)具有絮凝作用的高分子化合物(又被称为高聚物絮凝剂)一般是链状结构。若分子构型为交联或支链结构,其絮凝效果差,甚至无絮凝能力。

(2)任何絮凝剂的加入量都有最佳值,超过最佳值时会使絮凝效果下降,但是当加入量超过很多时,会起到保护作用。

(3)高分子化合物的分子质量越大,架桥能力越强,絮凝效率越高。

(4)高分子化合物絮凝能力的强弱与其基团性质有关,具有良好絮凝作用的高分子化合物的基团能够吸附于固体表面,同时能够溶解于水中。常见的基团有:—COONa、—$CONH_2$、—OH、—SO_3Na 等。

(5)絮凝物的大小、结构、性能及其与絮凝剂的混合条件、搅拌速度和强度等都影响着絮凝过程是否能够迅速和彻底。一般要求混合均匀、搅拌缓慢、絮凝剂的浓度低等。如果搅拌剧烈可能会导致絮凝物被再次打散,又形成稳定溶胶。

2)高分子絮凝剂按照结构分类

(1)非离子型:在水溶液中不电离,其亲水基团主要是由一定数量的含氧基团(一般为醚基和羟基)构成。这类絮凝剂具有稳定性高,不易受强电解质无机盐类、pH 等的影响,与其他类型表面活性剂相容性好的优点。例如聚丙烯酰胺、聚氧乙烯等。

(2)阴离子型:在水中能生成憎水性的阴离子,用于改变液体的表面、液-液界面和液-固界面的性质。例如水解聚丙烯酰胺、聚丙烯酸钠等。

(3)阳离子型：在水中能生成憎水性的阳离子，具有强吸附力，能在表面生成亲油性薄膜、产生阳电性，可用作纺织品的柔软剂和静电防止剂等。例如聚胺、聚苯乙烯三甲基氯化铵等。

(4)两性型：分子结构中既含有带正电荷的亲水性基团又含有带负电荷的亲水性基团。其水溶液 pH 值在等电点时呈非离子性(以两性离子型存在)，在等电点以上时呈阴离子性，在等电点以下时呈阳离子性。例如动物胶、蛋白质等。

思考题

1. 请从胶体化学的角度解释人工降雨的原理。

2. 亚铁氰化铜溶胶的稳定剂是亚铁氰化钾，该溶胶的胶团结构式是什么，胶粒带何种电？

3. 为什么在新生成的 $Fe(OH)_3$ 沉淀中加入少量的稀 $FeCl_3$ 溶液，沉淀会溶解？若再加入一定量的硫酸盐溶液，为什么又会有沉淀析出？

4. 胶粒发生布朗运动的本质是什么？这对溶胶的稳定性有何影响？

5. 憎液溶胶是热力学上的不稳定系统，请问为什么能在相当长的时间内稳定存在？

习　题

1. 用界面现象的相关知识解释下列现象的基本原理：

(1)有机蒸馏实验中，在蒸馏烧瓶中加入沸石或者碎瓷片；

(2)喷洒农药时，经常要在药液中加入少量的表面活性剂；

(3)重量分析中的"陈化"过程。

2. 在进行重量分析时，为了使沉淀完全，一般要加入相当数量的电解质(非反应物)或者将溶液适当加热，请从胶体化学的角度分析其原因。

3. 设某溶胶中的胶粒是大小均一的球形粒子，已知在 298 K 时胶体的扩散系数 $D = 1.04\times10^{-4}\ m^{-2}\cdot s^{-1}$，其黏度 $\eta = 0.001\ Pa\cdot s$。试计算：

(1)该胶粒的半径 r；

(2)由于布朗运动，求粒子沿 x 轴方向的平均位移为 $\bar{x} = 1.44\times10^{-5}\,m$ 时所需的时间。

4. 以等体积的 $5.00\times10^{-2}\ mol\cdot L^{-1}$ KI 和 $8.00\times10^{-2}\ mol\cdot L^{-1}$ $AgNO_3$ 溶液混合制备 AgI 溶胶，写出胶团结构式，并按照对该溶胶沉聚能力的大小排列下列电解质：$CaCl_2$、$MgSO_4$、Na_2SO_4 和 NaBr。

5. 分别向 20 mL 的 $Fe(OH)_3$ 溶胶中加入 NaCl、Na_2SO_4 和 Na_3PO_4 溶液使溶胶聚沉(使溶胶聚沉所需的电解质溶液最小量为 $1.06\ mol\cdot L^{-1}$ NaCl 溶液 21.0 mL、$1.00\times$

10^{-2} mol·L^{-1} Na_2SO_4溶液 131 mL 和 3.30×10^{-3} mol·L^{-1} Na_3PO_4溶液 5.6 mL)，计算各电解质的聚沉值及它们的聚沉能力之比。胶粒应带何种电？

6.已知在二氧化硅溶胶的形成过程中存在下列反应：

$$SiO_2 + H_2O \longrightarrow H_2SiO_3 \longrightarrow SiO_3^{2-} + 2H^+$$

(1)试写出胶团的结构式，并注明胶核、胶粒和胶团；

(2)指明二氧化硅胶团电泳方向；

(3)当溶胶中分别加入 NaCl、$MgCl_2$和 K_3PO_4时，哪种物质的聚沉值最小？

7.将 12×10^{-3} L 的 2.00×10^{-2} mol·L^{-1} KCl 溶液和 100×10^{-3} L 的 5.00×10^{-3} mol·L^{-1} $AgNO_3$溶液混合制备 AgCl 溶胶，请写出胶团结构式，并判断电泳时胶体粒子的移动方向。

（李　娜，丁书江 编）

第二篇

化学原理

>>>第 5 章　热力学基础

人类对于热能的利用可以追溯到远古时期，我们的祖先利用火来烧烤食物、驱寒取暖。随着时代的发展、工业技术的进步，人类对于热能的利用越来越广泛，从直接利用到间接驱动，蒸汽机、内燃机等热动力设备应运而生。在科学进步过程中，人们也在不断探索热现象的本质以及热功转化的机制，并先后提出了热力学四大定律，确定了热力学是研究能量属性及其转换规律的一门学科。

热力学在其三百多年的发展历程中，已经形成了一套完整的理论体系，随着科学技术的进步，热力学的应用范围已经涉及动力引擎、能源化工、低温制冷、航空航天等各个领域，然而地球上的资源有限，如何提高热能的利用效率，是一个世界性的学术问题，所以热力学的发展并不会停止，人们对于热力学的深入研究也仍在继续。

热力学是研究热、功、能量及其在系统中相互转化的问题，是一种唯象理论。经典热力学方法建立在系统处于平衡态或可逆过程的基础上，引入相应热力学参量来描述热力学规律和热物理性质。本书所讨论的热力学方法就是经典的平衡态热力学法，即宏观的研究方法，它仅适用于具有大量分子的系统。该方法不需要知道系统内部粒子的组成、结构和变化过程，而是通过宏观性质（如温度、压力、热效应等）的变化，来推测系统内部性质的变化。

5.1　热力学基本概念

5.1.1　系统与环境

在热力学中，客观世界被划分为两个部分，系统和环境。系统（system）就是热力学中被研究的对象，它是被人为用一定的界限和其他物体分开的，如反应的烧瓶、发动机的气缸、一个电池或者空气中某一个气体组分等。环境（surrounding）就是系统以外的部分。环境与系统之间往往有着直接或间接的相互作用，这里所说的相互作用包括物质交换和能量交换。系统与环境之间的界限可以是刚性的或非刚性的，可以是看得见摸得着或看不见摸不着的，可以是允许物质通过的或不允许物质通过的，也可能是绝热的。所谓绝热是指系统与环境之间没有热效应的交换。严格说来没有真正的绝热，但在一定条件下可近似为绝热过程，如保温壶内胆夹层可近似为真空，这时内胆中的水可近似看作是绝热的。

根据系统与环境界限的特征（或者是相互作用的不同），常将系统分为敞开系统、封闭系统和孤立系统。敞开系统（open system）是指与环境之间既有能量交换也有物质交换的系统。封闭系统（closed system）是指与环境之间只有能量交换而没有物质交换的系统。孤立系统（isolated system）是指与环境之间没有任何物质及能量交换的系统。严格地讲，没有绝对意义上的孤立系统，但在一定条件下可以近似将某些系统当作孤立系统进行处理，如在杜瓦瓶中的水溶液等。

5.1.2　热力学性质

热力学中用什么性质来描述一个处于平衡状态的系统呢？首先需要指明成分，那么每一组分的质量或者物质的量等就可以用来描述；其次系统的温度、压力等是很重要的性质，也是需要标明的。所以，热力学性质（thermodynamics property）就是描述系统的宏观物理性质和化学性质的总称，也称为热力学变量，如温度、压力、体积、内能、焓、密度、电导率、表面张力等。

根据系统的热力学性质与物质数量的关系，可将热力学性质分为广度性质和强度性质。广度性质（extensive property）是其数值与系统中所含物质的量有关且具有加和性的性质，也称为容量性质，如质量、体积、内能、焓等。强度性质（intensive property）是其数值与所含物质的量无关且不具有加和性的性质，如温度、压力、密度等。一般来说，系统的两个广度性质的比值是强度性质，如：

$$\frac{\text{广度性质(质量 }m\text{)}}{\text{广度性质(物质的量 }n\text{)}}=\text{强度性质(摩尔质量 }M\text{)}$$

如果系统的所有热力学性质都有唯一确定值且不随时间变化，则该系统就处于热力学平衡态（thermodynamic equilibrium state），通常热力学平衡态简称为平衡态。热力学平衡态应同时满足四个平衡：①热平衡，即系统各部分温度相同；②力学平衡，即系统各部分力平衡；③相平衡，即系统中各相组成和数量不随时间变化而变化；④化学平衡，即系统中存在的化学反应达平衡状态，各组分不随时间变化而变化。一般若无特殊说明，系统所处的某种状态就是指系统处于这种热力学平衡态。

热力学可分为平衡态热力学和非平衡态热力学。平衡态热力学是讨论从一种热力学平衡态到另一种热力学平衡态之间的变化。本书中热力学所讨论的主要是平衡态热力学。

5.1.3　状态函数

平衡态热力学讨论的状态都是系统的平衡状态，但同样的系统可能存在各种不同的状态。如在 100 kPa 下，25 ℃的水和 100 ℃的水都处于平衡状态，但是它们所处的平衡状态是截然不同的，怎样才能将不同的状态描述清楚呢？

系统的状态是系统一切性质的综合表现，当系统处于一定的状态时，系统的性质都具有确定的值。反之，当系统的所有的性质确定时，系统的状态也随之确定。所以，系统状态的描述通常需要指明化学成分、物理状态及独立的热力学性质的数值。一个系统的热力学性质虽然很多，但这些性质之间是相互关联的，通常确定其中的几个，其余的也随之确定。如液态水，当温度和压力确定了，其黏度、电导率、密度等许多性质也有了确定值，这时系统的状态也随之确定了。所以描述系统状态只需给出独立的热力学性质数值即可。

然而确定系统的状态究竟需要确定几个热力学性质呢？通常是采用易测定的强度性质和一些必要的广度性质来描述系统所处的状态。如一个纯物质的均相封闭系统，只要指明温度和压力两个强度性质，再加一个广度性质如物质的量，就可确定系统的状态。那么对于含有 n 种物质的均相封闭系统，只要指定 $n+2$ 种系统的热力学性质，则系统的状态及其他的热力学性质均随之确定了。

由系统所处状态而确定的所有的单值函数或变量总称为系统的状态函数(state function)。根据这个定义，系统所有的热力学性质都是状态函数，如温度、压力、体积、物质的量、密度等。但是状态函数未必都是系统的热力学性质，如温度与体积的乘积(TV)，虽然其数值由系统的状态确定，是状态函数，但没有明确的物理意义，不是系统的热力学性质。状态函数具有下述特征：

(1)状态函数是状态的单值函数，只与系统所处的状态有关，与系统的历程无关。

(2)状态函数的改变量只与系统的始态和终态有关，而与状态变化的具体途径无关；若系统经过一个循环过程回到起始状态，则状态函数必定恢复原值。

(3)不同状态函数构成的初等函数(和、差、积、商)也是状态函数。

(4)状态函数的微小变化在数学上是全微分。例如对于一定量的理想气体(或组成恒定的均相系统)，用来描述系统状态的状态函数只有两个，即气体的体积 V 和温度 T，若这两个状态函数有定值，那么理想气体的状态就确定了，气体的压力 p 也就确定了。所以理想气体的 p 可以表示为 V 和 T 的函数

$$p = f(T,V)$$

由于状态函数 p 的微分是全微分，所以

$$\mathrm{d}p = \left(\frac{\partial p}{\partial V}\right)_T \mathrm{d}V + \left(\frac{\partial p}{\partial T}\right)_V \mathrm{d}T$$

$\mathrm{d}p$ 的环程积分代表系统恢复到初始状态，显然

$$\oint \mathrm{d}p = 0$$

5.1.4 功和热

热力学中关于能量最基本的概念就是功(work)，用符号 W 表示。功是力对物体作用的空间累积，系统所含能量多少通常也是通过做功能力进行判断的。如果对一个系统做功(如对某气体进行压缩)，那么该系统的做功能力会提高，也就是说该系统的能量会升高。如果系统对外做功，那么系统的能量会降低，其做功能力也比初始状态更低。热力学规定系统对环境做功为负，即 $W<0$；环境对系统做功为正，即 $W>0$。

功有多种形式，在化学热力学中将功分为体积功和非体积功。体积功(expansion work)就是由于系统体积变化而导致环境与系统之间交换的能量，用符号 W_e 表示。除体积功之外，其他形式的功统称为非体积功(non-expansion work)，用符号 W' 表示。

系统能量的改变不仅仅是由于做功。系统与环境之间由于温差而传递的能量称为热(heat)，用符号 Q 表示。热力学中常说的热是指具体的能量传递，如对于放热过程(exothermic process，即系统传热给环境的过程)，其值为负，即 $Q<0$；反之，对于吸热过程(endothermic process，即为环境传热给系统的过程)，其值为正，即 $Q>0$。从分子角度看，加热的实质是利用分子的无序运动即分子热运动进行的能量传递。环境温度较高时，具有较剧烈的分子热运动，当与系统接触时，使得系统分子的运动更加剧烈，从而增加系统的能量。而功则是大量质点以有序运动方式传递的能量(如将物体抬高)，系统中所有分子发生有组织的运动。

应当注意的是，热和功是系统和环境之间传递能量的两种不同形式，不是系统的性质，所以功和热不是状态函数，它们与系统具体变化过程相关联。系统与环境之间没有能量交换，也就没有热和功。另外，热和功只在系统状态变化过程中才出现。由于热和功不是状态函数，在数学上其微小变化不具有全微分性质，用 δQ 和 δW 表示。

5.1.5 内能

内能(internal energy)是系统内能量的总称，亦称为热力学能，常用 U 表示。它包括系统内分子的平动能、转动能、振动能、分子间势能、电子运动能及原子核能等。随着对物质结构研究的深入，人们发现内能中还包含了其他形式的能量，因此系统内能的绝对值现在还无法确定。

仔细分析发现，系统的总能量是由三部分组成的，即系统整体运动的动能、系统在外力场中的势能和内能。在化学热力学中讨论的状态都是平衡态，通常研究的是宏观静止系统，且不考虑外力场的变化。所以，此时状态变化过程中系统的整体动能和势能均保持不变，只考虑内能。对热力学来说，重要的是内能的改变量，当系统初始状态的内能为 U_i，系统终态的内能为 U_f，则内能的改变量为

$$\Delta U = U_f - U_i$$

内能是系统的性质，当系统有确定的状态时，内能就有确定数值，其改变值仅取决于系统的始终态，与系统变化的具体途径无关，所以内能是系统的状态函数。内能是广度性质，它的大小与系统所含物质的量成正比。

5.2　热力学第一定律与可逆过程

5.2.1　热力学第一定律

当我们在实验室搅拌一杯水溶液，停止搅拌后水溶液最终达到静止，那么动能去了哪里？仔细测量会发现水溶液的温度会有所升高。实际上，搅拌过程中动能转变为水溶液中分子的平动能、振动能和转动能等能量，并以温度的升高体现出来。我们发现，当对系统进行加热时，同样会升高系统的能量。由于平衡态热力学讨论的是宏观静止系统，不考虑外场的变化，所以系统内总能量的改变量就等于系统内能的改变量。

对于一个确定始态和终态的变化过程，虽然变化的途径有很多种，但是系统的总能量的改变量却有唯一的值。迈尔、焦耳、亥姆霍兹等人在这方面作了大量工作，得出结论：内能的改变量 ΔU 等于系统吸收的热 Q 与环境对系统所做的功 W 之和，且与具体途径无关。这就是热力学第一定律，即对于任意一个封闭系统的变化过程都存在着

$$\Delta U = Q + W \tag{5-1}$$

式(5-1)是热力学第一定律的数学表达式，它是能量守恒定律在平衡态热力学中的一种具体表达形式。

热力学第一定律有多种表述方式，常见表述有：

(1)孤立系统中内能不变；

(2)不靠外界提供能量，本身能量也不减少，却能连续不断地对外做功的第一类永动机是不可能造成的。

内能是状态函数，对于一个微小状态变化过程，式(5-1)可以改写为

$$dU = \delta Q + \delta W \tag{5-2}$$

式(5-1)和(5-2)表明了封闭系统内能、热和功相互转化的定量关系。所以对于一个封闭系统的循环过程，内能的改变量 $\Delta U=0$，则 $Q=-W$，即封闭系统在循环过程中吸收的热等于系统对环境所做的功。

5.2.2　体积功的定义

在热力学中最为常见的一种功就是体积功，它是由系统体积变化而引起的系统与环境之间交换的功。体积功通常是系统中气态物质体积变化而引起的，在化学反应过程中由于

气态物质的生成或损耗同样会有体积功存在，有时反应的热力学特征就取决于它所做的体积功，因此体积功在化学热力学中有着重要的意义。

将一定量的气体封闭于横截面积为 A 的刚性气缸中，如图 5－1 所示。设活塞质量、活塞与器壁间的摩擦力均忽略不计。封闭气体的压力为 p_i，活塞外的压力为 p_{ex}。当气体反抗外压膨胀向上移动了 dl 距离，根据经典力学功的计算方法，这个过程系统对环境所做的功为

$$\delta W_e = \boldsymbol{F}_{ex} \cdot d\boldsymbol{l}$$

式中，外力 $\boldsymbol{F}_{ex}$ 和微小位移 $d\boldsymbol{l}$ 都是矢量，由于气体的流体特性，其压强处处相等，则有

$$\boldsymbol{F}_{ex} \cdot d\boldsymbol{l} = p_{ex}A \cdot d\boldsymbol{l} = p_{ex} \cdot (Ad\boldsymbol{l})$$

式中，A 为气体系统的横截面积，括号中的项在数值上等于系统体积变化，故有

$$\delta W_e = -p_{ex}dV \tag{5-3}$$

在式(5－3)中，我们直接使用了矢量的数值，而把相关方向因素用负号表达出来。关于体积功的计算需要注意的是，系统对外做功时系统对环境施加的力与环境施加给系统的力互为作用力和反作用力，因此式(5－3)中所用压力为外压 p_{ex}。如系统由起始体积 V_1 变化到体积 V_2 时，系统所做功为

$$W_e = -\int_{V_1}^{V_2} p_{ex}dV \tag{5-4}$$

以上是体积功的定义式，它不仅用于系统膨胀对环境做的功，也可用于压缩过程环境对系统所作功，计算所用压力一定是外压。

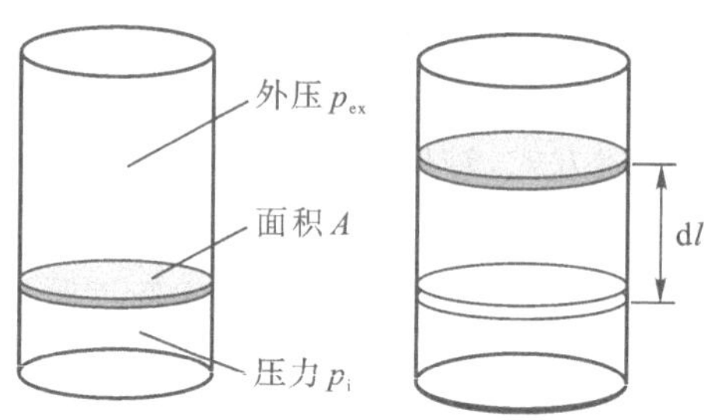

图 5－1　体积功示意图

5.2.3　体积功的计算

1. 自由膨胀

自由膨胀是指系统反抗零外压的膨胀过程，即 $p_{ex}=0$ 过程。按照式(5－4)可得 $W_e=0$，即自由膨胀过程功为零(系统向真空膨胀就属于这种类型)。

2. 恒外压膨胀

如图 5－2 所示，气缸中封闭一定量的气体，起始体积为 V_1，其压力 p_1 与施加在活塞上

的外压相等(用 3 个砝码代表)。当减小活塞外的压力时,气体压力将大于外压,气体膨胀对外做功。设气体的始、终态相同,下面具体分析经历不同膨胀过程时功的数值。

(1)一次恒外压膨胀过程。将活塞外压一次性降低到 p_2(1 个砝码),如图 5-2(a)所示。封闭气体最终膨胀到体积为 V_2、压力为 p_2,重新达到平衡。因为这个过程外压 p_{ex} 保持恒定,且 $p_{ex}=p_2$,则此过程系统对环境所做的功为

$$W_{e,1}=-\int_{V_1}^{V_2} p_{ex}\mathrm{d}V=-p_2(V_2-V_1)$$

$|W_{e,1}|$ 相当于图 5-3(a)中阴影区域的面积。

(2)多次恒外压膨胀过程。如图 5-2(b)所示,封闭气体的始、终态与一次膨胀过程相同,但是该过程经历了两次恒外压膨胀。气体先从始态 V_1、p_1 在外压为 p'(仅去掉 1 个砝码)膨胀到体积为 V'、压力为 p';然后再在外压为 p_2 条件下,膨胀到终态,则整个过程系统对环境所做的功为两次膨胀所做功之和。

$$W_{e,2}=-p'(V'-V_1)-p_2(V_2-V')$$

$|W_{e,2}|$ 相当于图 5-3(b)中阴影区域的面积,显然,$|W_{e,2}|>|W_{e,1}|$。依此类推,在同一始、终态之间,分步越多,系统对外所做功就越大。

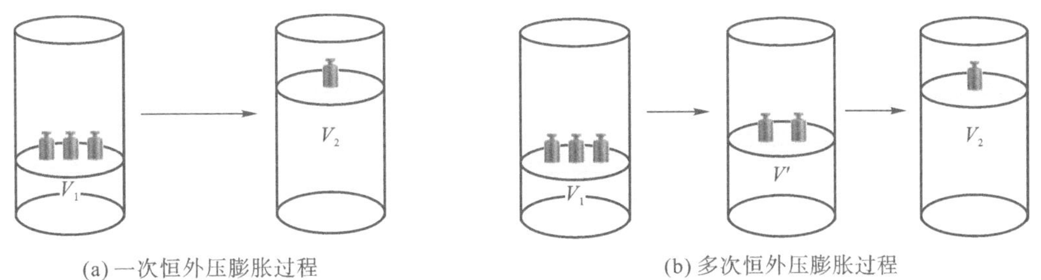

(a) 一次恒外压膨胀过程　(b) 多次恒外压膨胀过程

图 5-2 气体膨胀过程示意图

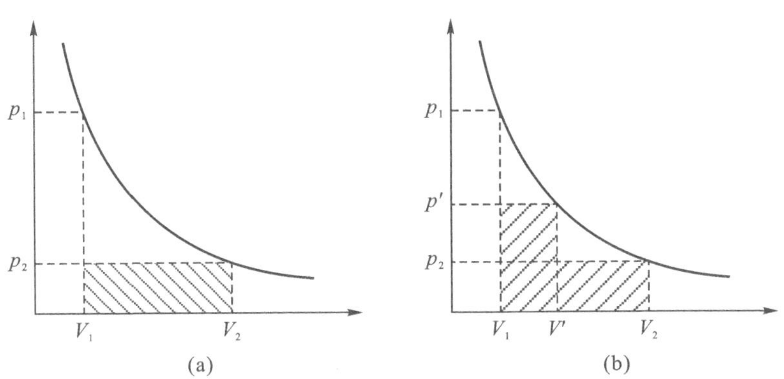

(a)　(b)

图 5-3 各该过程的体积功

3. 准静态过程

设将活塞上方的砝码换成细小的沙粒，每次取下一粒细沙，系统最终由 V_1 膨胀到 V_2，如图 5－4(a)所示。整个过程系统压力与外压相差极小，为 $\mathrm{d}p$，有 $p_{ex}=p-\mathrm{d}p$。因此，将这种无限缓慢并由一系列接近于平衡的状态所构成的变化过程称为**准静态过程**(quasi-static process)。若该过程是等温膨胀过程，气体视为理想气体，则系统所做的功为

$$W_{e,3}=-\int_{V_1}^{V_2}p_{ex}\mathrm{d}V=-\int_{V_1}^{V_2}(p-\mathrm{d}p)\mathrm{d}V\approx-\int_{V_1}^{V_2}p\mathrm{d}V=-\int_{V_1}^{V_2}\frac{nRT}{V}\mathrm{d}V=-nRT\ln\frac{V_2}{V_1}$$

$|W_{e,3}|$ 相当于图 5－4(b)中阴影区域的面积。显然，$|W_{e,3}|>|W_{e,2}|>|W_{e,1}|$。由此可见，功不是状态函数，其大小和具体途径有关，其中准静态过程对外做功最大。

若将上述几种膨胀过程采取相反的步骤，环境对系统做功，将气体由 V_2 压缩至 V_1。根据体积功的计算公式可得，压缩步骤分步越多，环境对系统所做功就越少，那么准静态压缩过程环境对系统做功最小。

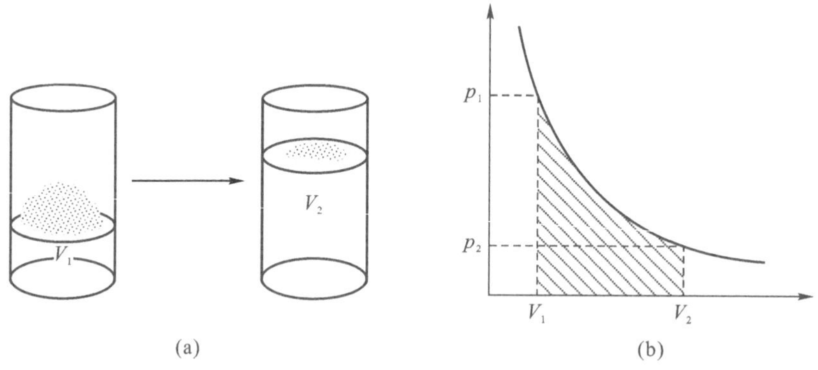

图 5－4　准静态过程体积功

5.2.4　可逆过程

上述准静态过程是一个十分重要的过程。准静态膨胀过程所得功为 $W_{e,3}$，其值近似为 $-nRT\ln(V_2/V_1)$，系统压力与外压差值 $\mathrm{d}p$ 越小，计算结果误差越小。而准静态压缩过程体积功与准静态膨胀过程体积功近似相等，符号相反。同理，$\mathrm{d}p$ 越小，计算结果误差越小。

可逆过程(reversible process)是指系统总是无限接近于平衡，且逆方向进行可使系统和环境均能回到初始状态的过程。可逆过程显然是一个理想化过程。那么，若系统经一过程之后，无法使得环境和系统完全复原，则该过程称为不可逆过程(irreversible process)。可逆过程具有下述特点：

(1)可逆过程以无限小的变化、无限接近于平衡态进行，即每一刻系统的热力学性质均有唯一确定的值；

(2)推动力无限小，过程进行无限缓慢；

(3)可逆循环过程，可使系统和环境完全恢复原态，没有任何耗散效应；

(4)在相同始终态间，系统在可逆过程中做最大功，环境则做最小功。

可逆过程是科学抽象的理想过程，例如等温可逆膨胀过程中系统的压力和外压相差无限小，每一步膨胀变化也无限小，因此系统对环境的推动力没有任何损耗。自然界并不存在真正的可逆过程，但有些过程可近似视为可逆过程。如两个系统之间达到热平衡状态、液体在其凝固点时的冷凝、液体在其沸点时的蒸发等。

可逆过程的概念是十分重要的，因在一定的条件和要求下，可以把可逆过程当做实际过程的近似和简化。更为重要的是，可逆过程的理想状态变化与不可逆过程的区分，是熵函数的引入和熵增原理的依据，准确地描述了热力学第二定律，体现了理想模型的威力和重要性。

例 5-1 1 mol 理想气体从 303.15 K、0.5 L 经下述过程变为 303.15 K、2 L：

(1)向真空膨胀；

(2)恒外压为终态压力下膨胀；

(3)等温可逆膨胀。

求上述过程系统所做的体积功。

解 (1)向真空膨胀：因外压 $p_{ex}=0$，故 $W_e=0$。

(2)恒外压膨胀：

$$W_e=-p_2(V_2-V_1)=-\frac{nRT}{V_2}\times V_2+\frac{nRT}{V_2}\times V_1$$

$$=(-1\times 8.314\times 303.15)\text{J}+\left(\frac{1\times 8.314\times 303.15}{2}\times 0.5\right)\text{J}=-1890.3\text{ J}$$

(3)等温可逆膨胀：$W_e=-nRT\ln\frac{V_2}{V_1}=\left(-1\times 8.314\times 303.15\times\ln\frac{2}{0.5}\right)\text{J}=-3494.0\text{ J}$。

计算结果表明，可逆过程系统做功最大。

5.3 热效应与焓

热力学第一定律中，内能的改变量 $\Delta U=Q+W$，W 是指系统与环境之间的总功，其中包括体积功 W_e 和非体积功 W'。通常情况下，大多数化学反应和物理变化都是在非体积功为零的条件下进行的，因此若无特殊说明或标识，默认系统与环境之间只有体积功而没有非体积功。

5.3.1 等容热容

对于一个封闭系统，等容过程(isochoric process)就是系统和环境的体积保持恒定不变的过程，即 $dV=0$。所以在非体积功为零的等容过程中，$W=0$。根据热力学第一定律，将等容过程系统与环境之间的热效应记为等容热，用 Q_V 表示，就有

$$\Delta U = Q_V \tag{5-5}$$

对于微小变化

$$dU = \delta Q_V \tag{5-6}$$

虽然热不是状态函数，但是在非体积功为零的等容过程中，系统与环境之间的热效应在数值上等于系统内能的改变量，在这种情况下，Q_V 也只与系统的始终态有关而与具体途径无关。

某一物质的内能随着温度的升高而增加，那么在一定条件下，对于一定量物质，升高单位温度时（不发生相态变化和化学反应）所吸收的热量定义为热容（heat capacity），单位是 $J \cdot K^{-1}$。

$$C = \frac{\delta Q}{dT} \tag{5-7}$$

对于封闭系统非体积功为零的等容过程，$dU=\delta Q_V$，代入式（5-7）可得

$$C_V = \left(\frac{\partial U}{\partial T}\right)_V \tag{5-8}$$

式中 C_V 称为**等容热容**。热容是广度性质，与物质的量有关，而摩尔热容就是强度性质了。用 $C_{V,m}$ 表示等容摩尔热容，是指 1 mol 物质在等容条件下升高单位温度时需要吸收的热量，单位是 $J \cdot K^{-1} \cdot mol^{-1}$。在某些特定应用中也使用比热容，是指单位质量的物质在一定条件下升高单位温度时需要吸收的热量，如在室温时水的比热容约为 $4\ J \cdot K^{-1} \cdot g^{-1}$。由式（5-8）还可得

$$dU = C_V dT \tag{5-9}$$

式（5-9）常用于计算变温过程内能的改变量。通常热容会随着温度的改变而改变，然而在室温附近且温度变化不大时，热容可近似按照常数来处理。

5.3.2 等压热容与焓

当系统的体积可以改变时，系统的内能就不等于热。若环境传热给系统同时系统体积增大，那么系统将对环境做功，这时系统内能的增加量小于环境传递给系统的热。如果该过程在等压条件下进行，那么热将等于系统另一热力学性质——焓。

等压过程（isobaric process）是指系统的始态和终态压力相等，且都等于环境压力的过程，即 $p_1=p_2=p_{ex}$。对于封闭系统，等压且非体积功为零的过程，根据热力学第一定律

$$\Delta U = U_2 - U_1 = Q_p + W_e = Q_p - \int_{V_1}^{V_2} p_{ex} dV = Q_p - p_{ex}(V_2 - V_1)$$

式中，Q_p 表示等压过程系统与环境之间的热效应。由于等压过程 $p_1=p_2=p_{ex}$，所以

$$U_2 - U_1 = Q_p - p_{ex}(V_2 - V_1) = Q_p - p_2V_2 + p_1V_1$$

即　$$(U_2 + p_2V_2) - (U_1 + p_1V_1) = Q_p$$

由于 U、p、V 均是状态函数，那么它们的组合也是状态函数，在热力学上定义 $(U+pV)$ 为**焓**(enthalpy)，用 H 表示，即

$$H \equiv U + pV \tag{5-10}$$

焓具有能量的量纲，根据焓的定义，有

$$\Delta H = Q_p \tag{5-11}$$

对于微小变化，则有

$$\mathrm{d}H = \delta Q_p \tag{5-12}$$

由此可见，在非体积功为零的等压过程中，系统和环境间的等压热在数值上等于系统的焓变，这时等压热与具体途径无关而只与始终态有关。

物质的焓值一般随着温度升高而增加，对于封闭系统非体积功为零的等压过程，$\mathrm{d}H=\delta Q_p$。根据热容的定义可得

$$C_p = \left(\frac{\partial H}{\partial T}\right)_p \tag{5-13}$$

式中，C_p 称为**等压热容**，C_p 同 C_V 一样是广度性质。$C_{p,\mathrm{m}}$ 称为等压摩尔热容，是强度性质。根据式(5-13)可得

$$\mathrm{d}H = C_p\mathrm{d}T \tag{5-14}$$

利用式(5-14)可以计算无化学反应及相态变化且无非体积功的封闭系统焓的变化值。物质的等压摩尔热容同样与温度有关，通常可用下述经验关系式表示

$$C_{p,\mathrm{m}} = a + bT + c/T^2 \tag{5-15}$$

式中，a、b、c 是随物质及温度范围而变的常数。等压摩尔热容随温度变化常数如表 5-1 所示。

表 5-1　等压摩尔热容随温度变化常数表$[C_{p,\mathrm{m}}/(\mathrm{J\cdot K^{-1}\cdot mol^{-1}})=a+bT+c/T^2]$

物质	a	$b/(10^{-3}\ \mathrm{K^{-1}})$	$c/(10^5\ \mathrm{K^2})$
C(s,石墨)	16.86	4.77	−8.54
CO_2(g)	44.22	8.79	−8.62
H_2O(l)	75.29	0	0
N_2(g)	28.58	3.77	−0.50

在等压情况下，大部分系统加热时体积都会增加，此时环境传热给系统的同时，系统将对环境做功。其结果导致对于一定量物质在等压下加热，温度升高值要比在等容条件下温度升高值小，说明系统的等压热容大于等容热容。

对于任意封闭系统，在没有化学变化、相态变化及非体积功时，根据式(5-8)及式

(5 - 13)，其 C_p 与 C_V 之差为

$$C_p - C_V = \left(\frac{\partial H}{\partial T}\right)_p - \left(\frac{\partial U}{\partial T}\right)_V$$

将 $H=U+pV$ 代入上式有

$$C_p - C_V = \left(\frac{\partial U}{\partial T}\right)_p + p\left(\frac{\partial V}{\partial T}\right)_p - \left(\frac{\partial U}{\partial T}\right)_V \tag{5-16}$$

对于组成恒定不变的系统，若把系统的 T 和 V 选作独立变量，则 $U=U(T,V)$。由于状态函数的微分是全微分，所以

$$\mathrm{d}U = \left(\frac{\partial U}{\partial T}\right)_V \mathrm{d}T + \left(\frac{\partial U}{\partial V}\right)_T \mathrm{d}V$$

在一定压力下，上式两边同除以 $\mathrm{d}T$ 得

$$\left(\frac{\partial U}{\partial T}\right)_p = \left(\frac{\partial U}{\partial T}\right)_V + \left(\frac{\partial U}{\partial V}\right)_T \left(\frac{\partial V}{\partial T}\right)_p$$

代入式(5 - 16)得

$$C_p - C_V = \left(\frac{\partial U}{\partial V}\right)_T \left(\frac{\partial V}{\partial T}\right)_p + p\left(\frac{\partial V}{\partial T}\right)_p = \left[\left(\frac{\partial U}{\partial V}\right)_T + p\right]\left(\frac{\partial V}{\partial T}\right)_p \tag{5-17}$$

对于凝聚态系统，其体积随温度变化很小，即 $\left(\frac{\partial V}{\partial T}\right)_p \approx 0$，所以 $C_p \approx C_V$。对于理想气体，由于理想气体的内能只是温度的函数，且有 $pV=nRT$，则

$$\left(\frac{\partial U}{\partial V}\right)_T = 0,\ \left(\frac{\partial V}{\partial T}\right)_p = \frac{nR}{p}$$

代入式(5 - 17)得

$$C_p - C_V = nR$$

或

$$C_{p,\mathrm{m}} - C_{V,\mathrm{m}} = R \tag{5-18}$$

根据统计热力学可以证明，在常温下，单原子理想气体的等容摩尔热容 $C_{V,\mathrm{m}} = \frac{3}{2}R$；双原子理想气体的等容摩尔热容 $C_{V,\mathrm{m}} = \frac{5}{2}R$；多原子理想气体(非线型)的 $C_{V,\mathrm{m}} = 3R$。

摩尔热效应是指在一定条件下进行 1 mol 化学反应或物理变化时系统与环境之间交换的热，记为 Q_m，下标“m”表示摩尔反应(定义见第 7.1.1 节)。但是，同样是 1 mol 变化过程，在变化前和变化后各物质的状态却是千差万别。对于同一变化过程，若始终态不同，摩尔热效应也是不同的，因此为了讨论方便，有必要引入标准状态(standard state)概念，简称标准态。

一个物质的标准态是指，在指定温度 T、压力为 1 bar(1 bar=100 kPa)时该纯物质所处的状态。故 100 kPa 被称为标准状态压力，简称标准压力，常用 $p^{\ominus}$ 表示。通常标准状态下的状态函数加上标“$\ominus$”表示。

根据热力学第一定律，在一定温度 T 下，1 mol 处于标准状态的纯物质发生物理变化过程的热效应等于该过程的标准摩尔焓变。例如标准摩尔汽化焓 $\Delta_{vap}H_m^\ominus$，含义是指 1 mol 纯液态物质在 $p^\ominus$ 下蒸发为气体的焓变，如

$$H_2O\,(l,\ p^\ominus) \longrightarrow H_2O\,(g,\ p^\ominus),\quad \Delta_{vap}H_m^\ominus(373\ K)=40.66\ kJ\cdot mol^{-1}$$

从上述式子可以很容易了解到物理转变过程的温度及标准焓变。

因为焓是状态函数，其改变量只与始终态有关而与具体途径无关，这一点对于热化学来说是十分重要的，设定相同的始、终态的变化过程，标准焓变具有定值。如固态冰升华为水蒸气的过程

$$H_2O\,(s,\ p^\ominus) \longrightarrow H_2O\,(g,\ p^\ominus),\quad \Delta_{sub}H_m^\ominus$$

可以看成通过两步来完成，第一步先融化，第二步再蒸发

$$H_2O\,(s,\ p^\ominus) \longrightarrow H_2O\,(l,\ p^\ominus),\quad \Delta_{fus}H_m^\ominus$$

$$H_2O\,(l,\ p^\ominus) \longrightarrow H_2O\,(g,\ p^\ominus),\quad \Delta_{vap}H_m^\ominus$$

因为无论是分两步完成还是一步直接完成，始终态一样，所以总体焓变是一致的

$$\Delta_{sub}H_m^\ominus = \Delta_{fus}H_m^\ominus + \Delta_{vap}H_m^\ominus$$

例 5-2 在 100 kPa 下，水蒸气的等压摩尔热容 $C_{p,m}$ 与温度 T 的关系如下

$$C_{p,m}(J\cdot K^{-1}\cdot mol^{-1}) = 30.54 + 0.01029T$$

在等压情况下，试求将 2 mol 水蒸气温度由 100 ℃升高到 500 ℃所需热量。

解： 在等压下，$Q_p=\Delta H$，所以

$$Q=\int_{373.15}^{773.15} nC_{p,m}\,dT=\int_{373.15}^{773.15} 2\times(30.54+0.01029T)\,dT$$

$$=[2\times30.54\times(773.15-373.15)]J+[2\times0.01029\times\frac{1}{2}\times(773.15^2-373.15^2)]J$$

$$=2.915\times10^4\ J$$

5.3.3 储热技术

能源是人类社会的物质基础，从某种意义上讲，人类社会的发展离不开优质能源和先进能源技术的使用。当今世界，能源的发展是全人类共同关心的问题。作为能源消耗大国，能源已逐渐成为制约我国经济发展的重要因素，因此，发展可再生能源与新能源是我国经济可持续发展的关键。

与传统燃煤等化石能源相比，大多数清洁能源具有波动性、间歇性等特征，存在供能和用能时空不匹配问题。储能技术能够有效缓解能源的间歇性和波动性问题。据统计，全球90%的能源预算是围绕热能的转换、传递和存储展开的。例如以太阳能热发电和低温余热利用为代表的可再生能源技术中，主要转换能量为热能，并且目前储热技术的成熟度较高，成本较低，适合大规模储能应用。需要指出的是，储热技术并不是单指储存和利用高于环境

温度的热能，还包括储存和利用低于环境温度的热能，即所说的储冷。

储热技术包括两个方面的要素，一是热能的转化，它既包括热能与其他能量形式之间的转化，也包括热能在不同物质载体之间的传递；二为热能的储存，即热能在物质载体上的存在状态，理论上表现为其热力学特征。

根据热能储存和释放方式，可将储热技术分为化学储热与物理储热，其中物理储热又可分为显热储热、相变储热。虽然储热有多种形式，但本质上是物质中大量分子热运动时的能量储释。以显热储热为例，它是通过物质自身温度改变，依靠储热材料的热物理性能来进行热量的存储和释放，热能储存的量在数学上表现为物质本身的比热容和温度变化的乘积。对于给定物质载体，其所储存热量的大小只与温度差有关而与绝对温度无关，即储存热量的大小不能反映热量的品位，因而需要借助一个重要参数来衡量所储存热量的质——有用功。

在相同的温度变化条件下，储冷比储热的质更高，尤其是在环境温度相差较大的情况下，即相对于储热，深冷储能可以更加有效地储存高品位的能量。深冷储能技术是利用液态空气作为储能介质的一种储热技术，近期在规模储电领域受到广泛关注，开始显现出强大的市场潜力。

然而这些高品位的储热技术的实际应用还要受到诸多方面的限制，如储热材料与储热器的相容性问题、储热器的优化传热问题、成本及安全性问题等，这些都是新时期储热技术面临的新挑战，只有从储热材料和储热过程两个方面入手，进行深入研究和探索才可能解决以上问题并实现储热新技术的推广应用。

随着碳达峰、碳中和逐渐成为全球共识，我国加大了可再生能源的开发，但煤改电、煤改气大规模推广有一定弊端；热电厂以热定电，夏季产能闲置，造成资源浪费。因此，储热尤其是跨季节储热技术不可或缺。通过跨季节储热技术增加电厂灵活性，电厂余热夏存冬取，避免热能浪费，提高电厂经济性，风电、光热、热泵、余热等多能互补，提高可再生能源利用率，才能建立以可再生能源为主体的新型低碳电力系统，实现真正的碳达峰、碳中和。

经过十几年的发展，截至 2023 年底，我国共有 11 座光热电站并网发电，总装机容量达 570 MW。我国太阳光热储能发电核心技术已经成熟，形成了具有完全自主知识产权的产业链，关键设备部件已全部国产化。现在，国家对风、光、热、储互补高度重视，太阳光热储能发电将进入一个新的发展时期。

5.4 热力学第一定律对理想气体的应用

5.4.1 焦耳实验

为了研究气体$\left(\frac{\partial U}{\partial V}\right)_T$值，焦耳于 1843 年设计实验测定气体自由膨胀后的温度变化，如

图 5-5 所示。最初左侧充满气体，右侧抽真空，然后打开活塞，气体膨胀达到平衡后测定水浴温度的变化。

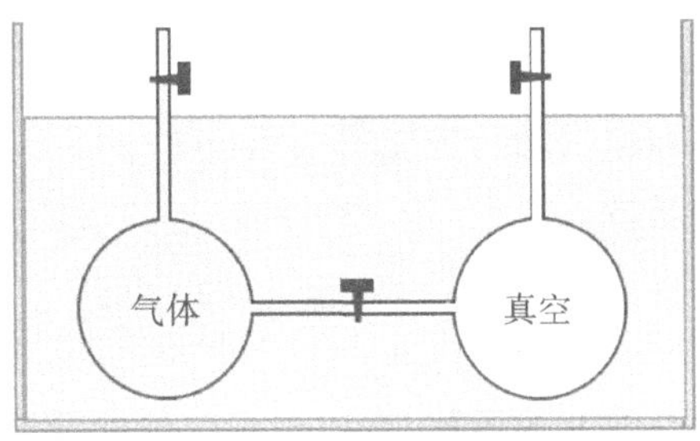

图 5-5 焦耳实验示意图

实验测得该过程水浴的温度没有变化，说明气体在向真空膨胀过程中没有吸热也没有放热，即 $Q=0$。该过程气体向真空膨胀，$p_{ex}=0$，故 $W=0$。根据热力学第一定律 $\Delta U=0$，可见气体向真空膨胀过程是一个内能保持不变的过程。

对于组成恒定的系统，内能可以表示为温度和体积的函数，则

$$U=U(T,V)$$

由于状态函数的微分是全微分，所以

$$\mathrm{d}U=\left(\frac{\partial U}{\partial T}\right)_V\mathrm{d}T+\left(\frac{\partial U}{\partial V}\right)_T\mathrm{d}V$$

在焦耳实验中，由于 $\mathrm{d}U=0$，$\mathrm{d}T=0$，而 $\mathrm{d}V\neq 0$，故

$$\left(\frac{\partial U}{\partial V}\right)_T=0 \tag{5-19}$$

同理，若选 T 和 p 为独立变量，可得

$$\left(\frac{\partial U}{\partial p}\right)_T=0 \tag{5-20}$$

一般当气体压力较低时可以近似当作理想气体处理，由式(5-19)和式(5-20)可以推知，理想气体的内能只是温度的函数，即 $U=U(T)$。

实际上，焦耳实验是不够精确的，因为水浴的热容太大，不可能精确测定温度的变化。1924 年凯斯(Keyes)和西尔斯(Sears)重新设计了实验，进行了更为精确的测定，实验测定了不同气体体积变化引起的温度变化值，即 $\Delta T/\Delta V$。对该比值取极值便可得到偏导数，称为焦耳系数，记为 μ_J。

$$\mu_J=\lim_{\Delta V\to 0}\left(\frac{\Delta T}{\Delta V}\right)=\left(\frac{\partial T}{\partial V}\right)_U \tag{5-21}$$

可得

$$\left(\frac{\partial U}{\partial V}\right)_T=-\left(\frac{\partial T}{\partial V}\right)_U\left(\frac{\partial U}{\partial T}\right)_V=-\mu_J C_V \tag{5-22}$$

根据凯斯-西尔斯(Keyes-Sears)实验可知，$\left(\frac{\partial U}{\partial V}\right)_T$ 值对于真实气体来说并不是零，但温度仅有微小变化，且随着气体起始压力的降低而变小。因此可以推论，当气体的起始压力趋近于零(气体近似为理想气体)，焦耳实验的结论是正确的。

那么，对于理想气体的焓，根据焓与内能的关系，$H=U+pV$，即 $H=U+nRT$，可得理想气体的焓也只是温度的函数。

5.4.2 等温过程

因理想气体的内能和焓是温度的函数，所以理想气体的等温变化过程 $\Delta U=\Delta H=0$。根据热力学第一定律，可得 $Q=-W$，所以理想气体的等温过程中系统从环境吸收的热等于系统对环境做的功，而热和功与具体途径有关。

若等温过程是可逆的，可知

$$Q=-W_e=nRT\ln\frac{V_2}{V_1}$$

所以，理想气体的等温可逆过程的 Q 和 W_e 改变值只与始终态有关。

如果等温过程是不可逆的，则

$$Q=-W_e=\int_{V_1}^{V_2}p_{ex}\mathrm{d}V$$

该过程 p_{ex} 随着变化路径不同而不同，所以理想气体的等温不可逆过程与具体的变化途径有关。

5.4.3 变温过程

在非体积功为零的等容过程中，$W=0$，由式(5-9)可知

$$\Delta U=\int_{T_1}^{T_2}C_V\mathrm{d}T=\int_{T_1}^{T_2}nC_{V,\mathrm{m}}\mathrm{d}T \tag{5-23}$$

由于理想气体的内能仅是温度 T 的函数，所以对于不做非体积功的理想气体，无论过程是否等容，式(5-23)都是适用的。

在非体积功为零的等压过程中，由式(5-14)可知

$$\Delta H=\int_{T_1}^{T_2}C_p\mathrm{d}T=\int_{T_1}^{T_2}nC_{p,\mathrm{m}}\mathrm{d}T \tag{5-24}$$

由于理想气体的焓仅是温度 T 的函数，所以对于不做非体积功的理想气体，无论过程是否等压，式(5-24)都是适用的。

例 5-3 一理想气体的等压热容与温度的关系为

$$C_{p,\mathrm{m}}/\mathrm{J\cdot K^{-1}\cdot mol^{-1}}=20.17+0.3665\,T/\mathrm{K}$$

若 1 mol 该气体在①等容条件下；②等压条件下，温度由 25 ℃升至 200 ℃，试分别计算两过

程的 Q、W_e、ΔU 和 ΔH。

解： (1)等容过程：$W=0, Q=\Delta U$

$$\Delta U = \int nC_{V,m}\mathrm{d}T = \int_{298.15}^{473.15} n(C_{p,m} - R)\mathrm{d}T$$

$$= \int_{298.15}^{473.15} (20.17 - 8.314 + 0.3665T)\mathrm{d}T$$

$$= \left[11.856 \times (473.15 - 298.15) + 0.3665 \times \frac{1}{2} \times (473.15^2 - 298.15^2)\right]\mathrm{J}$$

$$= 26.81\ \mathrm{kJ}$$

$$\Delta H = \int_{298.15}^{473.15} nC_{p,m}\mathrm{d}T = \int_{298.15}^{473.15} (20.17 + 0.3665T)\mathrm{d}T$$

$$= \left[20.17 \times (473.15 - 298.15) + 0.3665 \times \frac{1}{2} \times (473.15^2 - 298.15^2)\right]\mathrm{J}$$

$$= 28.26\ \mathrm{kJ}$$

(2)等压过程：$Q = \Delta H$

$$\Delta H = \int_{298.15}^{473.15} nC_{p,m}\mathrm{d}T = \int_{298.15}^{473.15} (20.17 + 0.3665T)\mathrm{d}T = 28.26\ \mathrm{kJ}$$

$$\Delta U = \int nC_{V,m}\mathrm{d}T = \int_{298.15}^{473.15} n(C_{p,m} - R)\mathrm{d}T = 26.81\ \mathrm{kJ}$$

$$W_e = \Delta U - Q = 26.81\ \mathrm{kJ} - 28.26\ \mathrm{kJ} = -1.45\ \mathrm{kJ}$$

5.4.4　绝热过程

绝热过程(adiabatic process)就是在系统与环境间没有热效应的变化过程。实际过程中并没有绝对意义的绝热过程，但是可以将隔热性较好的密闭容器内发生的变化近似看作是绝热过程。对于某些化学反应或者相态变化过程在很短的时间内就能完成，在此期间由于时间过短，系统和环境间交换的热效应相对很少，此时可以将这样的变化近似看作是绝热过程。

根据热力学第一定律，对于理想气体的绝热过程，$\delta Q = 0$，则

$$\mathrm{d}U = \delta W$$

因为理想气体的内能仅是温度的函数，所以

$$\delta W = \mathrm{d}U = C_V\mathrm{d}T \tag{5-25}$$

由此可见，当体积功不为零时，系统温度必然发生变化。若系统对环境做功，系统内能减小、温度降低；若环境对系统做功，系统内能增加、温度升高。

对于理想气体的绝热可逆过程，若非体积功为零，则

$$\delta W = -p_{ex}\mathrm{d}V = -p\mathrm{d}V = -\frac{nRT}{V}\mathrm{d}V$$

代入式(5-25)得

$$\frac{nR}{V}\mathrm{d}V = -\frac{C_V}{T}\mathrm{d}T$$

对上式积分得

$$\int_{V_1}^{V_2}\frac{nR}{V}\mathrm{d}V = -\int_{T_1}^{T_2}\frac{C_V}{T}\mathrm{d}T$$

即

$$nR\ln\frac{V_2}{V_1} = C_V\ln\frac{T_1}{T_2}$$

因为理想气体的 $C_p - C_V = nR$，代入上式

$$(C_p - C_V)\ln\frac{V_2}{V_1} = C_V\ln\frac{T_1}{T_2}$$

设 $\gamma = \frac{C_p}{C_V} = \frac{C_{p,\mathrm{m}}}{C_{V,\mathrm{m}}}$，$\gamma$ 称为热容比，于是上式写为

$$(\gamma - 1)\ln\frac{V_2}{V_1} = \ln\frac{T_1}{T_2}$$

所以

$$\left(\frac{V_2}{V_1}\right)^{\gamma-1} = \frac{T_1}{T_2}$$

或

$$T_2V_2^{\gamma-1} = T_1V_1^{\gamma-1}$$

所以

$$TV^{\gamma-1} = 常数 \tag{5-26}$$

将理想气体状态方程 $T = \frac{pV}{nR}$ 代入式(5-26)可得

$$pV^{\gamma} = 常数 \tag{5-27}$$

若将 $V = \frac{nRT}{p}$ 代入式(5-26)可得

$$T^{\gamma}p^{1-\gamma} = 常数 \tag{5-28}$$

式(5-26)、式(5-27)、式(5-28)均称为理想气体的绝热可逆方程式。

比较理想气体的等温可逆过程和绝热可逆过程，若两过程均从相同起始状态(p_1、V_1)膨胀至相同终态体积(V_2)，如图5-6所示。等温可逆过程 $T_1 = T_2$，绝热可逆过程 $T_2 < T_1$，且绝热可逆膨胀过程中气体压力降低更为显著。这是因为等温可逆膨胀压力的降低是因为体积的增大，而绝热可逆膨胀压力的降低不仅由于体积的增大，还有温度降低的因素。

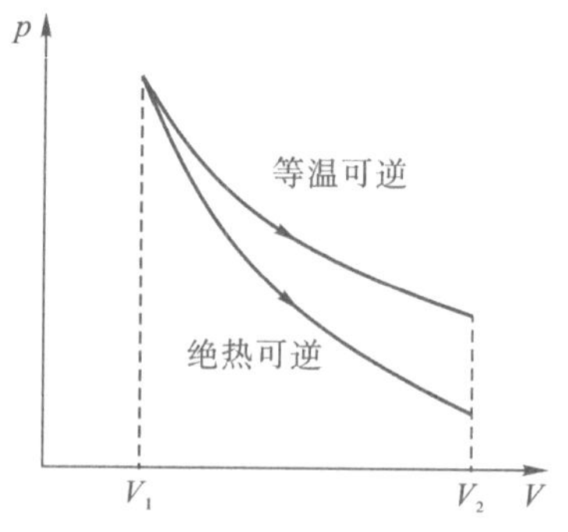

图5-6 理想气体的等温可逆与绝热可逆过程示意图

例5-4 2 mol 单原子理想气体从300 K、300 kPa膨胀至终态压力为100 kPa。若分别经①绝热可逆膨胀；

②绝热恒外压(100 kPa)膨胀至终态,试分别计算两过程的 Q、W、ΔU 和 ΔH。

解:(1)对于单原子理想气体

$$\gamma = \frac{C_{p,\mathrm{m}}}{C_{V,\mathrm{m}}} = \frac{\frac{5}{2}R}{\frac{3}{2}R} = \frac{5}{3} = 1.67$$

根据绝热可逆方程式 $T_1^{\gamma} p_1^{1-\gamma} = T_2^{\gamma} p_2^{1-\gamma}$

$$T_2 = T_1 \left(\frac{p_1}{p_2}\right)^{\frac{1-\gamma}{\gamma}} = 300 \times \left(\frac{300}{100}\right)^{\frac{1-1.67}{1.67}} \mathrm{K} = 193\ \mathrm{K}$$

因为是绝热过程,所以 $Q = 0$

$$W = \Delta U = nC_{V,\mathrm{m}}(T_2 - T_1) = 2 \times \frac{3}{2} \times 8.314 \times (193 - 300)\ \mathrm{J} = -2669\ \mathrm{J}$$

$$\Delta H = nC_{p,\mathrm{m}}(T_2 - T_1) = 2 \times \frac{5}{2} \times 8.314 \times (193 - 300)\ \mathrm{J} = -4448\ \mathrm{J}$$

(2)此过程为绝热不可逆过程,$Q=0$

$$W = \Delta U = nC_{V,\mathrm{m}}(T_2 - T_1)$$

$$nC_{V,\mathrm{m}}(T_2 - T_1) = -p_2(V_2 - V_1) = -p_2\left(\frac{nRT_2}{p_2} - \frac{nRT_1}{p_1}\right)$$

$$2 \times \frac{3}{2} \times 8.314 \times (T_2 - 300) = -2 \times 8.314 \times T_2 + \frac{100}{300} \times 2 \times 8.314 \times 300$$

解上述方程,得 $T_2 = 220\ \mathrm{K}$

$$W = \Delta U = nC_{V,\mathrm{m}}(T_2 - T_1) = 2 \times \frac{3}{2} \times 8.314 \times (220 - 300)\ \mathrm{J} = -1995\ \mathrm{J}$$

$$\Delta H = nC_{p,\mathrm{m}}(T_2 - T_1) = 2 \times \frac{5}{2} \times 8.314 \times (220 - 300)\ \mathrm{J} = -3326\ \mathrm{J}$$

5.5 热力学第二定律和熵

5.5.1 热力学第二定律

化学储能作为一种有效的能源储存和转换技术,可以将不易储存的热能、光能、电能和风能等能量转化为化学能的形式进行储存,并在需要时释放出来。因此,化学储能的核心是化学能与其他能量形式之间的相互转换。

化学能本质上是系统内能的一部分,在一定程度上可以认为是原子在系统中所具有的内部势能,因此化学能与外界能量的转换服从热力学第一定律。然而,系统的化学能都能自发地转换为其他形式的能量吗?外界提供给系统的能量最终都能变为化学能储存起来吗?很明显,热力学第一定律无法回答上述的问题。热力学第一定律虽然表明了状态变化过程之中系统和环境的能量之间相互转换的必要条件，比如当给定了系统的始态和终态之后，可以得到系统在从始态变化到终态过程中各种能量的变化，但是并没有指出系统发生状态变化以及系统和环境之间能量转换的充分条件。

自然界中的各种变化都不违反热力学第一定律，比如我们可以观察到水可以自动从高处流到低处、热可以自动地从高温物体传到低温物体而无需外界的帮助。而让水从低处流到高处、让热从低温传到高温的过程虽然也遵守热力学第一定律，但实际上并不能自动发生。

另外，在热力学第一定律问世后，人类已经明白能量不可能凭空产生，第一类永动机无法实现。那在满足热力学第一定律的基础上，是否能制造一类机器，可以将系统内能全部提取出来做功呢？这样就可以从海洋、大气乃至宇宙中吸取热能并不断对外做功，从而制造出第二类永动机。然而，人们设计制造的遵守热力学第一定律的各种第二类永动机都无法持续运转。因为维持第二类永动机运转的物理化学过程虽然遵守热力学第一定律，但未必都能自发进行或者一直进行下去。换言之，热力学第一定律并不能告诉我们系统状态变化的方向以及变换究竟能进行到什么程度(终态)。

历史上人们曾经认为反应热效应是反应进行的驱动力，据此自由放热反应才能自动地进行。但这种说法并不具有普遍意义，不能作为一般的定律。此外，关于化学平衡问题，法国物理化学家勒夏特列(Le Chatelier)曾总结了著名的勒夏特列原理，指出了化学平衡移动的方向。但该原理只适用于定性描述，无法给出具体的定量关系。而要解决一个状态变化能否自发进行以及进行的程度(平衡)问题，实际上需要借助热力学第二定律。

一个系统在给定初态且无外界帮助情况下，能自动进行状态变化到达某个终态的过程，称为自发过程(spontaneous process)。很明显，自发过程会有以下共同的特点：

(1)有一定推动力，比如温度差、水位差、压力差、浓度差等；

(2)有一定的方向并且该方向与推动力有关，如 $\Delta T>0$ 和 $\Delta T<0$ 的变化方向相反；

(3)有一定的限度，当推动力减小到零时，自发过程就不能继续进行；

(4)都是不可逆过程(irreversible process)，即自发过程的逆过程如果要发生，必定会给环境留下不可磨灭的痕迹。

根据自发过程的特点可知，一切自发过程都是不可逆的。历史上大量的实验事实都表明，**自发过程的不可逆性其内在原因是功转变为热的不可逆性**。据此，人们总结出了热力学第二定律。

1850 年，德国物理学家鲁道夫·克劳修斯(Rudolph Clausius)根据热传递自发不可逆的特点总结出：热不能自发地从低温物体传到高温物体，或者说热不能从低温物体传到高温物体而不引起其他变化。这一结论称为热力学第二定律(second law of thermodynamics)的克劳修斯表述。

1851 年，英国物理学家开尔文勋爵(Lord Kelvin)也提出：不可能从单一热源取出热使之完全变为功，而不发生其他的变化。这一结论也被称为热力学第二定律的开尔文表述。

开尔文表述中包含一个循环过程（即起始状态和终了状态相同的过程），经历一个循环过程后把热转化为功。能够经历一个循环过程将热完全转化为功的机器称为第二类永动机。因此，由热力学第二定律可知，永远不可能制造出第二类永动机。上述两种说法是等效的，即一种表述方式成立，另一种表述必然也成立，反之亦然。

设有高温和低温两个热源，高温热源温度为 T_1，低温热源温度为 T_2。如果热力学第二定律的克劳修斯表述不成立，可以假设低温热源自发传递给高温热源的热量为 Q_1。此时，可以在两个热源之间安装一个将热转化为功的装置，即热机 E，如图 5－7 所示。

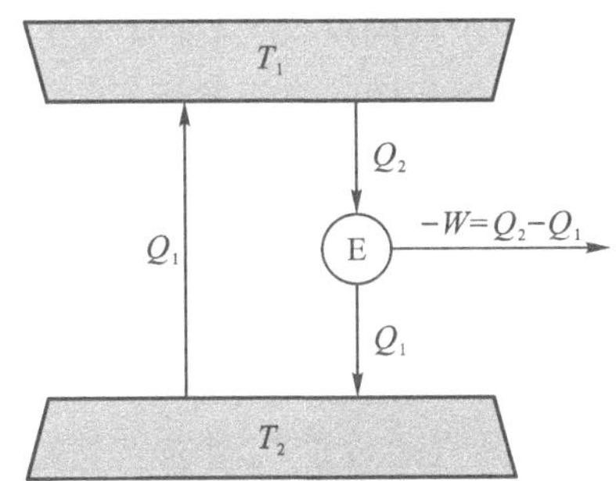

图 5－7　在高温热源和低温热源之间工作的机器

热机 E 工作时可以从高温热源提取热量并将之转变为功。假设热机 E 工作时没有摩擦，当热机 E 工作一段时间后从高温热源提取出热量 Q_2，并把其中一部分热量 Q_1 传递给了低温热源。此时高温热源和低温热源都回到初始的状态。由于热机 E 没有摩擦损耗，因此停止工作后热机 E 也恢复到它的初始状态。根据热力学第一定律，热机 E 和两个热源都回到了初始状态，因此它们所有的状态函数改变值都为零。如果以热机 E 为系统，则

$$\Delta U = Q + W = 0$$

因此热机 E 在工作期间对外做的功为

$$W = -Q = -(Q_2 - Q_1) < 0$$

在此过程中低温热源并没有净热量的得失，因此 E 工作的净结果是从单一的高温热源取出热量 $(Q_2 - Q_1)$ 并将其全部转化为了功，除此之外并未引起其他变化。这一结果违反了热力学第二定律的开尔文表述。因此可以反证热力学第二定律的克劳修斯表述是成立的。

热力学第二定律不能从其他更普遍的定律推导出来，也不能直接证明。这个定律实际上是人们通过长期实践经验总结出的客观规律。而后来热力学的发展以及无数的实验事实也表明，热力学第二定律及其推论都符合客观实际，由此证明了热力学第二定律是客观规律的真实反映。

热力学第二定律的两种表述方式——克劳修斯表述和开尔文表述分别从热传导和热功

转化两方面来描述了同一个客观规律，虽然说法不同，但本质上都表达了自发过程的不可逆性。根据热功交换的规律，人们经过进一步研究，提出了更具有普遍意义的熵函数以及熵增原理。

5.5.2 卡诺热机与卡诺定理

人类很早就能实现将做的功转变为热，比如摩擦生热和钻木取火。而直到英国发明家詹姆斯·瓦特(James Watt)发明了蒸汽机后，人类才首次实现将热能转变为功。此后，人类开始研究各式各样的能**在循环操作中不断地将热转变为功的机器，即热机**(heat engine)。热机的形式虽然多种多样，但都有两个共同点：①需要有工作物质，在热机运转过程中，工作物质会发生循环变化；②热机在循环过程中从高温热源(T_1)吸取热量，把其中一部分转变为功，其余部分传递给低温热源(T_2)。

1. 任意热机

简单的蒸汽热机构造如图 5-8(a)所示。蒸汽机采用了一个二冲程循环。循环开始时活塞位于上止点(即气缸最小体积的位置，活塞顶离曲轴中心最大距离时的位置)。进气阀打开，来自锅炉中温度为 T_1 的高压蒸汽通过进气阀进入气缸，推动活塞使曲轴转动。当活塞到达下止点(活塞顶离曲轴中心最小距离时的位置)时，进气阀关闭同时排气阀打开。此时曲轴的惯性将推动活塞回到上止点，将废气通过排气阀排出到温度为 T_2 的大气中。当活塞回到上止点后，排气阀关闭且进气阀再次打开，蒸汽热机开始进行新的循环。

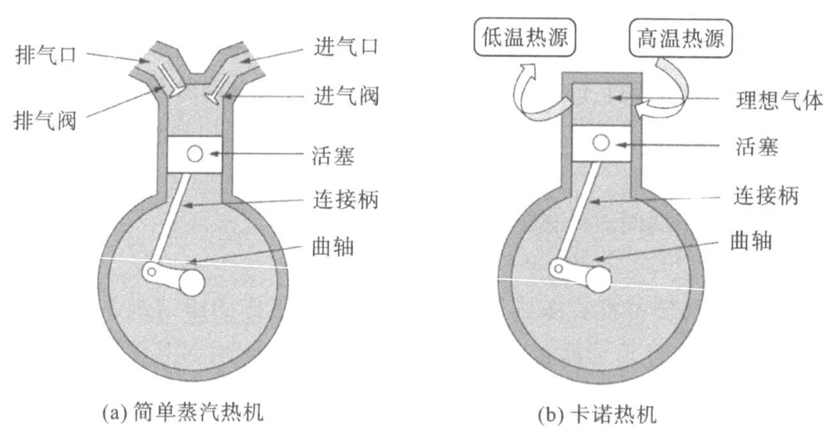

(a) 简单蒸汽热机　　(b) 卡诺热机

图 5-8　简单蒸汽热机与卡诺热机的构造

对于任意热机而言，工作物质原则上没有限制，可以是气体、液体或者固体。比如蒸汽机中，工作物质是水，液态水从高温热源——锅炉中吸取热量蒸发为水蒸气，推动活塞运动做功。水蒸气做功后，温度降低凝结为液态水，并且释放出一部份热量到低温热源——环境，最后回复到初始状态，完成一次循环过程。假设任意热机的膨胀-压缩二冲程循环过程由以下四步组成：

①与高温热源（温度为 T_1）接触，在 T_1 温度下进行等温膨胀；

②绝热膨胀，温度从 T_1 降低到 T_2；

③与低温热源（温度为 T_2）接触，在 T_2 温度下进行等温压缩；

④绝热压缩，温度 T_2 从升高到 T_1。

现在将工作物质作为系统，考察热转化为功的效率。由于在②和④的绝热过程中，系统与环境之间没有热交换，所以假设在①的等温膨胀和③的等温压缩过程中，系统从高温热源吸收的热量和给低温热源传递的热量分别为 Q_1 和 Q_2。完成循环过程后，系统回到初态，有 $\Delta U=0$，故

$$-W = Q_1 + Q_2 \tag{5-29}$$

热机效率（efficiency of heat engine）是指热机完成一次循环后对外所做的总功与热机从高温热源吸收的热量之比，常用 η 表示。结合式（5-29）可得：

$$\eta = \frac{-W}{Q_1} = \frac{Q_1 + Q_2}{Q_1} = 1 + \frac{Q_2}{Q_1} \tag{5-30}$$

由于 $Q_1 > 0$ 且 $Q_2 < 0$，因此任意热机的效率 $\eta<1$，即任何热机都不可能将热完全转变为功。那么，热转变为功的最大效率是多少？

2. 卡诺热机与卡诺循环

如果热机在循环工作中的每一步都是可逆的，则称为可逆热机。1824 年法国工程师萨迪・卡诺（Sadi Carnot）设计了一种包括四步循环过程的可逆热机，称为卡诺热机（Carnot engine）。

卡诺热机也采用了一个膨胀-压缩的二冲程循环，只是热机经历的循环过程是可逆的，因此在循环过程中不能有任何摩擦。如图 5-8(b)所示，卡诺热机只有一个气缸，没有进气口和排气口，因此整个系统是封闭的。气缸顶部与活塞之间中充满了理想气体作为工作气体。为了模拟蒸汽进出气缸的过程，卡诺热机允许高温热源（温度为 T_1）通过气缸壁或气缸盖将热量传递给工作气体，并且允许工作气体将热量排出到低温热源（温度为 T_2）中。

循环开始时，活塞处于上止点且气缸与一个高温热源连接。卡诺热机的膨胀冲程可以细分为两个步骤：工作气体首先从高温热源吸收热量，达到高温热源的温度 T_1，然后在 T_1 温度下进行等温可逆膨胀；随后进行绝热可逆膨胀到一定体积，使得工作气体的最终温度下降到低温热源的温度 T_2。在此过程中曲轴旋转，推动活塞移动到下止点位置。随后气缸与高温热源断开并与低温热源连接开始压缩冲程。压缩冲程也可分为两个步骤：膨胀后的工作气体在低温热源的温度 T_2 下进行等温可逆压缩；最后进行绝热可逆压缩，使工作气体压缩回到初始的体积。在此过程中曲轴旋转使活塞回到上止点位置，准备重复新一次的膨胀-压缩二冲程循环。

因此卡诺热机的主要特征有两点：一是热机的工作物质是理想气体；二是热机以卡诺循

环(Carnot cycle)的方式运转将热转变为功。卡诺循环包括四个步骤，如图 5－9 所示：

(1)系统在 T_1 温度下从状态 A 等温可逆膨胀到状态 B；

(2)系统从状态 B 绝热可逆膨胀到状态 C，同时温度从 T_1 降低到 T_2；

(3)系统在 T_2 温度下从状态 C 等温可逆压缩到状态 D；

(4)系统从状态 D 绝热可逆压缩回到状态 A，温度从 T_2 回升到 T_1。

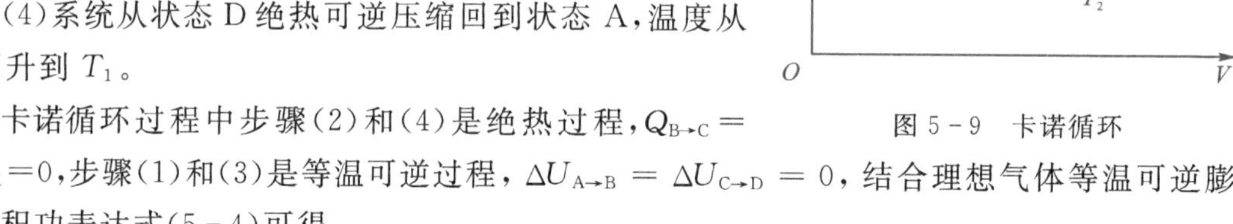

图 5－9　卡诺循环

卡诺循环过程中步骤(2)和(4)是绝热过程，$Q_{B\to C}=Q_{D\to A}=0$，步骤(1)和(3)是等温可逆过程，$\Delta U_{A\to B}=\Delta U_{C\to D}=0$，结合理想气体等温可逆膨胀体积功表达式(5－4)可得

$$Q_1=-W_{A\to B}=\int_{V_A}^{V_B}p\mathrm{d}V=nRT_1\ln\frac{V_B}{V_A}$$

$$Q_2=-W_{C\to D}=\int_{V_C}^{V_D}p\mathrm{d}V=nRT_2\ln\frac{V_D}{V_C}$$

将 Q_1 和 Q_2 代入式(5－30)可得卡诺热机的效率

$$\eta_{卡}=1+\frac{Q_2}{Q_1}=1+\frac{T_2\ln(V_D/V_C)}{T_1\ln(V_B/V_A)} \tag{5-31}$$

由理想气体绝热可逆方程(5－26)可知

$$T_1V_B^{\gamma-1}=T_2V_C^{\gamma-1}$$

$$T_1V_A^{\gamma-1}=T_2V_D^{\gamma-1}$$

两式相除可得

$$\frac{V_B}{V_A}=\frac{V_C}{V_D}$$

两边取对数可得

$$\ln\frac{V_B}{V_A}=-\ln\frac{V_D}{V_C}$$

将此式代入式(5－31)可得

$$\eta_{卡}=1-\frac{T_2}{T_1}=\frac{T_1-T_2}{T_1} \tag{5-32}$$

由式(5－32)可知，两个热源的温差越大，卡诺热机的效率越高。由于高温热源的温度 T_1 不可能无限大，低温热源的温度 T_2 也不可能达到绝对零度，因此卡诺热机的效率总是小于 100%。

卡诺在卡诺热机和卡诺循环的基础上进一步提出了**卡诺定理**：在两个不同温度的热源之间工作的任意热机的热机效率不会超过在这两个热源之间工作的卡诺热机的效率，即

$$\eta\leqslant\eta_{卡}\begin{cases}取<号，不可逆\\取=号，可逆\end{cases} \tag{5-33}$$

卡诺提出这个定理是在热力学第二定律确立之前，因此他当时采用“热质说”和能量守恒定律来证明卡诺定理的方法实际上是错误的。后来，开尔文和克劳修斯提出，证明卡诺定理必须要依据一个新的原理，即热力学第二定律。

5.5.3 熵的定义

根据卡诺原理式(5-33)可以得到

$$\eta = 1 + \frac{Q_2}{Q_1} \leqslant \eta_R = 1 - \frac{T_2}{T_1}$$

式中 η_R 为可逆热机的效率。上式移项并变换可得

$$\frac{Q_1}{T_1} + \frac{Q_2}{T_2} \leqslant 0 \quad \begin{cases} 取 < 号，不可逆 \\ 取 = 号，可逆 \\ 取 > 号，不可能发生 \end{cases} \tag{5-34}$$

式中，T_1 和 T_2 是热源(环境)的温度，而不是热机(系统)的温度。因此，一个状态变化过程的**热温商就是系统吸收的热量与环境温度的比值**。对于可逆热机而言，系统温度与环境温度时刻相等，因此上式中的温度既是系统温度也是环境温度。

根据卡诺原理可以判断任意热机循环过程是不是可逆的。那对于非循环过程而言，如何判断其是否可逆？由卡诺原理可以证明，任意可逆循环过程的热温商都等于零，即

$$\oint \frac{\delta Q_R}{T} = 0 \tag{5-35}$$

现考虑一个可逆循环过程，如图 5-10(a)所示。将该过程分为(Ⅰ)和(Ⅱ)两段，由式(5-35)可知

$$\oint \frac{\delta Q_R}{T} = \int_A^B \frac{\delta Q_{R,Ⅰ}}{T} + \int_B^A \frac{\delta Q_{R,Ⅱ}}{T} = 0$$

由于路线(Ⅰ)和路线(Ⅱ)都是可逆的，因此沿同一条可逆路线进行的逆向过程的热温商必然等于正向过程热温商的相反数。因此上式可改写为

$$\oint \frac{\delta Q_R}{T} = \int_A^B \frac{\delta Q_{R,Ⅰ}}{T} - \int_A^B \frac{\delta Q_{R,Ⅱ}}{T} = 0$$

即

$$\int_A^B \frac{\delta Q_{R,Ⅰ}}{T} = \int_A^B \frac{\delta Q_{R,Ⅱ}}{T} \tag{5-36}$$

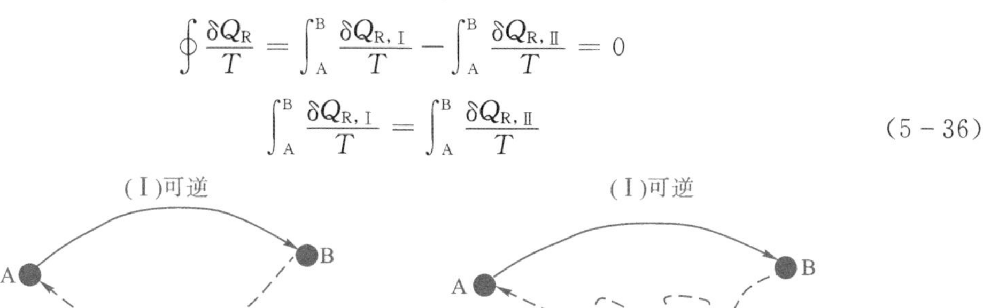
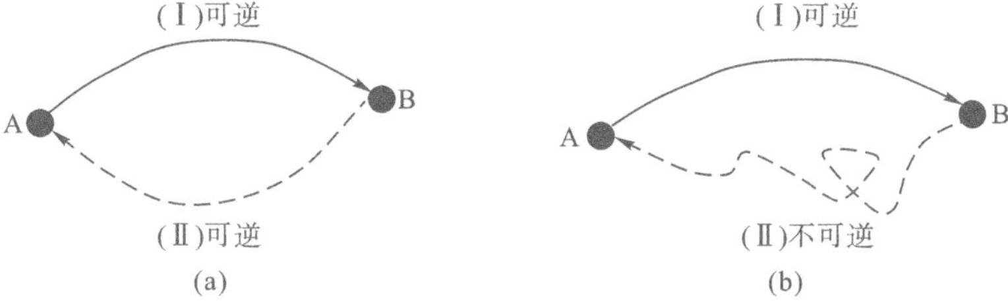

图 5-10 任意可逆和不可逆循环

由于可逆过程（Ⅰ）和（Ⅱ）是任意选取的，所以式(5－36)表明，从状态A变化到状态B的所有可逆过程的热温商都相等，即A→B的可逆过程热温商与A→B经历了何种可逆过程无关，而只与始终状态A和B有关。这说明可逆过程的热温商在数值上一定等于某个状态函数的改变量。我们把这个状态函数定义为熵(entropy)，用符号S表示，单位为$J \cdot K^{-1}$。

如果状态A和B的熵分别用S_A和S_B来表示，则任意一个状态变化过程A→B的熵变可以表示为

$$\Delta S = S_B - S_A = \int_A^B \frac{\delta Q_R}{T} \tag{5-37}$$

如果A→B只是一个微小的状态变化，则该过程的熵变可用微分来表示，即

$$dS = \frac{\delta Q_R}{T} \tag{5-38}$$

熵与系统内能(U)和焓(H)一样也是系统自身的某种广度性质，其绝对值与系统所包含的物质的量有关。当系统处于平衡状态时，熵也有唯一确定的值。当系统发生状态变化时，熵变也只与系统的始终状态有关，而与经历的实际过程无关。因此，无论实际变化过程是否可逆，ΔS始终等于沿可逆路径完成A→B状态变化时的热温商。所以为了计算某个过程的熵变，可以寻找或者人为构造一条可逆路径，通过计算该可逆路径的热温商或者熵变来得到其他任意路径下的熵变值。

5.5.4 熵判据

可逆过程的热温商等于始终状态的熵变，那不可逆过程的热温商与系统的熵变有什么关系呢？对于任意一个不可逆循环过程而言，由于系统并不是每时每刻都无限接近于平衡状态，因此环境温度与系统内部温度及压力并不一定处处相等，也无法像可逆过程一样绘制不可逆过程的$p-V$曲线。但是，系统可以看成由无数微小的子系统所构成，每个子系统都各自与高温和低温热源接触并进行热交换。系统经历一次循环回到初始状态，相当于每一个微小子系统各自经历某个循环过程回到各自的初始状态。对于可逆循环过程而言，要求每个子系统都要经历可逆循环过程回到初态，这样整个系统的循环才是可逆的。而对于不可逆循环过程而言，各个子系统的循环可以是可逆的也可以是不可逆的。但只要有一个子系统的循环是不可逆的，整个系统的循环就是不可逆的。

由卡诺原理可知任意不可逆循环过程的热温商小于零，即

$$\oint \frac{\delta Q_{IR}}{T} < 0 \tag{5-39}$$

如果一个不可逆循环是由一个可逆过程（Ⅰ）和一个不可逆过程（Ⅱ）组成，如图5－10(b)所示，则由式(5－39)可知

$$\oint \frac{\delta Q_{IR}}{T} = \int_A^B \frac{\delta Q_{R,\,\mathrm{I}}}{T} + \int_B^A \frac{\delta Q_{IR,\,\mathrm{II}}}{T} < 0 \tag{5-40}$$

由于图 5 - 10(b)中过程(Ⅰ)是可逆的,所以沿该路径进行状态变化的热温商就等于A→B的熵变,即

$$\int_{A}^{B}\frac{\delta Q_{R,\mathrm{I}}}{T}=S_B-S_A=\Delta S_{A\to B}=-\Delta S_{B\to A}$$

代入式(5 - 40)可得

$$-\Delta S_{B\to A}+\int_{B}^{A}\frac{\delta Q_{IR,\mathrm{II}}}{T}<0$$

移项得

$$\int_{B}^{A}\frac{\delta Q_{IR,\mathrm{II}}}{T}<\Delta S_{B\to A}$$

也就是说,任意不可逆过程的热温商小于它的熵变。再结合式(5 - 39)可得

$$\int\frac{\delta Q}{T_{ex}}\leqslant\Delta S\quad\begin{cases}取<号,不可逆\\取=号,可逆\\取>号,不可能发生\end{cases}\tag{5-41}$$

如果是一个微小的状态变化过程,对于式(5 - 41)两边取微分,可以得到

$$\frac{\delta Q}{T_{ex}}\leqslant \mathrm{d}S\quad\begin{cases}取<号,不可逆\\取=号,可逆\\取>号,不可能发生\end{cases}\tag{5-42}$$

由式(5 - 41)和(5 - 42)可知,热温商小于熵变的过程是不可逆过程,等于熵变的是可逆过程,而大于熵变是不可能发生的。因此,式(5 - 41)和(5 - 42)可以作为一个过程是否可逆的判决,我们称之为**熵判据**。这个不等式是由德国科学家鲁道夫・克劳修斯在 1855 年提出的,因此也被称为克劳修斯不等式(Clausius inequality),也是热力学第二定律的数学表达式。

由于绝热系统中所发生的任意状态变化 $\delta Q=0$,因此对于封闭的绝热系统而言,有 $\Delta S\geqslant0$ 或者 $\mathrm{d}S\geqslant0$,其中取大于号时是不可逆过程,取等号时是可逆过程。也就是说,如果没有物质交换,在绝热系统中只可能发生熵增加的变化过程。在绝热可逆过程中,系统的熵保持不变;在绝热不可逆过程中,系统的熵只能增加。而绝热系统不可能发生熵减小($\Delta S<0$)的状态变化过程,即对于绝热的封闭系统而言

$$\Delta S\geqslant 0\begin{cases}取>号,不可逆\\取=号,可逆\\取<号,不能发生\end{cases}\tag{5-43}$$

应当指出,不可逆过程可以是自发的,也可以是非自发的。在绝热封闭系统中,系统与环境无热交换,但可以用做功的形式交换能量。如果在绝热封闭系统中外力对系统做功,进行了一个非自发过程,则系统的熵值也是增加的。

孤立系统也是封闭和绝热的,因此**孤立系统的熵只能增加或者保持不变**,而这就是热力

学第二定律的第三种表述方式，即熵增原理(principle of entropy increase)。当绝热系统熵值增长到可能的最大值时，后续的变化中熵值就保持不变，即 $\Delta S = 0$ 。因此当绝热系统熵值达到最大时，后续的状态变化过程都是可逆的，系统也就达到了平衡状态。

通常的系统并不是孤立系统，系统和环境之间有功或热交换。这时可以把与系统密切相关的有限环境包括在内，视为一个大的孤立系统。此时，可以用大的孤立系统的总熵变 $\Delta S_{孤}$ 来判断过程自发进行的方向，即

$$\Delta S_{孤} = \Delta S_{系} + \Delta S_{环} \geqslant 0 \quad \begin{cases} 取>号，不可逆 \\ 取=号，可逆 \\ 取<号，不可能发生 \end{cases} \tag{5-44}$$

5.6 熵的统计学意义及热力学第三定律

5.6.1 熵与混乱度

热力学是热现象的宏观理论。热力学的理论主要以实验事实为依据，涉及到的都是宏观物理量，因而其结论具有广泛的普适性和高度的可靠性。但是宏观的热力学并没有涉及物质的微观结构和离子的运动状态，对于某些热力学性质，比如熵，没有揭示出其本质的物理意义。从微观的角度而言，需要采用统计热力学的方法才能更深刻地揭示热力学第二定律以及熵这个状态函数的物理意义。

我们知道热是分子混乱运动的一种表现。因为分子互撞的结果只会导致混乱程度的增加，直到混乱度达到最大为止(即达到在给定情况下所允许的最大值)。而功则是与有方向的运动相联系的，是分子有秩序的运动，所以功变为热的过程是规则运动转化为无规则运动，是向混乱度增加的方向进行的。而所谓的“混乱度”，实际就是指组成系统的各个微观粒子(分子)所具有的微观状态数目。从统计的角度来看，系统的宏观状态实际上是由无数分子不同的微观状态组成的。当我们对一个系统进行宏观观测时，即使在宏观看来测量时间极短，但从微观看来也经历了相当长的测量时间。在这个“宏观短、微观长”的测量时间之内，组成系统的大量分子可能处于各种不同的微观状态。因此，我们测量得到的宏观物理性质并不是单个分子的微观性质，而实际上是大量分子处于各种微观状态时，它们微观物理性质的统计平均值。

从分子微观运动的角度看，无规则运动转化为规则运动的情况实际是有可能发生的。但是当分子数目很多时，相比于无规则运动而言，分子进行规则运动的微观状态的数目远远低于分子无规则运动的微观状态数目。此时在宏观上观察到系统中所有分子都处于规则运动的宏观状态的可能性，远低于系统分子都处于或者部分处于无规则运动的宏观状态的可能性。因此，从宏观角度而言，在系统达到平衡后，观察有秩序运动的可能性远低于无秩序运动的可能性，即系统会自发地从有序运动转变为无序运动，而反过来则不行。因此，一切

不可逆过程都是向混乱度增加的方向进行，而熵函数则可以作为系统混乱度的一种量度。这就是热力学第二定律所阐明的不可逆过程的本质。

我们可以通过一个例子来考察系统混乱度与熵函数的关系。

假设有一个绝热的长方体小箱子，其中可以填充气体分子，该箱子可以分为体积和形状都完全相同的左、右两部分。在这种情况下，每个气体分子在箱子内的分布是随机的，并且处于箱子两部分中的概率是均等的。假设每个气体分子在微观上可以分辨，但在宏观上是不可分辨的。那从宏观上我们观察到的结果就是箱子两个部分中各有多少分子。

如果箱子中有a,b,c,d四个分子，则宏观上可以观察到五种可能的状态：一是箱子左边（盒1）有四个分子的[4,0]分布，二是箱子左边三个、右边（盒2）一个分子的[3,1]分布，三是箱子左右两边各两个分子的[2,2]分布，四是箱子左边一个、右边三个分子的[1,3]分布，五是箱子右边有四个分子的[0,4]分布。而此时微观状态数增加到了16种，如图5-11所示。根据等概率定律，每种微观状态数出现的概率相等，都为1/16。因此，五种宏观状态[4,0]、[3,1]、[2,2]、[1,3]和[0,4]出现的概率分别为1/16、4/16、6/16、4/16和1/16。

可以想象随着分子数的增多，各个宏观状态对应的微观状态数的差异变得越来越大，其中不均匀分布的宏观状态数出现的概率越来越小，而均匀分布的宏观状态所包含的微观状态数越来越多，出现的概率越来越大。

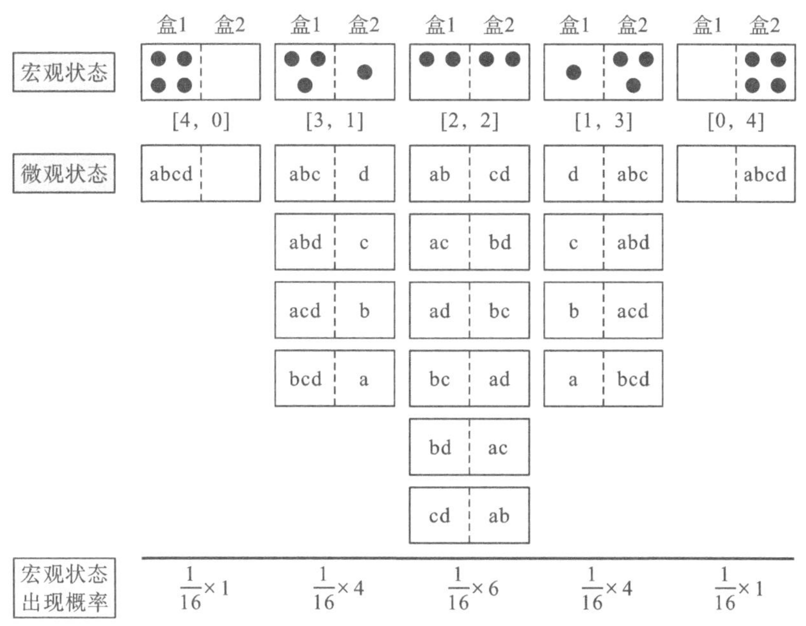

图5-11 四个分子分布在两个盒子中的情况

对于平衡系统而言，其混乱度实际上就是系统的微观状态数。而均匀分布的宏观状态即是混乱度（randomness）最大的宏观状态，均分分布实际就是混乱度最大的分布。而所有分子都在箱子左边或者右边的分布是排列“最整齐”、混乱度最小的分布，这种分布出现的概率最小，微观状态数最少。因此，在系统达到平衡后，从宏观上最可能观察到的状态就是系统混乱度最大的状态。所以，在没有外界干扰的情况下，一个绝热系统总会自发从混乱度最小的状态变为混乱度最大的状态。这与绝热系统的熵值总是从小到大并最终达到最大是一致的。可以推测，系统的熵值是系统混乱度大小的反映，这就是熵的统计意义（statistical significance of entropy）。

平衡系统的熵 S 与其混乱度——微观状态数 ω 之间必然存在一定的函数关系。我们假设一个系统由 A 和 B 两个子系统组成，系统总的熵值和系统总的微观状态数之间的关系为

$$S = f(\omega)$$

对于两个子系统而言，它们各自的熵值和各自的微观状态数之间也应满足关系

$$S_A = f(\omega_A)$$

$$S_B = f(\omega_B)$$

由于熵是广度性质，因此系统总的熵值等于两个子系统熵值之和，即

$$S = S_A + S_B$$

$$f(\omega) = f(\omega_A) + f(\omega_B) \tag{5-45}$$

同时，根据概率与统计原理，系统总的微观状态数等于两个子系统微观状态数的乘积，即

$$\omega = \omega_A \cdot \omega_B \tag{5-46}$$

结合式(5-45)和式(5-46)，有

$$f(\omega_A \cdot \omega_B) = f(\omega_A) + f(\omega_B)$$

两个变量乘积的函数等于两个变量函数之和，能满足这一条件的只有对数形式的函数，因此

$$S = f(\omega) = k_B \ln\omega + C$$

熵的绝对值我们无法测量，而我们在绝对大多数时候只关心熵的变化值，因此上式中的常数 C 可以设置为零，即

$$S = k_B \ln\omega \tag{5-47}$$

式(5-47)称为玻尔兹曼公式(Boltzmann's equation)，其中的常数 k_B 称为玻尔兹曼常数。玻尔兹曼公式反映了宏观平衡系统的熵值与其微观状态数之间的关系，而玻尔兹曼常数则成为了连接宏观与微观的桥梁。根据理想气体真空膨胀过程可以导出玻尔兹曼常数 k_B 等于理想气体常数 R 与阿伏伽德罗常数 N_A 之比，即 $k_B = R/N_A = 1.381 \times 10^{-23}\,\mathrm{J \cdot K^{-1}}$ 。

例 5-5 在等温等压的条件下，判断下列状态变化过程中系统的混乱度是增大还是减小。

①冰融化为水；② 氯化钠溶解在水中变为盐溶液；③ 将酒精分离为纯水与纯乙醇；④活性炭吸附气体；⑤ $2H_2O(l) = 2H_2(g) + O_2(g)$。

解：（1）增大。冰晶体中水分子有序排列，混乱度较小。冰融化为液态水后水分子可以自由移动，混乱度增大。

（2）增大。氯化钠晶体中钠离子和氯离子有序排列，混乱度较小。溶解后变为离子在溶液中移动，混乱度增大。

（3）减小。分离前酒精溶液的体积大于分离后水和乙醇各自的体积。分离前水分子在酒精溶液中运动空间大于分离后在纯水中的运动空间，因此分离后水的混乱度减小；同理，分离后乙醇分子的混乱度也减小。

（4）减小。吸附前活性炭中碳原子是有序排列的，而气体分子可以自由移动。吸附后活性炭中碳原子排列方法不变，而气体分子被固定在活性炭表面，因此自由度减小。

（5）增大。把一种物质分解为两种物质会使混乱度增大；同时把液态物质变为气态物质也会使系统混乱度增加。

5.6.2 热力学第三定律和规定熵

热力学第二定律告诉我们如何测量熵的变化值，但并不能提供熵的绝对数值。1906 年，能斯特在系统地研究了低温下凝结系统的化学反应后，提出一个假设：温度趋于热力学温度 0 K 的等温过程中，系统的熵值不变，即

$$\lim_{T \to 0\mathrm{K}} \Delta S(T) = 0$$

上式也称为能斯特定理(Nernst heat theorem)。能斯特定理指出，任何物质在 0 K 时具有相同的熵值。普朗克(M. Planck)在 1912 年进一步提出，纯凝聚态物质在 0 K 时的熵值为零，即

$$\lim_{T \to 0\mathrm{K}} S = 0$$

路易斯和兰道尔在 1923 年指出，普朗克的假设只有对于完美晶体才能成立，即“在绝对零度，纯完美晶体的熵值为零”，可表示为

$$S_{\mathrm{m}}(\mathrm{B}, 0\ \mathrm{K}) = 0 \qquad (5-48)$$

这一假设也称为**热力学第三定律的普朗克假设**，是热力学第三定律的表述方式之一。所谓“完美晶体”，是指晶体无任何缺陷，每一个晶格上排布的粒子完全相同，每个粒子的排布方式也完全相同，否则就不“完美”。在这种情况下，系统只能有一种微观状态数，即 $\omega=1$。根据玻尔兹曼公式(5-47)，此时系统的熵值 $S=0$。

1944 年，奥地利物理学家埃尔温·薛定谔出版了生物学著作《生命是什么》。在这一著作中，薛定谔通过热力学和量子力学理论来解释生命的本质，引入非周期性晶体、负熵、遗传密码、量子跃迁式突变等概念来说明有机体物质结构、生命的维持和延续、遗传和变异等现象，从而推动了分子生物学的诞生。在这本书中薛定谔提出了一个很重要的观点“生命是非平衡系统并以负熵为生”。薛定谔认为人类和其他生命体在自然界中进行着的每一件事，都会导致自然界的熵增。因此每个生命有机体要生存和成长都必须减少自身的熵值，从而避

免达到熵最大的状态——死亡。生命有机体要摆脱死亡活着，必须从环境里不断地汲取负熵。薛定谔提出：食物里包含至关重要的“负熵”，生命体正是依赖负熵而生的，从而抵消了其体内自然生成的熵。薛定谔对生物学研究的前瞻性思考，引导年轻的科学家们开始用物理学和化学的方法去研究生命的本质，也促进了物理、化学与其他学科间的相互渗透。而熵这一概念，也逐渐从热力学领域延伸到其他自然科学（如信息科学）乃至社会科学领域，衍生出包括信息熵、物理场熵、基因熵、气象熵、社会熵、经济熵等多种概念。

实际上人类社会的发展史在一定程度上也服从熵增定律。从原始社会逐渐发展为资本主义和社会主义社会的过程中，整个人类社会也是不断从无序和混乱的状态变得有序和文明。整个人类社会呈现出的是一种熵减状态，这需要环境提供额外的能量。因此，人类社会的发展（熵减）伴随的就是自然环境的破坏和恶化（熵增）。

同时，热力学第二定律告诉我们，孤立系统的熵永远不可能减小。人类几千年历史的发展也不断地印证这一点：一个国家封闭自身、闭关锁国，只会逐渐贫穷、落后，不断地走向混乱和灭亡。一个群体、一个国家想要发展，想要走向先进和文明（熵减），就需要对外开放，不断从外界吸取能量。

5.6.3 熵变的计算

可逆过程的熵变等于该过程的热温商。熵是状态函数，当系统的始终态确定后熵的改变值与系统状态变化的途径无关。因此，不可逆过程的熵变也等于相同始终态下可逆过程的熵变。

1. 理想气体变温过程

纯理想气体从始态（p_1, V_1, T_1）变化到终态（p_2, V_2, T_2），仅仅是系统的状态参数发生了变化，没有相变化和化学变化发生。我们可以设计几条可逆途径来计算过程的熵变。

如果等容（等压）变温过程是可逆的，则熵变等于该过程的热温商，热温商中的环境温度 T_{ex} 可用系统温度 T 来代替，则

等容变温 $$\Delta S=\int_{T_1}^{T_2}\frac{\delta Q_V}{T}=\int_{T_1}^{T_2}\frac{C_V}{T}\mathrm{d}T \tag{5-49}$$

等压变温 $$\Delta S=\int_{T_1}^{T_2}\frac{\delta Q_p}{T}=\int_{T_1}^{T_2}\frac{C_p}{T}\mathrm{d}T \tag{5-50}$$

熵是状态函数，当系统的始终态确定后，熵的改变值与系统状态变化的途径无关，故不可逆过程的熵变等于相同始终态下可逆过程的熵变。因此，无论等容变温或等压变温过程是否可逆，其熵变都可以分别用式（5-49）和式（5-50）计算。

例 5-6 将 298.15 K、$p^{\ominus}$ 的 1 mol O_2(g) 经下面两个过程压缩到 $6p^{\ominus}$ 的终态，分别求两个过程的熵变。①绝热可逆压缩；②在 $6p^{\ominus}$ 恒定外压下绝热不可逆压缩。已知可视 O_2(g) 为理想气体，且 $C_{V,m}=5R/2$。

解:① 绝热可逆压缩,理想气体的热容比:$\gamma=\frac{C_{p,\mathrm{m}}}{C_{V,\mathrm{m}}}=\frac{7}{5}=1.4$。根据理想气体绝热可逆方程式,可得

$$T_2=T_1\left(\frac{p_1}{p_2}\right)^{\frac{1-\gamma}{\gamma}}=298.15\ \mathrm{K}\times\left(\frac{1}{6}\right)^{\frac{1-1.4}{1.4}}=497.47\ \mathrm{K}$$

$$\Delta S_{系}=\int\frac{\delta Q_{\mathrm{R}}}{T}=0$$

或

$$\Delta S_{系}=nR\ln\frac{p_1}{p_2}+\int_{T_1}^{T_2}\frac{nC_{p,\mathrm{m}}}{T}\mathrm{d}T$$

$$=1\times8.314\times\ln\frac{1}{6}+\int_{298.15}^{497.47}\frac{1\times3.5\times8.314}{T}\mathrm{d}T=0\ \mathrm{J\cdot K^{-1}}$$

②绝热不可逆压缩:由于是绝热过程,故 $Q=0$ 且外压恒定,因此

$$-\Delta U=W=p_{\mathrm{ex}}\Delta V=p_2\Delta V$$

因为

$$-\Delta U=-nC_{V,\mathrm{m}}(T_2-T_1)$$

所以

$$-nC_{V,\mathrm{m}}(T_2-T_1)=p_2(V_2-V_1)=p_2\left(\frac{nRT_2}{p_2}-\frac{nRT_1}{p_1}\right)=nR\left(T_2-\frac{p_2}{p_1}T_1\right)$$

$$\frac{5}{2}(298.15\ \mathrm{K}-T_2)=T_2-6\times298.15\ \mathrm{K}$$

解得 $T_2=724.1\ \mathrm{K}$。

$$\Delta S_{系}=nR\ln\frac{p_1}{p_2}+\int_{T_1}^{T_2}\frac{nC_{p,\mathrm{m}}}{T}\mathrm{d}T$$

$$=1\times8.314\times\ln\frac{1}{6}+\int_{298.15}^{724.1}\frac{1\times3.5\times8.314}{T}\mathrm{d}T=10.82\ \mathrm{J\cdot K^{-1}}$$

从计算结果可知,在绝热可逆过程中体系的熵保持不变,而在绝热不可逆过程中体系的熵增加。这与熵增原理的结论一致。

2. 理想气体等温过程

如果理想气体在等温条件下发生以下状态变化

$$\mathrm{A}(T,p_1,V_1)\longrightarrow\mathrm{A}(T,p_2,V_2)$$

纯理想气体的内能仅是温度的函数,因此 $\Delta U=0$, $Q_{\mathrm{R}}=-W_{\mathrm{R}}$。如果该状态变化过程是可逆的,热温商中的环境温度 T_{ex} 可用系统温度 T 来代替,即

$$\Delta S=\int\frac{\delta Q_{\mathrm{R}}}{T_{\mathrm{ex}}}=\frac{Q_{\mathrm{R}}}{T}=\frac{-W_{\mathrm{R}}}{T}$$

根据理想气体等温可逆膨胀的体积功计算式(5-4),有

$$\Delta S=nR\ln\frac{V_2}{V_1}=nR\ln\frac{p_1}{p_2}\tag{5-51}$$

同样地,不可逆过程的熵变等于相同始终态下可逆过程的熵变,因此式(5-51)无论可

逆与否均适用。

例 5－7 1 mol 理想气体在等温条件下经历如下过程体积增加到原来的 5 倍，分别求每个过程中系统和环境的熵变：①可逆膨胀；②真空膨胀。

解：①可逆膨胀：由熵判据式(5－41)可知，可逆过程的熵变等于热温商，则

$$\Delta S_{系} = \int \frac{\delta Q_R}{T}$$

由于在封闭系统中，理想气体的内能只是温度的函数，因此 $\delta Q = -\delta W_e = p_{ex}dV$ 。而可逆过程 $p_{ex}dV = pdV$，因此上式变为

$$\Delta S_{系} = \int_{V_1}^{V_2} \frac{pdV}{T} = \int_{V_1}^{V_2} \frac{nRdV}{V} = nR\ln\frac{V_2}{V_1} = nR\ln 5 = 13.38\ \mathrm{J \cdot K^{-1}}$$

$$\Delta S_{环} = -13.38\ \mathrm{J \cdot K^{-1}}$$

②真空膨胀：由于熵是状态函数，故系统真空膨胀与可逆膨胀的始终状态相同时，两者的熵变值也相同，因此

$$\Delta S_{系} = 13.38\ \mathrm{J \cdot K^{-1}}$$

由于理想气体等温过程中，系统内能变化值为零，故环境内能变化值也为零。因此对于环境而言，$-\delta Q = \delta W = -p_{ex}dV$。又由于是真空膨胀，故环境的压力 $p_{ex} = 0$。环境和系统之间的热效应以及体积功均为零，因此

$$\Delta S_{环} = 0$$

根据熵判据式(5－44)，将系统和环境整体看成孤立系统，则

$$\Delta S_{孤} = \Delta S_{系} + \Delta S_{环} = 13.38\ \mathrm{J \cdot K^{-1}} > 0$$

因此理想气体等温真空膨胀过程是不可逆过程。

3. 可逆相变化过程

在一定温度和压力下，A 物质由 α 相可逆地转变为 β 相。

$$A(\alpha) \rightleftharpoons A(\beta)$$

其中 α 和 β 可代表固态、液态、气态等，由于该过程为等温等压可逆，则

$$\Delta S = \int \frac{\delta Q_R}{T} = \frac{Q_R}{T} = \frac{\Delta H}{T} \tag{5-52}$$

式中，ΔH 是一定温度和压力下发生可逆相变化时的相变焓。

例 5－8 1 mol 液态水在标准压力下，与 373.15 K 的大热源接触，吸收了 44.02 kJ 的热量蒸发为水蒸气，求该相变化过程的熵变。

解： 由于大热源比系统大得多，因此吸热过程中环境(大热源)的温度可认为是恒定不变的。假设该相变过程是可逆地，因此

$$\Delta S = \int \frac{\delta Q_R}{T}$$

等压过程中的热效应等于焓变，故

$$\Delta S=\frac{\Delta H}{T}=\frac{44020\ \mathrm{J}}{373.15\ \mathrm{K}}=117.97\ \mathrm{J\cdot K^{-1}}$$

4. 不可逆相变化过程

已知温度 T_1、压力 $p^{\ominus}$ 下，水凝结为冰的摩尔熵变为 $\Delta_l^s S_m(T_1)$，冰和水的恒压摩尔热容分别为 $C_{p,m}(s)$ 和 $C_{p,m}(l)$ 。如果温度 T_2、压力 $p^{\ominus}$ 下的过冷水凝结为冰(图 5-12)，求该过程的摩尔熵变 $\Delta_l^s S_m(T_2)$。

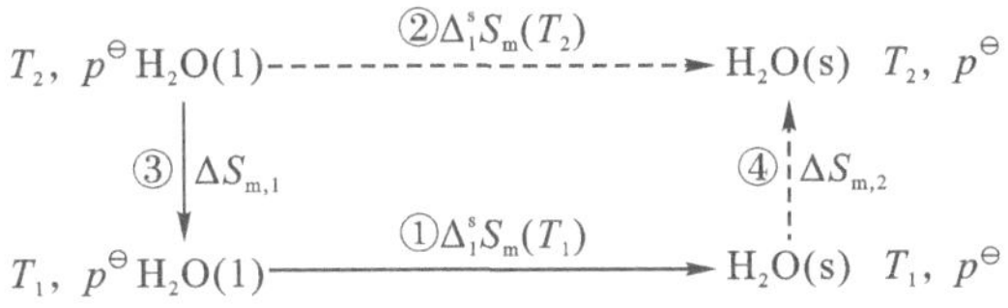

$$\begin{array}{ccc} T_2,\ p^{\ominus}\ H_2O(l) & \xrightarrow{②\Delta_l^s S_m(T_2)} & H_2O(s)\ \ T_2,\ p^{\ominus} \\ ③\downarrow \Delta S_{m,1} & & \uparrow ④\ \Delta S_{m,2} \\ T_1,\ p^{\ominus}\ H_2O(l) & \xrightarrow{①\Delta_l^s S_m(T_1)} & H_2O(s)\ \ T_1,\ p^{\ominus} \end{array}$$

图 5-12 一定压力下水凝结为冰的热化学循环

$$\Delta_l^s S_m(T_2)=\Delta S_{m,1}+\Delta_l^s S_m(T_1)+\Delta S_{m,2}$$

$$\Delta S_{m,1}=\int_{T_2}^{T_1}\frac{C_{p,m}(l)}{T}\mathrm{d}T$$

$$\Delta S_{m,2}=\int_{T_1}^{T_2}\frac{C_{p,m}(s)}{T}\mathrm{d}T$$

$$\Delta_l^s S_m(T_2)=\Delta_l^s S_m(T_1)+\int_{T_1}^{T_2}\frac{C_{p,m}(s)}{T}\mathrm{d}T-\int_{T_1}^{T_2}\frac{C_{p,m}(l)}{T}\mathrm{d}T$$

$$\Delta_l^s S_m(T_2)=\Delta_l^s S_m(T_1)+\int_{T_1}^{T_2}\frac{\Delta_l^s C_{p,m}}{T}\mathrm{d}T$$

5. 规定熵与化学反应的熵变计算

自然界中存在的各种元素大多都有同位素，因此纯完美晶体实际上并不存在。即使不考虑同位素，许多化合物也很难得到它的完美晶体。另一方面，根据能斯特定理，绝对零度时化学反应的熵变为零。因此，无论绝对零度时纯物质的熵给定为多少，都不会影响熵的变化值。

如图 5-13 所示，对于温度 T 下的某个反应，我们可以构造一个热化学循环来计算该过程的熵变，即

$$\Delta_r S_m(T)=\Delta S_4=\Delta S_1+\Delta S_2+\Delta S_3$$

$$\Delta_r S_m(T)=\Delta_T^{0K} S_1+\Delta_r S_m(0K)+\Delta_{0K}^{T} S_3$$

$$\Delta_r S_m(T)=\Delta_T^{0K} S_1+\sum\nu_B S_m(B,0K)+\Delta_{0K}^{T} S_3$$

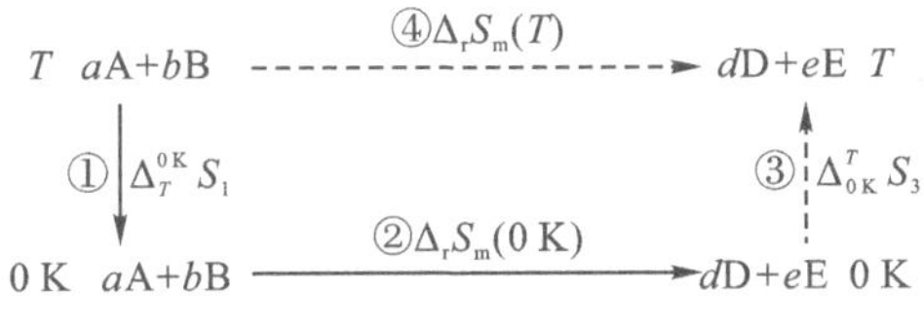

$$\begin{array}{ccc} T\ \ aA+bB & \xrightarrow{④\Delta_r S_m(T)} & dD+eE\ \ T \\ ①\downarrow \Delta_T^{0K} S_1 & & \uparrow ③\ \Delta_{0K}^{T} S_3 \\ 0\ K\ \ aA+bB & \xrightarrow{②\Delta_r S_m(0\ K)} & dD+eE\ \ 0\ K \end{array}$$

图 5-13 根据热化学循环计算规定熵

由于 $\sum \nu_B S_m(B,0K)=0$（其中 ν_B 为化学反应计量系数，参见第 7.1.1 小节），因此 $\Delta_r S_m(T)$ 只与过程①和③的熵变 $\Delta_T^{0K} S_1$ 和 $\Delta_{0K}^T S_3$ 有关。又由于 $\Delta_T^{0K} S_1$ 和 $\Delta_{0K}^T S_3$ 是状态函数的改变值，所以我们只需要知道各物质的摩尔熵在始终态间的差值即可，而并不需要知道各物质摩尔熵的绝对值。因此，在满足 $\sum \nu_B S_m(B,0K)=0$ 的前提下，不论 $S_m(B,0K)$ 如何选取，都不会影响 $\Delta_r S_m(T)$ 的值。也可以认为在 0 K 时处于内部平衡的物质熵值为零。在此基础上，可以计算指定温度下纯物质的熵值。比如一定压力下，将处于内部平衡的某物质从 0 K 加热到温度 T，如果在此过程中只有简单状态变化，则该过程的熵变为

$$\Delta S = S(T) - S(0K) = \int_{0K}^{T} \frac{\delta Q_R}{T}$$

由于 $S(0K)=0$，则

$$S(T) = \int_{0K}^{T} \frac{\delta Q_R}{T} \tag{5-53}$$

通过这种方式得到的熵值就是纯物质的规定熵（conventional entropy）。同理，通过这种方法可以得到该物质在指定温度 T 和标准压力 $p^\ominus$ 下的摩尔熵，即标准摩尔熵 $S_m^\ominus(T)$。

式(5-53)适用于纯物质的简单状态变化过程。如果在计算温度 T 下的规定熵的过程中（即在 0 ～ T K 范围）有相态变化，计算过程就需要分段进行。

$$S(T) = \int_{0K}^{T_f} \frac{\delta Q_R}{T} + \frac{\Delta_{fus} H_m}{T_f} + \int_{T_f}^{T_b} \frac{\delta Q_R}{T} + \frac{\Delta_{vap} H_m}{T_b} + \int_{T_b}^{T} \frac{\delta Q_R}{T} \tag{5-54}$$

式中，T_f 和 T_b 分别是该纯物质的熔点与沸点，$\Delta_{fus} H_m$ 和 $\Delta_{vap} H_m$ 是该物质的摩尔熔化焓与摩尔蒸发焓。如果固体物质在升温过程中还有其他相变化（比如晶系转化），则对固态升温过程既要分段计算，还要考虑晶型转化过程的熵变。因此，等温过程中化学反应的标准摩尔反应熵变即为反应中各个物质的标准摩尔熵乘以化学反应方程式中的计量系数后求和，即

$$\Delta_r S_m^\ominus(T) = \sum \nu_B S_m^\ominus(B,T) \tag{5-55}$$

5.7 亥姆霍兹函数与吉布斯函数

根据热力学第二定律以及熵判据我们可以判断一个过程自发进行的方向。对于孤立系统或者没有物质交换的绝热系统而言，可以通过熵变 ΔS 的符号来判断状态变化过程自发进行的方向和达到平衡的条件。然而，实际绝大部分过程并不满足孤立系统或者无物质交换的绝热系统条件。所以，要判断过程自发进行的方向，除了需知道系统的熵变外，还需知道具体过程的热温商或者是环境的熵变 $\Delta S_{环}$。后两者通常来说都不容易得到，使用起来也不方便。

在热力学第一定律中，为了解决化学反应热效应的问题，定义了一个新的状态函数——焓。在热力学第二定律中，为了判断等温等压或者等温等容过程中一个过程自发进行的方

向,德国物理学家赫尔曼·冯·亥姆霍兹(Hermann von Helmhotlz)和美国物理化学家乔赛亚·威拉德·吉布斯(Josiah Willard Gibbs)分别定义了两个新的状态函数——亥姆霍兹函数和吉布斯函数。与孤立(或者封闭绝热)系统中的熵判据式(5-44)一样,在一定条件下,仅仅通过这两个状态函数变化值就可以判断过程自发进行的方向。

5.7.1　亥姆霍兹函数

对于封闭系统而言,根据热力学第一定律可知

$$dU = \delta Q + \delta W = \delta Q + \delta W_e + \delta W'$$

$$\delta Q = dU - \delta W$$

式中,W_e和W'分别表示系统和环境之间的体积功和非体积功。根据熵判据式(5-42)可知

$$\delta Q \leqslant T_{ex} dS \quad \begin{cases} \text{取} < \text{号,不可逆} \\ \text{取} = \text{号,可逆} \\ \text{取} > \text{号,不可能发生} \end{cases} \tag{5-56}$$

可得

$$dU - T_{ex} dS \leqslant \delta W \tag{5-57}$$

1)等温过程

对于一个状态变化微小的等温过程,$T_1 = T_2 = T_{ex}$,$dS = S_2 - S_1$,则

$$T_{ex} dS = T_{ex}(S_2 - S_1) = T_{ex} S_2 - T_{ex} S_1 = T_2 S_2 - T_1 S_1 = d(TS)$$

此时式(5-57)可改写为

$$dU - d(TS) \leqslant \delta W$$

$$d(U - TS) \leqslant \delta W \tag{5-58}$$

式(5-58)中U、T和S都是状态函数,它们的组合也是状态函数。因此可以定义一个新的状态函数

$$A \equiv U - TS \tag{5-59}$$

式(5-59)中A具有能量的量纲,称为亥姆霍兹函数(Helmholtz function),简称亥氏函数。将亥姆霍兹函数定义代入式(5-58)可得

$$\begin{matrix} dA \leqslant \delta W \\ \Delta A \leqslant W \end{matrix} \quad \begin{cases} \text{取} < \text{号,不可逆} \\ \text{取} = \text{号,可逆} \\ \text{取} > \text{号,不可能发生} \end{cases} \tag{5-60}$$

式(5-60)称为亥姆霍兹函数判据。式中W表示环境对系统所做的总功,因此在等温过程中,环境对系统所做的总功W不可能小于系统亥姆霍兹函数的增量ΔA。

进一步,将式(5-60)改写为

$$\begin{matrix} -dA \geqslant -\delta W \\ -\Delta A \geqslant -W \end{matrix} \quad \begin{cases} \text{取} > \text{号,不可逆} \\ \text{取} = \text{号,可逆} \\ \text{取} < \text{号,不可能发生} \end{cases} \tag{5-61}$$

根据热和功的符号定义，此时 $-W$ 表示系统对环境所做的功。因此，在等温过程中系统对外所做的总功 $-W$ 只能小于或等于系统的亥姆霍兹函数减小值 $-\Delta A$，这里“小于”表示该过程不可逆，“等于”表示该过程可逆。换言之，**在等温条件下亥姆霍兹函数的降低值是系统对外做功能力的量度**，这就是亥姆霍兹函数的物理意义。反过来，在等温过程中，环境对系统所做的总功 W 不可能小于系统的亥姆霍兹函数的增量 ΔA。

2）等温等容过程

在等容过程中，$\delta W_e = 0$，则式（5-61）可以改写为

$$\begin{aligned} -\mathrm{d}A &\geqslant -\delta W' \\ -\Delta A &\geqslant -W' \end{aligned} \quad \begin{cases} \text{取} > \text{号，不可逆} \\ \text{取} = \text{号，可逆} \\ \text{取} < \text{号，不可能发生} \end{cases} \tag{5-62}$$

式（5-62）表明，在等温等容条件下，亥姆霍兹函数的降低值是系统对外做非体积功的量度。对于同一个等温等容状态变化，经历可逆过程时系统可以对外做最多的非体积功，而经历不可逆过程时系统对外做的非体积功不能超过可逆过程对外做的体积功。而系统对外所做的非体积功大于亥姆霍兹函数减小值的等温等容过程是不可能发生的。同样的，在等温等容过程中，环境对系统所做的总的非体积功 W' 不可能小于系统的亥姆霍兹函数的增量 ΔA。

3）等温等容且无非体积功的过程

在等温等容过程中，如果不考虑或者没有非体积功，则 $\delta W_e = \delta W' = 0$。此时亥姆霍兹函数判据式（5-60）可以变为

$$\begin{aligned} \mathrm{d}A &\leqslant 0 \\ \Delta A &\leqslant 0 \end{aligned} \quad \begin{cases} \text{取} < \text{号，不可逆} \\ \text{取} = \text{号，可逆} \\ \text{取} > \text{号，不可能发生} \end{cases} \tag{5-63}$$

式（5-63）表明，在等温等容无非体积功的条件下，亥姆霍兹函数要么保持不变，要么减少，让亥姆霍兹函数增加的过程是不可能发生的。换句话说，在等温等容非体积功为零的条件下，亥姆霍兹函数永不增大，只能朝着减小的方向进行；而最终达到平衡的标志就是亥姆霍兹函数在当前条件下达到最小值。这一结论也称为亥姆霍兹函数最小原理（Helmholtz function minimum principle）。

例 5-9 300 K 时 1 mol 氮气（可看成理想气体）从 150 kPa 经等温真空膨胀至 100 kPa。求该过程的体积功 W_e 和 ΔA，并判断过程是否可逆。

解： 亥姆霍兹函数是状态函数，ΔA 只与系统的始终态有关而与具体的路径无关。因此可以设计一条等温可逆路径来计算 ΔA。由于非体积功为零，则 $W = W_e$（等温可逆），根据亥姆霍兹函数判据，理想气体的等温可逆过程

$$\Delta A = W_e(\text{等温可逆}) = -\int_{V_1}^{V_2} p_{ex}\mathrm{d}V = -\int_{V_1}^{V_2} p\mathrm{d}V$$

$$= -\int_{V_1}^{V_2} \frac{nRT}{V}\mathrm{d}V = nRT\ln\frac{V_1}{V_2} = nRT\ln\frac{p_2}{p_1}$$

$$= 1\ \mathrm{mol} \times 8.314\ \mathrm{J \cdot K^{-1} \cdot mol^{-1}} \times 300\ \mathrm{K} \times \ln\frac{100}{150}$$

$$= -1.01\ \mathrm{kJ}$$

功是过程量，其值与具体路径有关。因此等温真空膨胀过程中环境对系统做的功与等温可逆膨胀过程中环境对系统做的功 W_e(等温可逆) 不相等。由于真空膨胀过程中外压 $p_{ex} = 0$，根据体积功计算式可知

$$W = W_e = -\int p_{ex}\mathrm{d}V = 0$$

由于 $\Delta A < W$，根据等温过程的亥姆霍兹函数判据可知该过程是不可逆的。

5.7.2　吉布斯函数

对于封闭系统而言，由体积功计算式(5-4)有

$$\delta W_e = -p_{ex}\mathrm{d}V$$

则根据热力学第一定律可知

$$\mathrm{d}U = \delta Q + \delta W_e + \delta W' = \delta Q - p_{ex}\mathrm{d}V + \delta W'$$

$$\delta Q = \mathrm{d}U + p_{ex}\mathrm{d}V - \delta W' \tag{5-64}$$

将式(5-42)代入式(5-64)可得

$$\mathrm{d}U + p_{ex}\mathrm{d}V - \delta W' \leqslant T_{ex}\mathrm{d}S$$

$$\mathrm{d}U + p_{ex}\mathrm{d}V - T_{ex}\mathrm{d}S \leqslant \delta W' \tag{5-65}$$

1)等温等压过程

对于一个微小的等温等压过程，$T_1 = T_2 = T_{ex}$，$p_1 = p_2 = p_{ex}$，$\mathrm{d}S = S_2 - S_1$，$\mathrm{d}V = V_2 - V_1$，则

$$T_{ex}\mathrm{d}S = T_{ex}(S_2 - S_1) = T_{ex}S_2 - T_{ex}S_1 = T_2S_2 - T_1S_1 = \mathrm{d}(TS)$$

$$p_{ex}\mathrm{d}V = p_{ex}(V_2 - V_1) = p_{ex}V_2 - p_{ex}V_1 = p_2V_2 - p_1V_1 = \mathrm{d}(pV)$$

此时式(5-65)可改写为

$$\mathrm{d}U + \mathrm{d}(pV) - \mathrm{d}(TS) \leqslant \delta W'$$

$$\mathrm{d}(U + pV) - \mathrm{d}(TS) \leqslant \delta W'$$

由 $H = U + pV$ 可得

$$\mathrm{d}H - \mathrm{d}(TS) \leqslant \delta W'$$

$$\mathrm{d}(H - TS) \leqslant \delta W' \tag{5-66}$$

由于 H、T 和 S 都是状态函数，它们的组合仍然是状态函数。因此定义一个新的状态函

数

$$G \equiv H - TS \tag{5-67}$$

式(5-67)中 G 与亥姆霍兹函数 A 一样也具有能量的量纲，称为吉布斯函数(Gibbs function)，简称吉氏函数。将吉布斯函数定义代入式(5-66)可得

$$\begin{matrix} \mathrm{d}G \leqslant \delta W' \\ \Delta G \leqslant W' \end{matrix} \quad \begin{cases} \text{取} < \text{号，不可逆} \\ \text{取} = \text{号，可逆} \\ \text{取} > \text{号，不可能发生} \end{cases} \tag{5-68}$$

式(5-68)称为吉布斯函数判据。式中 W' 表示环境对系统所做的非体积功，因此在等温等压过程中，环境对系统所做的非体积功 W' 不可能小于系统吉布斯函数的增量。

进一步，式(5-68)可改写为

$$\begin{matrix} -\mathrm{d}G \geqslant -\delta W' \\ -\Delta G \geqslant -W' \end{matrix} \quad \begin{cases} \text{取} > \text{号，不可逆} \\ \text{取} = \text{号，可逆} \\ \text{取} < \text{号，不可能发生} \end{cases} \tag{5-69}$$

式(5-69)中，$-W'$ 表示系统对环境所做的非体积功。因此，在等温等压过程中系统对外所做非体积功 $-W'$ 只能小于或等于系统的吉布斯函数减小值 $-\Delta G$，这里"小于"表示该过程不可逆，"等于"表示该过程可逆。换句话而言，**在等温等压条件下吉布斯函数的降低值是系统对外做非体积功能力的量度**，这就是吉布斯函数的物理意义。

2）等温等压无非体积功过程

对于非体积功为零的过程而言，$\delta W'=0$，此时吉布斯函数判据式(5-68)可以改写为

$$\begin{matrix} \mathrm{d}G \leqslant 0 \\ \Delta G \leqslant 0 \end{matrix} \quad \begin{cases} \text{取} < \text{号，不可逆} \\ \text{取} = \text{号，可逆} \\ \text{取} > \text{号，不可能发生} \end{cases} \tag{5-70}$$

式(5-70)表明，在等温等压非体积功为零的条件下，吉布斯函数要么保持不变，要么减小，让吉布斯函数增加的过程是不可能发生的。换句话说，在等温等压非体积功为零的条件下，吉布斯函数永不增大，只能朝着减小的方向进行。而最终达到平衡的标志就是吉布斯函数在当前条件下达到最小值。这一结论也称为吉布斯函数最小原理(Gibbs function minimum principle)。

5.7.3 化学储能与自由能

我们知道，系统做的功能百分之百转变为热，但反过来系统吸收的热不能完全转变为功。这表明系统内部能够用于做功的能量是有限的。从定义式(5-59)和(5-67)的形式上看，亥姆霍兹函数和吉布斯函数分别是系统的内能 U 和焓 H 减去温度与熵的乘积 TS。这些有限的能量既能用于热交换也能用于做功，因此相对于不能做功的那部分能量而言，是"自由的"。

我们知道，所谓做功本质上是通过传递能量让物质有序地定向地移动。因此，能做功的能量本质上肯定是“有序的”能量。而熵本质上是系统混乱程度的描述。因此 TS 代表的就是系统“无序的”那部分能量。从系统的焓或者内能中排除不能做功的“无序的”能量之后，剩下的能够做功的“有序的”能量，即为系统的亥姆霍兹函数和吉布斯函数。因此，亥姆霍兹函数和吉布斯函数就是系统对外做功能力的量度。换言之，亥姆霍兹函数和吉布斯函数本质上就是系统的内能或者焓中能用于对外做功的那部分能量。由于功可以百分之百转化为热，而热不能百分百转化为功，故能对外做功的那部分能量相比于不能对外做功的那部分能量而言就更加“自由”。所以，亥姆霍兹函数和吉布斯函数也常被称为“自由能”(free energy)，即亥姆霍兹自由能(Helmholtz free energy)和吉布斯自由能(Gibbs free energy)。

另一方面，亥姆霍兹函数与吉布斯函数的差别在于系统在一定压力下占据一定的空间所具有的能量 pV。如果在状态变化(如化学反应)过程中，系统的压力和体积近似保持不变，则亥姆霍兹函数与吉布斯函数两者的变化值就几乎一致。比如对于在大气压下的纯凝聚相反应，由于凝聚相物质的体积变化不明显，亥姆霍兹函数与吉布斯函数两者的变化值就几乎一致。此外，在储能过程中一般并不希望系统的压力或者体积发生显著的变化。同时，在化学储能过程中，我们希望外部能量能尽可能多地转化为系统的吉布斯自由能；而在系统放能的过程中，我们也希望系统的吉布斯自由都能尽可能多地释放出来做功(如图 5-14 所示)。

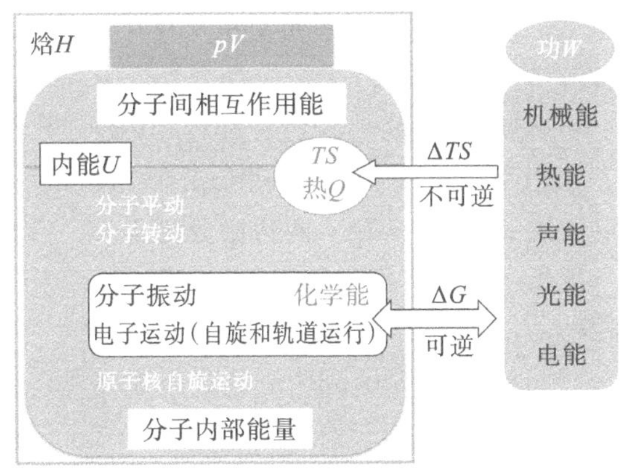

图 5-14 化学储能中的能量转换

由于吉布斯函数的大小与系统本身所包含的物质的数量有关(即系统的容量性质)，从电池实际应用的角度而言，我们希望一定质量或者体积的电池系统在反应过程中能够储存或者释放更多的能量，即得到单位质量或者单位体积的电池物质可以储存和释放的化学能(吉布斯函数变)。因此，单位质量或体积的电池系统在状态变化过程中的吉布斯函数 ΔG 改变值——电池的能量密度——就是衡量储能化学反应是否自发进行以及化学储能效率的关键之一。比如对于锂离子电池而言，可以定义电池的能量密度：

$$质量能量密度(\mathrm{W\cdot h\cdot kg^{-1}}) = \frac{\Delta_r G}{\sum_i m_i}$$

$$体积能量密度(\mathrm{W\cdot h\cdot L^{-1}}) = \frac{\Delta_r G}{\sum_i V_i}$$

式中，$\sum_i m_i$ 和 $\sum_i V_i$ 分别表示电池系统的总质量和总体积。

5.8 热力学基本方程与吉布斯函数的性质

5.8.1 热力学基本方程

封闭系统发生状态变化时必然遵守热力学第一定律，即

$$\mathrm{d}U = \delta Q + \delta W_e + \delta W' \tag{5-71}$$

如果是一个无非体积功的可逆状态变化过程，则

$$\delta W' = 0,\ \delta W_e = -p\mathrm{d}V,\ \delta Q = T\mathrm{d}S$$

此时式(5-71)可以改写为

$$\mathrm{d}U = T\mathrm{d}S - p\mathrm{d}V \tag{5-72}$$

根据焓的定义式 $H = U + pV$，两边微分可得

$$\mathrm{d}H = \mathrm{d}U + p\mathrm{d}V + V\mathrm{d}p$$

将式(5-72)代入上式可得

$$\mathrm{d}H = T\mathrm{d}S - p\mathrm{d}V + p\mathrm{d}V + V\mathrm{d}p$$

$$\mathrm{d}H = T\mathrm{d}S + V\mathrm{d}p \tag{5-73}$$

根据亥姆霍兹函数定义式 $A = U - TS$，两边微分可得

$$\mathrm{d}A = \mathrm{d}U - T\mathrm{d}S - S\mathrm{d}T$$

将式(5-72)代入上式可得

$$\mathrm{d}A = T\mathrm{d}S - p\mathrm{d}V - T\mathrm{d}S - S\mathrm{d}T$$

$$\mathrm{d}A = -S\mathrm{d}T - p\mathrm{d}V \tag{5-74}$$

根据吉布斯函数定义式 $G = H - TS$，两边微分可得

$$\mathrm{d}G = \mathrm{d}H - T\mathrm{d}S - S\mathrm{d}T$$

将式(5-73)代入上式可得

$$\mathrm{d}G = T\mathrm{d}S + V\mathrm{d}p - T\mathrm{d}S - S\mathrm{d}T$$

$$\mathrm{d}G = -S\mathrm{d}T + V\mathrm{d}p \tag{5-75}$$

综上可以得到四组方程

$$\mathrm{d}U = T\mathrm{d}S - p\mathrm{d}V \tag{5-72}$$

$$\mathrm{d}H = T\mathrm{d}S + V\mathrm{d}p \tag{5-73}$$

$$\mathrm{d}A = -S\mathrm{d}T - p\mathrm{d}V \tag{5-74}$$

$$\mathrm{d}G = -S\mathrm{d}T + V\mathrm{d}p \tag{5-75}$$

式(5-72)～(5-75)统称为热力学基本方程(fundamental equation of thermodynamics)。从推导出式(5-72)的前提条件可知,对于封闭系统中非体积功为零的可逆过程而言,不论是简单状态变化、相变化还是化学反应,这四个基本方程都是适用的。

对于简单状态变化过程而言,系统没有发生相变化或者化学反应,组成保持不变,因此系统可以独立变化的变量只有两个。虽然在推导过程中使用了可逆过程的条件,但由于 U、H、S、A、G 以及 T、p、V 都是状态函数,因此对于封闭系统中的简单状态变化过程而言,无论过程是否可逆上述热力学基本方程都适用。

如果状态变化过程包含了相变化或者化学反应,则系统能够独立变化的变量可能不止两个。而对于可逆相变化或者化学反应,由于系统每时每刻都处于平衡状态、每时每刻都有确定的组成,所以组成确定的平衡系统中只有两个可以独立变化的变量。因此只要是可逆过程,热力学基本方程仍然适用。反过来,如果相变化或化学反应不可逆,则系统在状态变化过程中并非每时每刻都处于平衡状态,这时系统的温度、压力和组成就是彼此独立的,上述热力学基本方程就不再适用。

综上所述,对于定组成闭合相系统而言,无论状态变化过程是否可逆,式(5-72)～(5-75)都适用。因此这组方程也称为定组成闭合相热力学基本方程。

例 5-10　用热力学的原理判断在 373 K、202.64 kPa 时液态水和水蒸气的稳定性。

解: 如果在此温度和压力下,液态水比水蒸气稳定,表明水蒸气将自发凝结成液态水。这是一个等温等压条件下的相变化过程,要判断此过程的方向可以使用吉布斯函数判据。因此可以在 373 K 下设计如下等温过程:

$$p_1 = 202.65\ \mathrm{kPa}\ \mathrm{H_2O(l)} \xrightarrow{\Delta G} \mathrm{H_2O(g)}\ p_1 = 202.65\ \mathrm{kPa}$$

$$①\downarrow \Delta G_1 \qquad ③\uparrow \Delta G_3$$

$$p_2 = 101.325\ \mathrm{kPa}\ \mathrm{H_2O(l)} \xrightarrow{②\ \Delta G_2} \mathrm{H_2O(g)}\ p_2 = 101.325\ \mathrm{kPa}$$

由热力学基本方程 $\mathrm{d}G = -S\mathrm{d}T + V\mathrm{d}p$ 可知,在等温条件下有 $\mathrm{d}G = V\mathrm{d}p$,则

$$\Delta G_1 = \int_{p_1}^{p_2} V_1 \mathrm{d}p = V_1(p_2 - p_1)$$

$$\Delta G_3 = \int_{p_2}^{p_1} V_g \mathrm{d}p = V_g(p_1 - p_2)$$

在 101.325 kPa 和 373 K 下,水和水蒸气达到平衡,有

$$\Delta G_2 = 0$$

因此 $\Delta G = \Delta G_1 + \Delta G_2 + \Delta G_3 = V_1(p_2 - p_1) - V_g(p_2 - p_1) = (V_1 - V_g)(p_2 - p_1)$

由于水蒸气的摩尔体积大于液态水的摩尔体积,有 $V_1 - V_g < 0$。又 $p_2 - p_1 < 0$,因此 $\Delta G > 0$。所以在 373 K 和 202.65 kPa 下,水蒸气会自发凝结为液态水,即液态水比水蒸气

稳定。

5.8.2 吉布斯函数变的计算

熵判据、亥姆霍兹函数判据以及吉布斯函数判据都可以用于判断一个状态变化过程是否可逆，其中熵判据适用于任何状态变化过程，而亥姆霍兹函数判据和吉布斯函数判据则分别适用于一般等温等容过程和等温等压过程。由于等温等压过程是最普遍的，因此在实际中最常使用吉布斯函数作为状态变化过程的判据。

吉布斯函数是状态函数，ΔG 的值只与系统的始态和终态有关，而与状态变化的具体过程无关。因此，我们总是可以设计一个可逆过程来计算 ΔG 。

1. 简单的等温过程

在封闭系统内发生的简单状态变化过程，只有两个能够独立变化的变量，故封闭系统内的简单状态变化不能同时满足等温和等压的条件。因此一般不能用 ΔG 来判断过程自发进行的方向。尽管如此，在讨论封闭系统内的相变化和化学变化时，也经常需要借助简单状态变化过程来构造热化学循环，从而通过简单状态变化过程的 ΔG 计算相变化或者化学反应的 ΔG 。

根据吉布斯函数的定义可得

$$G = H - TS = U + pV - TS = A + pV$$

上式两边进行微分可得

$$\mathrm{d}G = \mathrm{d}A + p\mathrm{d}V + V\mathrm{d}p \tag{5-76}$$

一个封闭系统从 p_1、V_1 等温变化到 p_2、V_2，且不做非体积功。假设该过程是可逆的，则系统每时每刻都无限接近平衡状态，因此 $p_{\mathrm{ex}} = p$。又由于不做非体积功，所以

$$\mathrm{d}A = \delta W_{\mathrm{e}} = -p_{\mathrm{ex}}\mathrm{d}V = -p\mathrm{d}V$$

代入式(5-76)可得

$$\mathrm{d}G = -p\mathrm{d}V + p\mathrm{d}V + V\mathrm{d}p = V\mathrm{d}p \tag{5-77}$$

积分可得

$$\Delta G = \int_{p_1}^{p_2} V\mathrm{d}p \tag{5-78}$$

由于 G 是状态函数，因此即使不是可逆过程，式(5-78)仍然成立，并且适用于物质的各种状态。如果要知道式中 ΔG 的具体取值，则需要知道 V 和 p 的函数关系式，然后积分得到。比如对于理想气体，根据状态方程 $pV=nRT$，可得

$$\Delta G = \int_{p_1}^{p_2} \frac{nRT}{p}\mathrm{d}p = nRT\ln\frac{p_2}{p_1} = nRT\ln\frac{V_1}{V_2}$$

2. 等温等压的可逆相变化

由于是简单的等温状态变化过程，根据式(5-77)可得

$$dG = Vdp$$

又由于是等压过程，$dp = 0$，代入上式可得

$$dG = 0$$

积分可得 $\Delta G = 0$。

5.8.3　吉布斯函数与温度、压力的关系

1. 吉布斯函数与温度的关系

根据定组成闭合相热力学基本方程式(5－75)

$$dG = -SdT + Vdp$$

在一定压力下，两边同时对 T 求偏导可得

$$\left(\frac{\partial G}{\partial T}\right)_p = -S = \frac{G-H}{T} = \frac{G}{T} - \frac{H}{T}$$

即

$$\left(\frac{\partial G}{\partial T}\right)_p - \frac{G}{T} = -\frac{H}{T}$$

上式两边同时除以 $1/T$ 可得

$$\frac{1}{T}\left(\frac{\partial G}{\partial T}\right)_p - \frac{G}{T^2} = -\frac{H}{T^2}$$

$$\left[\frac{\partial (G/T)}{\partial T}\right]_p = -\frac{H}{T^2} \tag{5-79}$$

式(5－79)称为吉布斯-亥姆霍兹方程。

2. 吉布斯函数与压力的关系

根据定组成闭合相热力学基本方程式(5－75)

$$dG = -SdT + Vdp$$

在一定温度下，两边同时对 p 求偏导可得

$$\left(\frac{\partial G}{\partial p}\right)_T = V \tag{5-80}$$

对于理想气体的等温过程，在一定压力下

$$dG = Vdp = \frac{nRT}{p}dp$$

上式两边积分可得

$$\Delta G = \int_{p_1}^{p_2} Vdp = \int_{p_1}^{p_2} \frac{nRT}{p}dp = nRT\ln\frac{p_2}{p_1}$$

思考题

1. 下列物理量中哪些是强度性质？哪些是广度性质？

W、p、T、V_m、Q、U、H、C_p、$C_{V,m}$。

2. 下列说法是否正确？

(1)对于每一个循环过程，系统的最终状态与起始状态是相同的；

(2)对于一个封闭系统，从给定状态 1 到给定状态 2 的任一过程，其 $Q+W$ 值始终有定值；

(3)绝热封闭系统就是孤立系统；

(4)在标准压力下，系统 A 和系统 B 均是由纯水构成，且 $T_A > T_B$，那么系统 A 的内能大于系统 B 的内能；

(5)状态改变后，状态函数一定都发生改变；

(6)系统温度越高，向环境传递的热量越多；

(7)系统向外放热，则其内能必定减少；

(8)孤立系统内发生的一切变化过程，其 ΔU 必定为零；

(9)升高卡诺循环中高温热源的温度，则热机效率也会提高；

(10)因为卡诺循环是循环过程，所以卡诺循环的热加功为零；

(11)相同始终态的不可逆循环熵增值将高于可逆循环的熵增值；

(12)相同始终态的不可逆循环热效应与可逆循环的热效应是不同的；

(13)300 K、$p^{\ominus}$条件下，20 g $H_2O(l)$熵值是相同条件下 10 g $H_2O(l)$熵值的两倍；

(14)对于一个封闭系统的可逆过程，δQ 等于 $T\mathrm{d}S$；

(15)对于一个封闭系统，ΔS 不可能为负。

3. 什么是状态函数？状态函数有哪些主要特征？

4. 若系统经下列变化过程，则 Q、W、$Q+W$ 和 ΔU 各量是否可以完全确定？为什么？

(1)一封闭系统由某一始态经不同途径变到某一终态；

(2)在绝热条件下某封闭系统由某一始态经不同途径变到某一终态。

5. 在体积功计算式 $\delta W_e = -p_{ex}\mathrm{d}V$ 中，为什么有一个负号？为什么用 p_{ex} 而不用气体压力 p？

6. 什么是可逆过程？可逆过程有哪些特点？

7. 下列说法是否正确？

(1)对于理想气体，其 C_V 与温度无关；

(2)一个变化过程的始态温度 T_1 等于终态温度 T_2，那么这就是一个等温变化；

(3)一个变化过程的始态体积 V_1 等于终态体积 V_2，那么这就是一个等容变化；

(4)因为 $\Delta U=Q_V$，而 U 是状态函数，所以 Q_V 也是状态函数；

(5)系统经一循环过程，对环境做功 1 kJ，则系统必定从环境吸热 1 kJ；

(6)化学中的可逆过程就是热力学中的可逆过程。

8. 某一理想气体向真空进行绝热膨胀至体积增大 1 倍，已知该理想气体 $C_{V,m}=3R$。两位同学提出了相互矛盾的分析，第一位同学采用式(5-26)，可得 $T_2/T_1=(V_1/2V_1)^{1/3}$，所以 $T_2=T_1\ (1/2)^{1/3}$。第二位同学则认为 $\Delta U=Q+W=0+0=0$，且 $\Delta U=C_V\Delta T$，所以有 $T_2=T_1$。你认为哪位同学是对的？另一位同学错在哪里呢？

9. 在 373.15 K 和 101.325 kPa 下，1 mol 水等温蒸发为水蒸气(视为理想气体)。因为此过程中温度不变，所以 $\Delta U=0$，$\Delta H=\int C_p \mathrm{d}T=0$。这一结论是否正确？为什么？

10. 热力学第二定律描述为：热不可能从低温物体传到高温物体。这种说法正确吗？为什么？

11. 讨论：卡诺定律对熵概念的引入有何帮助？

12. 为什么说熵是系统混乱度的反映？

13. 系统经过一个不可逆循环，环境的熵变一定大于零，为什么？

14. 根据熵的统计意义判断下列相态变化过程熵是增大还是减小。

(1)水凝固成冰；

(2)NaCl 固体溶解于水中；

(3)在一定温度和压力下，$H_2(g)$和 $O_2(g)$反应生成 $H_2O(g)$；

(4)在一定温度和压力下碳酸铵受热分解反应；

(5)理想气体绝热可逆膨胀。

15. “熵减小的过程都不能自发进行”这句话对吗？试举例说明。

16. 使用熵判据时，有时需要计算热温商，而热温商就是指 $\int \delta Q/T$ 吗？

17. 怎样理解亥姆霍兹函数和吉布斯函数的物理意义？

18. 下列说法中哪些是正确的？

(1)关系式 $\Delta G=\Delta H-T\Delta S$ 对任意过程均适用；

(2)在非体积功为零的封闭系统中，当系统达到平衡时吉布斯函数值达到最低；

(3)0 ℃的 10 g 冰在一个大气压下所具有的吉布斯能，小于同温同压下 10 g 水所具有的吉布斯能；

(4)等温等压的可逆相变过程 $\Delta G=0$。

19. 100 ℃、101.325 kPa 的水向真空蒸发为同温同压的水蒸气，可否用 ΔG 判断过程的方向？为什么？

20. “关系式 $G=A+pV$ 只适用于理想气体”，这一观点是否正确？

21. 何谓定组成闭合相系统？

22. 有人根据关系式 $dU=TdS-pdV$ 推理，当气体向真空绝热膨胀时，dU 和 pdV 都等于零，所以 $dS=0$，得出结论气体向真空绝热膨胀过程都是可逆过程。此结论是否正确？为什么？

习 题

1. 试证明 1 mol 理想气体在等压下升温 1 ℃时，气体与环境交换的功等于摩尔气体常数 R。

2. 在 101.325 kPa、0 ℃条件下，100.0 g 纯水完全凝固为冰，试求该变化过程的体积功。已知液态水和冰的密度分别为 1.00 $g \cdot mL^{-1}$ 和 0.916 $g \cdot mL^{-1}$。

3. 假设在一温度为 273.15 K、体积为 22.4 L 带有活塞的刚性容器内有 1 mol 理想气体，此时活塞外的压力为 1.50×10^5 Pa，进行等温压缩直到气体压力与外压相等。试求该过程环境对气体做功的最大值和最小值。

4. 若有一种真实气体遵守状态方程 $pV_m=RT+bp$，其中 $b=2.67\times10^{-5}\ m^3 \cdot mol^{-1}$。当 1 mol 这种气体在下列条件下从 500 kPa 膨胀到 100 kPa，求气体对环境所做的体积功。

(1)在 25 ℃下反抗 100 kPa 的恒外压膨胀；

(2)在 25 ℃下等温可逆膨胀。

5. 2 mol 的 He 气（视为理想气体）在 20 ℃下由 22.8 L 膨胀到 31.7 L，试计算经过下述 3 个过程的 Q、W、ΔU 和 ΔH。

(1)等温可逆膨胀；

(2)向真空膨胀；

(3)恒外压为终态压力下的膨胀。

6. 在 373.15 K 和 101.325 kPa 的条件下，1 mol 体积为 18.80 mL 的液态水变为30.2 L 的水蒸气，求此过程系统的 ΔU 和 ΔH。已知水的蒸发热为 40.67 $kJ \cdot mol^{-1}$。

7. 已知 $N_2(g)$ 的 $C_{p,m}/J \cdot K^{-1} \cdot mol^{-1}=29.342-3.5395\times10^{-3}T+1\times10^{-5}T^2$，现将 1 mol的 $N_2(g)$ 从 20 ℃升至 300 ℃，试求：

(1)等压升温所需吸收的热；

(2)等容升温所需吸收的热。

8. 已知水的汽化热为 40.67 $kJ \cdot mol^{-1}$，现有 1 mol 液态水在下述条件下全部蒸发为水蒸气，求此过程的 Q、W、ΔU 和 ΔH。

(1)在 373.15 K、101.325 kPa 下，液态水蒸发为水蒸气；

(2)373.15 K、101.325 kPa 的液态水向真空蒸发，变为同温同压的水蒸气。（水蒸气可视为理想气体）

9. 2 mol 某双原子理想气体于 277 K、111 kPa 经恒容加热至 356 K。试计算该气体终态压力及 Q、W、ΔU 和 ΔH。

10. 某理想气体的 $C_{V,m}=21.91\ J\cdot K^{-1}\cdot mol^{-1}$，现将 1 mol 的该理想气体于 273 K、100 kPa下恒外压等温压缩至平衡态，再将此平衡态等容升温至 373 K，此时压力为 1000 kPa。求整个过程的 Q、W、ΔU 和 ΔH。

11. 1 mol 单原子理想气体，始态压力为 200 kPa，体积为 11.3 L，经过 $pT=k$（常数）的可逆压缩过程至终态压力为 400 kPa，求：

(1)该变化过程的 ΔU 和 ΔH；

(2)该过程系统所做的功。

12. 1 mol 双原子理想气体在 298.15 K 和 150 kPa 时经绝热可逆膨胀至 50 kPa，求气体的终态温度及该过程的 W、ΔU 和 ΔH。

13. 用 1000 kPa 的外压将温度为 273 K、100 kPa 的理想气体绝热压缩至压力平衡，计算气体的终态温度。已知该气体的等容摩尔热容为 $20.9\ J\cdot K^{-1}\cdot mol^{-1}$。

14. 在温度为 273.15 K 下，2 mol 氦气（视为理想气体）体积从 20 L 膨胀至 50 L，试求下列过程的 Q、W、ΔU 和 ΔH。已知氦气的等压摩尔热容为 $20.79\ J\cdot K^{-1}\cdot mol^{-1}$。

(1)等温可逆过程；

(2)绝热可逆过程。

15. 假设甲烷遵守理想气体方程，其等压摩尔热容为 $35.7\ J\cdot K^{-1}\cdot mol^{-1}$。当 1 mol 甲烷从 100 ℃、500 kPa 绝热可逆膨胀到 0 ℃时，求：

(1)终态的压力；

(1)该膨胀过程系统所做的功。

16. 假设地热水的温度为 65 ℃，环境温度为 20 ℃。如果用一个可逆热机从地热水中取出 1000 J 的热量，可以对外做的功以及热机效率 η 分别为多少？

17. 如果卡诺热机在一个循环中从高温热源吸收了 100 kJ 的热量。已知高温热源和低温热源的温度分别为 653.15 K 和 373.15 K。那么一次卡诺循环过程中热机对外做了多少功？

18. 卡诺热机在等温可逆膨胀时系统对外做功为 300 kJ。已知卡诺热机接触的高温热源和低温热源的温度分别为 1000 K 和 400 K。试计算该卡诺热机在一次卡诺循环的不同阶段中的 Q、W、ΔU、ΔH 和 ΔS。

(1)等温可逆膨胀；

(2)等温可逆压缩；

(3)完成一次卡诺循环。

19. 现有 1 mol 理想气体，已知其 $C_{V,\mathrm{m}}=2.5R$，从 400 K、200 kPa 的初始状态经绝热可逆压缩至 400 kPa 后，再向真空膨胀至 200 kPa。求该过程的 Q、W、ΔU、ΔH 和 ΔS。

20. 在绝热容器中，将 0.20 kg、283 K 的纯液体 A 与 0.40 kg、313 K 的纯液体 A 混合，求混合过程的熵变。已知该液体的比热容为 4.184 $\mathrm{kJ \cdot K^{-1} \cdot kg^{-1}}$。

21. 有 1.5 mol 理想气体，从 300 K、25 L 的始态经下列过程膨胀至 300 K、50 L 的终态，计算各个过程的 Q、W、ΔU、ΔH 和 ΔS，并判断过程的可逆性。

(1)真空膨胀；

(2)反抗 100 kPa 的恒定外压膨胀。

22. 如果某种真实气体的状态方程为 $pV_\mathrm{m}=RT+ap$（a 为常数），求 1 mol 该气体从体积 V_1 等温可逆膨胀至 V_2 时的 Q、W、ΔU 和 ΔS 的表达式。

23. 已知苯在 101.325 kPa 下的沸点为 80.1 ℃。在此温度和压力下苯的摩尔汽化焓为 30.88 $\mathrm{kJ \cdot mol^{-1}}$，液态苯的摩尔热容为 $C_{p,\mathrm{m}}=142.7\ \mathrm{J \cdot K^{-1} \cdot mol^{-1}}$。现将 2 mol 40.53 kPa 的苯从 80.1 ℃的苯蒸气冷却到 60 ℃的液态苯并在 101.325 kPa 下达到平衡。如果苯蒸气可以看成理想气体，求整个过程的 ΔS。

24. 1 mol 液态水在 100 ℃、101.325 kPa 下向真空蒸发变为 100 ℃、101.325 kPa 的水蒸气。如果在此条件下水蒸气可以视为理想气体，且摩尔蒸发焓为 40.64 $\mathrm{kJ \cdot mol^{-1}}$，求蒸发过程的 Q、W、ΔU、ΔH 以及系统和环境的熵变 $\Delta S_{系}$、$\Delta S_{环}$，并判断该过程能否自发进行。

25. 如图 5-15 所示，在 298 K 下刚性密闭容器中装有 0.4 mol、40 kPa 的理想气体 A 和 0.6 mol、60 kPa 的理想气体 B。开始时两个理想气体被一导热隔板分开。现在去掉导热隔板将两种气体等温混合。试求：

(1)混合后，系统再次达到平衡时的压力；

(2)混合过程的 Q、W、ΔU、ΔH、ΔS、ΔA 和 ΔG，并判断混合过程是否可逆。

(3)如果混合气体经等温可逆过程回到混合前的状态，计算该过程的 Q 和 W。

图 5-15 题 25 图

26. 已知四氯化碳在 101.325 kPa 下的沸点为 77 ℃，在相同压力下四氯化碳的摩尔蒸发焓为 29.884 $\mathrm{kJ \cdot mol^{-1}}$。在压力 101.325 kPa 和 77 ℃下，1 mol 四氯化碳液体向真空蒸发为同温度和同压力下的四氯化碳蒸气。如果四氯化碳可看作理想气体，求此过程的 Q、W、ΔU、ΔH、ΔS、ΔA 和 ΔG，并判断该过程是否可逆。（提示：知道系统的始末状态，可设计一个等温等压过程，计算体系的熵变和内能变化值。）

27. 当 1 mol 理想气体从 25 ℃和 150 kPa 经历简单状态变化变为 25 ℃和 101 kPa，求该变化过程的熵变。已知该理想气体的等压摩尔热容为 29.36 $J \cdot K^{-1} \cdot mol^{-1}$。

28. 计算 5 mol、0.1 MPa 和 35 ℃的理想气体分别经历下列过程时理想气体系统和环境的熵变。

(1)等温可逆压缩至 0.3 MPa；

(2)绝热可逆压缩至 0.3 MPa。

29. 已知水蒸气的标准摩尔熵为 $S_m^\ominus = 188.72\ J \cdot K^{-1} \cdot mol^{-1}$，摩尔等压热容为

$$C_{p,m}^\ominus = 30.54 + 10.29 \times 10^{-3} T (J \cdot K^{-1} \cdot mol^{-1})$$

现有 1 mol 水在 373 K、101.325 kPa 下经历等温等压过程转变为水蒸气。随后水蒸气升温到 573 K，同时压力降低为 50.66 kPa。如果水蒸气可以看作理想气体，试求该过程的 ΔG。

30. 已知在 298 K 时丙酮蒸气的标准摩尔熵 $S_m^\ominus = 294.9\ J \cdot K^{-1} \cdot mol^{-1}$，在 273～1500 K的温度范围内丙酮蒸气的标准等压摩尔热容 $C_{p,m}^\ominus$ 与温度 T 的关系：

$$C_{p,m}^\ominus/(J \cdot K^{-1}) \cdot mol^{-1} = [22.47 + 201.8 \times 10^{-3} (T/K) - 63.5 \times 10^{-6} (T/K)^2]$$

试计算标准压力下丙酮蒸气在 1000 K 时的标准摩尔熵。

31. 如果真实气体满足状态方程 $p(V-b) = nRT$，b 可看成常数，试写出等温过程中 ΔS 和 ΔG 的表达式。

（岳　岭，李骁勇 编）

第 6 章　多组分热力学

定组成闭合相热力学基本方程应用于组成恒定不变的简单变化，或从纯物质到纯物质的相变化以及从纯物质到纯物质的化学反应。但是在实际生产生活中所遇到的往往都是多组分系统的变化和化学反应，系统的组成不仅会发生变化，而且大多都是不可逆的，已知的热力学基本方程就不适用了。

定组成闭合相的广度性质（如 U、H、S、G 等），只需要两个独立变量就可以确定（通常选温度 T 和压力 p），如 $G=G(T, p)$。但是对于多组分系统，物质的种类和数量发生改变，此时仅用两个变量来表示状态就不够了。物质量的变化往往也涉及到能量的变化，所以在多组分系统中还要考虑各组分物质的量的变化。所谓多组分系统可以是有物质交换的敞开系统，也可以是不同相间物质迁移的封闭系统，或者说在封闭系统内发生的状态变化过程可以是简单变化，也可以是相变化或化学变化过程。

6.1　偏摩尔量

6.1.1　偏摩尔体积

实验表明，在 25 ℃和一个标准大气压力下，1 mol 的纯水加入到大量纯水中体积增加 18.0 mL，这时水的摩尔体积为 18.0 $\mathrm{mL \cdot mol^{-1}}$。但是将 1 mol 的纯水加入到大量乙醇中时，溶液的体积增加了 14.0 mL。产生这样的体积差的主要原因是在不同溶液中分子所处的环境不同，分子间的作用力也发生了变化。

如图 6-1 所示，纯水在不同质量分数 x 的乙醇水溶液中的摩尔体积 V_m（水）均不同。事实说明，就乙醇和水的溶液而言，只确定温度和压力，系统的体积 V 并不能确定，还需要指定浓度。对其他热力学广度性质（如 S、G）也是如此。为此对组成变化的系统，路易斯（G. L. Lewis）提出了偏摩尔量的概念。接下来以体积 V 为例进行说明。

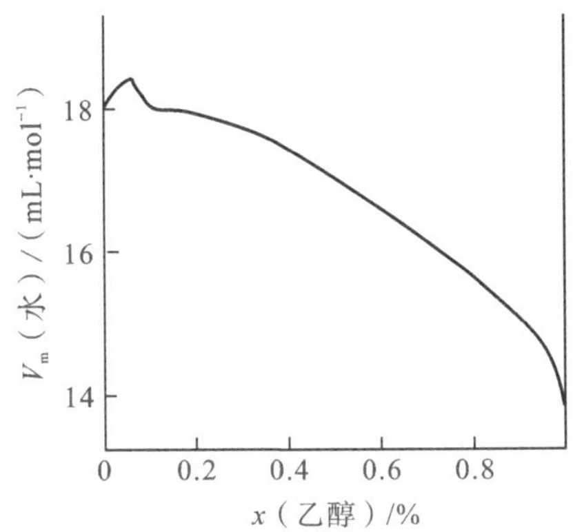

图 6－1　水的偏摩尔体积(25 ℃)

对于一个多组分溶液，其体积 V 可以看作是温度 T、压力 p 及各组成的物质的量 n_1、n_2、……的函数，即

$$V = V(T, p, n_1, n_2, \cdots)$$

当系统发生微小变化时，体积 V 有相应的改变，可用全微分表示

$$\mathrm{d}V = \left(\frac{\partial V}{\partial T}\right)_{p,n_i}\mathrm{d}T + \left(\frac{\partial V}{\partial p}\right)_{T,n_i}\mathrm{d}p + \left(\frac{\partial V}{\partial n_1}\right)_{T,p,n_{j\neq 1}}\mathrm{d}n_1 + \left(\frac{\partial V}{\partial n_2}\right)_{T,p,n_{j\neq 2}}\mathrm{d}n_2 + \cdots \quad (6-1)$$

式中，下标 n_i 表示所有组分的量都恒定不变；$n_{j\neq \mathrm{B}}$ 表示除了组分 B 以外其余各组分物质的量都恒定不变。令

$$V_{\mathrm{B,m}} = \left(\frac{\partial V}{\partial n_{\mathrm{B}}}\right)_{T,p,n_{j\neq \mathrm{B}}} \quad (6-2)$$

称其为多组分系统中组分 B 的偏摩尔体积(partial molar volume)。$V_{\mathrm{B,m}}$ 表示在一定温度、压力和组成条件下，组分 B 的摩尔体积。则式(6－1)可写成

$$\mathrm{d}V = \left(\frac{\partial V}{\partial T}\right)_{p,n_i}\mathrm{d}T + \left(\frac{\partial V}{\partial p}\right)_{T,n_i}\mathrm{d}p + \sum_{\mathrm{B}} V_{\mathrm{B,m}}\mathrm{d}n_{\mathrm{B}} \quad (6-3)$$

根据式(6－2)，组分 B 的偏摩尔体积可理解为：在等温等压条件下，有限量的一定浓度溶液中，加入 $\mathrm{d}n_{\mathrm{B}}$ 的 B 物质（系统的浓度保持不变）所引起的系统体积 V 的变化量；或可理解为在等温等压条件下，往大量的一定浓度溶液中加入 1 mol 的 B 物质（系统的浓度保持不变）所引起的系统体积 V 的变化量。

6.1.2　其他偏摩尔量

偏摩尔体积与纯组分的摩尔体积一样，是强度性质，与系统的量无关。但一种物质处于纯态时的摩尔体积与它在多组分混合物中的偏摩尔体积是不同的。多组分系统中的其他广度性质一般都有这种特性，因此有下列各种不同的偏摩尔量。

$$U_{B,m}=\left(\frac{\partial U}{\partial n_B}\right)_{T,p,n_{j\neq B}}\qquad \text{B 物质的偏摩尔内能}$$

$$H_{B,m}=\left(\frac{\partial H}{\partial n_B}\right)_{T,p,n_{j\neq B}}\qquad \text{B 物质的偏摩尔焓}$$

$$S_{B,m}=\left(\frac{\partial S}{\partial n_B}\right)_{T,p,n_{j\neq B}}\qquad \text{B 物质的偏摩尔熵}$$

$$G_{B,m}=\left(\frac{\partial G}{\partial n_B}\right)_{T,p,n_{j\neq B}}\qquad \text{B 物质的偏摩尔吉布斯能}$$

需要注意的是，并非所有广度性质对某物质摩尔数的偏导数都是偏摩尔量，只有在一定温度、压力及组成条件下，多组分系统的广度性质对某物质摩尔数的偏导数才是该系统中某组分的偏摩尔量。任一广度性质 X，对于组分 B 来说，纯态时的摩尔性质与在多组分系统中的摩尔性质往往是有差异的，因此我们用 $X_{B,m}^*$ 表示纯组分 B 的摩尔性质，以示与其偏摩尔量 $X_{B,m}$ 的区别。

纯物质的摩尔量往往都为正值，但是偏摩尔量却不一定。例如，$MgSO_4$ 在无限稀释水溶液中的偏摩尔体积为 $-1.4\ mL\cdot mol^{-1}$，也就是说，将 1 mol $MgSO_4$ 加入到大量纯水中，溶液体积反而减少 1.4 mL。

6.1.3 偏摩尔量的集合公式

因偏摩尔量是 T、p、n 的函数，所以在等温等压且组成不变条件下，偏摩尔量的值是保持不变的。根据式(6-2)，在等温等压、各组分保持相对数量不变条件下，同时向溶液中加入各组分，可认为混合后溶液的浓度不变，则各组分的偏摩尔体积有定值，对式(6-3)积分

$$V=V_{1,m}\int_0^{n_1}dn_1+V_{2,m}\int_0^{n_2}dn_2+\cdots=n_1V_{1,m}+n_2V_{2,m}+\cdots=\sum_{B=1}^{i}n_BV_{B,m}\qquad(6-4)$$

同理，多组分系统的任一广度性质都可以表示为

$$X=\sum_{B=1}^{i}n_BX_{B,m}\qquad(6-5)$$

式(6-5)称为偏摩尔量的集合公式。

例 6-1　有一质量分数为 20% 的乙醇-水溶液，在 20 ℃时密度为 $968.7\ kg\cdot m^{-3}$。已知该溶液中乙醇的偏摩尔体积为 $52.2\ mL\cdot mol^{-1}$，试计算该溶液中水的偏摩尔体积。

解：设有该浓度溶液 1 L，则该溶液总质量为 968.7 g，故

$$n_{乙}=\frac{968.7\ g\times0.2}{46\ g\cdot mol^{-1}}=4.21\ mol,\ n_{水}=\frac{968.7\ g\times0.8}{18\ g\cdot mol^{-1}}=43.05\ mol$$

根据偏摩尔量集合公式可知　$V=V_{乙,m}n_{乙}+V_{水,m}n_{水}$

$$V_{水,m}=\frac{V-V_{乙,m}n_{乙}}{n_{水}}=\frac{1000\ mL-(52.2\ mL\cdot mol^{-1})\times(4.21\ mol)}{43.05\ mol}=18.12\ mL\cdot mol^{-1}$$

6.2　化学势

多组分系统中的广度性质均具有偏摩尔性质，其中偏摩尔吉布斯能是最为重要的，主要原因是常见的各种变化都是在等温等压下进行的，而吉布斯能正是该条件下自发过程方向与限度的判据。因此，定义偏摩尔吉布斯能为化学势(chemical potential)，用 μ_B 表示。

$$\mu_B = \left(\frac{\partial G}{\partial n_B}\right)_{T,p,n_{j\neq B}} \tag{6-6}$$

对于纯态物质来说，物质的摩尔吉布斯能就是化学势 $\mu_B = G_{B,m}$。对于多组分系统，化学势取决于 T、p、n，当系统中物质的量发生变化时，吉布斯能可能会发生变化，因此热力学基本方程 $dG = -SdT + Vdp$ 需要修正为

$$dG = -SdT + Vdp + \mu_1 dn_1 + \mu_2 dn_2 + \cdots = -SdT + Vdp + \sum_B \mu_B dn_B \tag{6-7}$$

式(6-7)是多组分系统吉布斯能变化的基本公式。同样，对于内能 U 与吉布斯能 G 之间的关系 $G = U + pV - TS$ 可得

$$dU = dG - pdV - Vdp + TdS + SdT$$

将式(6-7)代入上式，得

$$dU = -pdV + TdS + \sum_B \mu_B dn_B \tag{6-8}$$

由式(6-8)可知

$$\mu_B = \left(\frac{\partial U}{\partial n_B}\right)_{S,V,n_{j\neq B}} \tag{6-9}$$

因此，化学势不仅是在等温等压组成不变条件下，物质的量改变而引起的吉布斯能的变化量，也是在等熵等容组成不变条件下，物质的量改变而引起的内能的变化量。同理可得化学势的其他表达式：

$$\mu_B = \left(\frac{\partial U}{\partial n_B}\right)_{S,V,n_{j\neq B}} = \left(\frac{\partial H}{\partial n_B}\right)_{S,p,n_{j\neq B}} = \left(\frac{\partial A}{\partial n_B}\right)_{T,V,n_{j\neq B}} = \left(\frac{\partial G}{\partial n_B}\right)_{T,p,n_{j\neq B}} \tag{6-10}$$

上述 4 个偏微商都称为化学势，是化学势的广义定义，其中只有吉布斯函数的偏导数是在等温等压组成不变条件下才满足偏摩尔量的定义式。

至此，对于多组分系统，热力学基本方程变化为

$$dU = TdS - pdV + \sum_B \mu_B dn_B$$

$$dH = TdS + Vdp + \sum_B \mu_B dn_B$$

$$dA = -SdT - pdV + \sum_B \mu_B dn_B$$

$$dG = -SdT + Vdp + \sum_B \mu_B dn_B$$

根据吉布斯函数判据，在等温等压非体积功为零时，$dG_{T,p,W'=0} \leqslant 0$ 。依据式(6-7)，在相同条件下，化学势是多组分系统过程方向及限度的判据，即

$$\sum_{B} \mu_B dn_B \leqslant 0 \tag{6-11}$$

1. 在相平衡中的应用

某系统中含有1、2、3、… 多种物质，其中有α和β两个相。在等温等压下，当有 dn_B 的B物质从α相迁移到β相时，如图6-2所示，系统吉布斯能变化为

$$dG = dG^{\alpha} + dG^{\beta}$$

式中，α相中B物质变化为 $-dn_B$，浓度可视为不变，则 $dG^{\alpha} = -\mu_B^{\alpha} dn_B$ ；β相中B物质变化为 dn_B，同样可视浓度不变，$dG^{\beta} = \mu_B^{\beta} dn_B$，则

$$dG = -\mu_B^{\alpha} dn_B + \mu_B^{\beta} dn_B = (\mu_B^{\beta} - \mu_B^{\alpha}) dn_B$$

根据吉布斯函数判据，有

$$\mu_B^{\beta} - \mu_B^{\alpha} \leqslant 0 \quad \begin{cases} \text{取} < \text{号，自发、不可逆} \\ \text{取} = \text{号，可逆、相平衡} \end{cases}$$

式中，"<"表示过程自发，即组分B可自发地从化学势高的α相迁移到化学势低的β相中；"="表示达到平衡，即当组分B在α相和β相中的化学势相等时，B组分在两相中分配达到平衡。

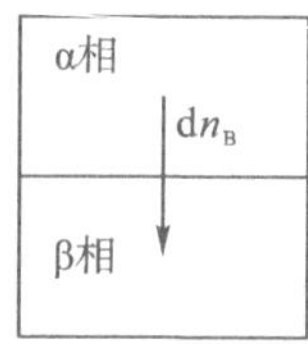

图6-2　dn_B 物质由α相转移到β相

2. 在化学平衡中的应用

某化学反应 $aA + cC = dD + fF$ 在等温等压下进行。当反应进行到某一程度时，参与反应的各物质发生微量变化，此时可视系统各物质浓度是定值，则整个化学反应系统的吉布斯能的改变为

$$dG = \sum_{B} \mu_B dn_B$$

因为 $dn_B = \nu_B d\xi$，将此式代入上式可得

$$dG = \sum_{B} \nu_B \mu_B d\xi$$

有

$$\left(\frac{\partial G}{\partial \xi}\right)_{T,p} = \sum_{B} \nu_B \mu_B \tag{6-12}$$

式中，ξ 是反应进度(见7.1.1节)。式(6-12)左边表示在一定温度和压力下进行单位反应

进度的反应所引起的吉布斯函数的改变量，称为摩尔反应吉布斯函数，记为 $\Delta_r G_m$，其值与化学反应系统中各组分的化学势有关。故式(6－12)可写为

$$\Delta_r G_m = \sum_B \nu_B \mu_B \tag{6-13}$$

由于 $\sum_B \nu_B \mu_B = \sum_B (\nu_B \mu_B)_{产物} - \sum_B (\nu_B \mu_B)_{反应物}$，所以根据吉布斯判据，有

$$\sum_B (\nu_B \mu_B)_{产物} \leqslant \sum_B (\nu_B \mu_B)_{反应物} \quad \begin{cases} 取 < 号，自发、不可逆 \\ 取 = 号，可逆、处于化学平衡 \end{cases} \tag{6-14}$$

式(6－14)就是化学平衡条件。在封闭系统中，在一定温度压力下，随着反应的进行系统的组分会不断发生变化，其中各组分的化学势也在不断发生变化，在达到化学平衡之前一定有 $\sum_B \nu_B \mu_B < 0$，直到 $\sum_B \nu_B \mu_B = 0$ 。

通过化学势在相平衡和化学平衡中的应用，可以看出化学势的物理意义，其作用就是物质传递过程方向和限度的判据。

6.3　化学势的表达

6.3.1　纯物质化学势的表达

根据多组分热力学基本方程 $dG = -SdT + Vdp + \sum_B \mu_B dn_B$，对于某纯物质 B 组成的系统，此式变为

$$dG = -SdT + Vdp + \mu_B dn_B$$

所以

$$\mu_B = \left(\frac{\partial G}{\partial n_B}\right)_{T,p} = G^*_{m,B} = \mu^*_B \tag{6-15}$$

由式(6－15)可知，任一纯物质 B 的化学势 μ^*_B 等于该物质的摩尔吉布斯函数 $G^*_{m,B}$ 。

在定组成闭合相系统中，对于纯物质 B 而言

$$dG^*_{m,B} = -S^*_{m,B}dT + V^*_{m,B}dp$$

所以

$$d\mu^*_B = -S^*_{m,B}dT + V^*_{m,B}dp$$

对于等温变化过程，上式变为

$$d\mu^*_B = V^*_{m,B}dp \tag{6-16}$$

化学势是物理内容丰富的热力学强度量，然而纯物质化学势的绝对值是无法知道的，更不要说多组分中各组分的化学势了，但是在具体应用过程中，所关注的是物质化学势的变化量，并不是其绝对值。因此，对于不同状态的物质，可选取一**标准态**作为相对起点，该起点的化学势为标准态化学势，其他状态下该物质的化学势可表示为与标准态化学势的关系式，进而解决化学势变化量问题。

对于纯凝聚态物质,在温度 T 对式(6-16)两边积分,即

$$\int_{\mu_B^\ominus(T)}^{\mu_B^*(T,p)} d\mu_B^* = \int_{p^\ominus}^{p} V_{m,B}^* dp$$

$$\mu_B^*(T,p) = \mu_B^\ominus(T) + \int_{p^\ominus}^{p} V_{m,B}^* dp \tag{6-17}$$

将处于标准压力 $p^\ominus = 100$ kPa 及温度 T 的状态定为标准态,用 $\mu^\ominus$ 表示标准态的化学势。因标准态的压力已给定,所以 $\mu^\ominus$ 仅是温度的函数。通常纯凝聚态物质的 $V_{m,B}^*$ 较小,在实际压力变化不大时,式(6-17)中的积分项可忽略不计。故对于纯凝聚态物质 B,通常认为

$$\mu_B^*(T,p) \approx \mu_B^\ominus(T) \tag{6-18}$$

式(6-17)和(6-18)都是凝聚态物质的化学势表达式。

若是纯态理想气体,将理想气体摩尔体积 $V_m = \dfrac{RT}{p}$ 代入式(6-17),进行积分可得

$$\mu_B^*(T,p) = \mu_B^\ominus(T) + RT\ln\frac{p}{p^\ominus} \tag{6-19}$$

式(6-19)就是纯理想气体的化学势表达式。因为理想气体混合物的分子模型和纯态理想气体是相同的,所以某种理想气体 B 无论是单纯存在还是在理想气体混合物中具有相同体积时行为完全一样。因此,理想气体混合物中任一组分 B 的化学势表示式与该组分在纯态时的化学势表示式相同,即

$$\mu_B(T,p) = \mu_B^\ominus(T) + RT\ln\frac{p_B}{p^\ominus} \tag{6-20}$$

式中,p_B 为理想气体混合物中 B 气体的分压(partial pressure)。根据分压的定义,p_B 等于混合气体中组分 B 的摩尔分数 y_B 与混合气体总压力 p 的乘积,即

$$p_B = y_B \cdot p$$

例 6-2 已知有氧气摩尔分数为 0.2 的氮氧混合气体 500 L,在温度 20 ℃、压力 120 kPa 下将上述气体分离开,使两种气体变为 20 ℃、120 kPa 的纯态气体。要完成这项工作,环境至少需要对系统做多少非体积功?

解: 视气体为理想气体

$$n(O_2) = \frac{p_{O_2}V}{RT} = \frac{0.2\times120\times10^3\times0.5}{8.314\times293.15} = 4.924\ \text{mol}$$

$$n(N_2) = \frac{p_{N_2}V}{RT} = \frac{0.8\times120\times10^3\times0.5}{8.314\times293.15} = 19.694\ \text{mol}$$

该过程吉布斯函数变化量为

$$\Delta G = \left(\sum n_B\mu_B\right)_{终} - \left(\sum n_B\mu_B\right)_{始}$$
$$= n(O_2)(\mu_{O_2,终} - \mu_{O_2,始}) + n(N_2)(\mu_{N_2,终} - \mu_{N_2,始})$$

将式(6-19)和(6-20)代入上式可得

$$\Delta G = n(O_2)RT\ln\frac{p_{O_2,终}}{p_{O_2,始}} + n(N_2)RT\ln\frac{p_{N_2,终}}{p_{N_2,始}}$$
$$= \left[4.924 \times 8.314 \times 293.15 \times \ln\frac{120}{120 \times 0.2}\right.$$
$$\left. + 19.694 \times 8.314 \times 293.15 \times \ln\frac{120}{120 \times 0.8}\right]\text{J}$$
$$= (30.03 \times 10^3)\text{J} = 30.03\ \text{kJ}$$

根据吉布斯函数判据，要实现上述分离过程，环境至少需要对系统做 30.03 kJ 的非体积功。

6.3.2　理想溶液中各组分化学势的表达

在温度 T、压力 p 时，对于某纯液体 A，其化学势表示为 $\mu_A^*(T,p,\text{l})$ 。因为在此条件下，纯物质 A 的饱和蒸气压为 p_A^*，因此根据式(6-19)可知，纯物质 A 蒸气相(视为理想气体)的化学势为

$$\mu_A^*(T,p,\text{g}) = \mu_A^{\ominus}(T) + RT\ln\frac{p_A^*}{p^{\ominus}}$$

而这两相达到平衡状态，所以组分 A 在气液两相的化学势相等，即

$$\mu_A^*(T,p,\text{l}) = \mu_A^*(T,\text{g}) = \mu_A^{\ominus}(T) + RT\ln\frac{p_A^*}{p^{\ominus}} \tag{6-21}$$

若溶液 A 中存在其他物质形成混合溶液，这时物质 A 的化学势为 $\mu_A(T,p,\text{l})$，饱和蒸气压变为 p_A，两相仍处于平衡状态，所以

$$\mu_A(T,p,\text{l}) = \mu_A(T,\text{g}) = \mu_A^{\ominus}(T) + RT\ln\frac{p_A}{p^{\ominus}} \tag{6-22}$$

合并式(6-21)和(6-22)，可得

$$\mu_A(T,p,\text{l}) = \mu_A^*(T,p,\text{l}) + RT\ln\frac{p_A}{p_A^*} \tag{6-23}$$

法国科学家拉乌尔(François Raoult)在大量实验基础上发现，对于结构相似的液体混合物，任一组分的饱和蒸气压与其纯态时饱和蒸气压之比，p_A/p_A^*，约等于液体混合物中该组分的摩尔分数 x_A，这就是著名的拉乌尔定律。

$$p_A = p_A^* \cdot x_A \tag{6-24}$$

所谓理想溶液(ideal solutions)就是溶液中的每一种组分在全部浓度范围内都遵守拉乌尔定律的溶液，也称为理想液态混合物。根据式(6－23)和(6－24)可知，理想溶液中任一组分 A 的化学势可表示为

$$\mu_A(T,p,l)=\mu_A^*(T,p,l)+RT\ln x_A \tag{6-25}$$

根据纯凝聚态物质化学势表示式(6－17)，代入式(6－25)可得

$$\mu_A(T,p,l)=\mu_A^{\ominus}(T,l)+RT\ln x_A+\int_{p^{\ominus}}^{p}V_{m,A}^*(T,l)\mathrm{d}p \tag{6-26}$$

式(6－25)和式(6－26)是理想溶液中组分 A 的化学势的准确表达式。通常，由于 $V_{m,A}^*(T,l)$ 的值较小，因此在压力 p 不是很大的情况下，式(6－26)中的积分项可以忽略不计，故

$$\mu_A(T,p,l)=\mu_A^{\ominus}(T,l)+RT\ln x_A \tag{6-27}$$

式(6－27)常用来近似描述理想溶液中任一组分的化学势。

对于 A、B 二组分理想溶液，两种分子的大小、性质较为相似，在液体表面 A、B 分子相互替代位置，但分子间的作用力的不同可忽略不计。这时对于其中任一组分，单位表面上分子个数减少了，从而使得离开液面进入气相的分子个数也减少了，即减小了蒸气压。根据拉乌尔定律，这个减小量与该组分在溶液中的摩尔分数成正比，故 A、B 两组分理想溶液中各组分的饱和蒸气分压及溶液上方的饱和蒸气总压，均与溶液的组成呈现线性关系，如图 6－3 所示。

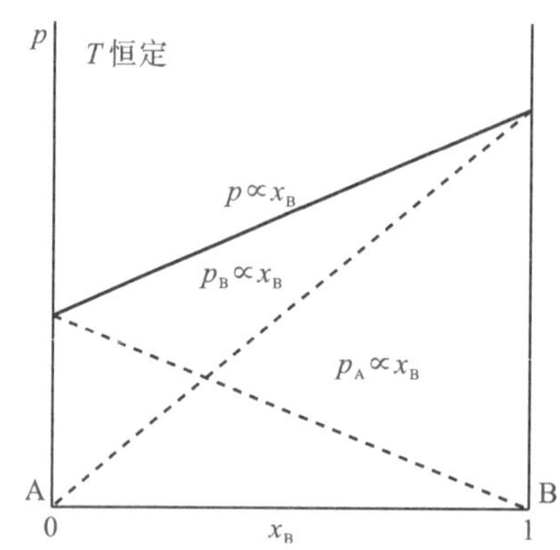

图 6－3　理想溶液饱和蒸气压与组分的关系

从分子模型上看，理想溶液中的各组分分子间作用力相同，各组分的分子体积相同，其宏观表现为混合后无热效应产生、无体积变化。构成理想混合物时，一种物质的加入对另一种物质只起稀释作用。因此形成理想液态混合物的热力学函数变化为

$$\Delta_{mix}H=0$$

$$\Delta_{mix}V = 0$$

$$\Delta_{mix}S = -R\sum n_B \ln x_B$$

$$\Delta_{mix}G = RT\sum n_B \ln x_B$$

例 6-3 在25 ℃和常压下，欲从大量的氯苯(1)和溴苯(2)组成的 $x_1 = 0.2$ 的理想溶液中分离出1 mol纯氯苯，求该过程的 ΔG 。

解:由于溶液是大量的，所以可认为分离出1 mol纯氯苯后溶液的组成没有变化。因此，该过程除了分离出来的纯氯苯外，其余物质的状态基本未发生变化。整个系统的 ΔG 就是1 mol氯苯从 $x_1 = 0.2$ 的理想溶液变为纯态，所以

$$\begin{aligned}\Delta G &= n_1\mu_1^* - n_1\mu_1 = n_1\mu_1^* - n_1(\mu_1^* + RT\ln x_1)\\ &= -n_1RT\ln x_1 = (-1\times 8.314\times 298.15\times \ln 0.2)\ \text{J}\\ &= 3990\ \text{J}\end{aligned}$$

6.3.3 理想稀溶液中各组分化学势的表达

理想稀溶液(ideal dilute solution)是指溶剂型组分遵守拉乌尔定律，而溶质型组分遵守亨利定律的稀溶液。

由于理想稀溶液中的溶剂型组分A遵守拉乌尔定律，所以其化学势表达式与理想溶液中各组分的化学势表达式完全相同，即

$$\mu_A(T,p,\text{l}) = \mu_A^*(T,p,\text{l}) + RT\ln x_A \tag{6-28}$$

理想稀溶液中溶质型组分B服从亨利定律，当溶质浓度用摩尔分数表示时，在一定温度和压力下，当气液两相达到平衡时，必然有

$$\mu_B(\text{液相}) = \mu_B(\text{气相})$$

$$\mu_B(T,p,\text{l}) = \mu_B(T,p_B,\text{g}) = \mu_B^{\ominus}(T) + RT\ln\frac{p_B}{p^{\ominus}} \tag{6-29}$$

根据亨利定律，由式(6-29)得

$$\mu_B(T,p,\text{l}) = \mu_B^{\ominus}(T) + RT\ln\frac{k_{x,B}}{p^{\ominus}} + RT\ln x_B \tag{6-30}$$

合并两个常数项，

$$\mu_B^{\ominus}(T) + RT\ln\frac{k_{x,B}}{p^{\ominus}} = \mu_{B,x}^{\triangle}(T,p)$$

得

$$\mu_B(T,p,\text{l}) = \mu_{B,x}^{\triangle}(T,p) + RT\ln x_B \tag{6-31}$$

式中，$\mu_{B,x}^{\triangle}(T,p)$ 可看作在 T、p 条件下服从亨利定律的状态下的化学势。见图6-4(a)，将 $p_B = k_{x,B}x_B$ 直线延长到 M 点，此点是服从亨利定律且 x_B 等于1时的假想态。作为一个参考

态，该处纯 B 的化学势记为 $\mu_{B,x}^{\Delta}(T,p)$，上标"Δ"表示假想态，以与上标"＊"表示的真实纯态进行区分。比较式(6－28)和式(6－31)，可以看出理想稀溶液中溶剂组分 A 与溶质型组分 B 的化学势具有相同的表达形式，但其所对应的参考态是不同的。

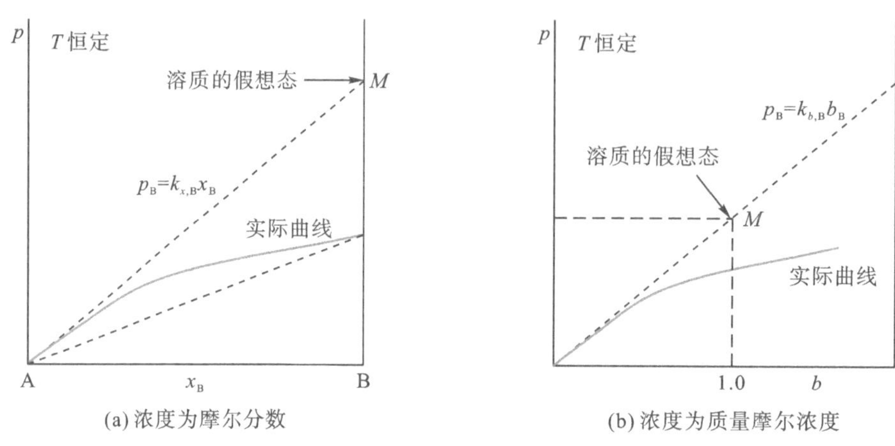

(a) 浓度为摩尔分数　　(b) 浓度为质量摩尔浓度

图 6－4　理想稀溶液中溶质的饱和蒸气压与组分的关系

对于给定的理想稀溶液，在一定温度下 $\mu_{B,x}^{\Delta}(T,p)$ 只与压力 p 有关，由多组分热力学基本方程可得

$$\left(\frac{\partial \mu_{B,x}^{\Delta}}{\partial p}\right)_{T,n_i}=V_{m,x}^{\Delta}(B)$$

式中，$V_{m,x}^{\Delta}(B)$ 表示溶质型组分 B 在遵从亨利定律且摩尔分数等于 1 处的假想态纯 B 的摩尔体积。在一定温度和组分条件下，对上式两边乘以 dp 并积分，即

$$\int_{\mu_{B,x}^{\ominus}(T)}^{\mu_{B,x}^{\Delta}(T,p)}\mathrm{d}\mu_{B,x}^{\Delta}=\int_{p^{\ominus}}^{p}V_{m,x}^{\Delta}(B)\mathrm{d}p$$

$$\mu_{B,x}^{\Delta}(T,p)=\mu_{B,x}^{\ominus}(T)+\int_{p^{\ominus}}^{p}V_{m,x}^{\Delta}(B)\mathrm{d}p \tag{6－32}$$

式中，$\mu_{B,x}^{\ominus}(T)$ 是溶质型组分 B 在遵从亨利定律且摩尔分数等于 1 处的假想态纯 B 的标准状态。将式(6－32)代入式(6－31)，可得

$$\mu_B(T,p,\mathrm{l})=\mu_{B,x}^{\ominus}(T)+RT\ln x_B+\int_{p^{\ominus}}^{p}V_{m,x}^{\Delta}(B)\mathrm{d}p \tag{6－33}$$

对于溶质型组分 B 而言，虽然其假想的标准态纯液体 B 并不存在，但由于是凝聚态，其 $V_{m,x}^{\Delta}(B)$ 值较小，所以当压力 p 不是很大时，式(6－33)中的积分项可忽略不计，故

$$\mu_B(T,p,\mathrm{l})=\mu_{B,x}^{\ominus}(T)+RT\ln x_B \tag{6－34}$$

若亨利定律中用质量摩尔浓度 b_B（或物质的量浓度 c_B），将 $p_B=k_{b,B}b_B$ 代入式(6－29)，则

$$\mu_B(T,p,l)=\mu_B^{\ominus}(T)+RT\ln\frac{k_{b,B}b^{\ominus}}{p}+RT\ln\frac{b_B}{b^{\ominus}}$$

$$\mu_B(T,p,l)=\mu_{B,b}^{\triangle}(T)+RT\ln\frac{b_B}{b^{\ominus}} \tag{6-35}$$

类似于前面的推理，可得

$$\mu_{B,b}^{\triangle}(T,p)=\mu_{B,b}^{\ominus}(T)+\int_{p^{\ominus}}^{p}V_{m,b}^{\triangle}(B)\,dp$$

代入式(6-35)得

$$\mu_B(T,p,l)=\mu_{B,b}^{\ominus}(T)+RT\ln\frac{b_B}{b^{\ominus}}+\int_{p^{\ominus}}^{p}V_{m,b}^{\triangle}(B)\,dp \tag{6-36}$$

若压力 p 不是很大时，上式中积分项可忽略不计，则

$$\mu_B(T,p,l)=\mu_{B,b}^{\ominus}(T)+RT\ln\frac{b_B}{b^{\ominus}} \tag{6-37}$$

同理，将 $p_B=k_{c,B}c_B$ 代入式(6-29)，则

$$\mu_B(T,p,l)=\mu_B^{\ominus}(T)+RT\ln\frac{k_{c,B}c^{\ominus}}{p^{\ominus}}+RT\ln\frac{c_B}{c^{\ominus}}$$

$$\mu_B(T,p,l)=\mu_{B,c}^{\triangle}(T)+RT\ln\frac{c_B}{c^{\ominus}} \tag{6-38}$$

其中

$$\mu_{B,c}^{\triangle}(T,p)=\mu_{B,c}^{\ominus}(T)+\int_{p^{\ominus}}^{p}V_{m,c}^{\triangle}(B)\,dp$$

所以

$$\mu_B(T,p,l)=\mu_{B,c}^{\ominus}(T)+RT\ln\frac{c_B}{c^{\ominus}}+\int_{p^{\ominus}}^{p}V_{m,c}^{\triangle}(B)\,dp \tag{6-39}$$

若压力 p 不是很大时，上式中积分项可忽略不计，则

$$\mu_B(T,p,l)=\mu_{B,c}^{\ominus}(T)+RT\ln\frac{c_B}{c^{\ominus}} \tag{6-40}$$

式(6-35)和式(6-39)分别是采用质量摩尔浓度和物质的量浓度时，理想稀溶液中溶质的化学势。$\mu_{B,b}^{\triangle}(T)$ 和 $\mu_{B,c}^{\triangle}(T)$ 是理想稀溶液中溶质型组分浓度分别为 $1\ mol\cdot kg^{-1}$ 和 $1\ mol\cdot L^{-1}$ 且遵从亨利定律时的假想态化学势，见图 6-4(b)中的 M 点。

6.3.4　真实溶液中各组分化学势的表达

通过对比两种理想溶液中组分化学势的表达式发现，所有化学势的表达式都具有相同的形式，即参考态化学势加浓度的对数乘以 RT。而真实溶液往往和理想(稀)溶液有所偏差，因此对于真实溶液中各组分的化学势表达，则是建立在理想(稀)溶液化学势表达基础上，对真实溶液浓度进行校正，为此路易斯引入活度的概念。

真实溶液中溶剂型组分 A 并不服从拉乌尔定律，这时可进行修正

$$p_A=p_A^{*}\gamma_A x_A$$

令 $a_A=\gamma_A x_A$，a_A 称为活度(activity)，可以理解为A的有效浓度；γ_A 是对摩尔分数的校正因子，称为活度系数(activity coefficient)，它表示真实溶液与理想溶液的偏差。当 x_A 趋于1时，γ_A 也趋于1，此时活度就等于摩尔分数。

真实溶液中溶剂型组分的化学势可表示为

$$\mu_A(T,p,l)=\mu_A^*(T,p,l)+RT\ln a_A \tag{6-41}$$

或

$$\mu_A(T,p,l)=\mu_A^\ominus(T,l)+RT\ln a_A \tag{6-42}$$

对于真实溶液中溶质型组分B，亨利定律修正为

$$p_B=k_{x,B}\gamma_B x_B=k_{x,B}a_{B,x}$$

式中，$a_{B,x}$ 是溶质B对摩尔分数的活度；γ_B 是对摩尔分数的活度系数，当B的浓度趋于零时，γ_B 值趋于1，即 $\lim\limits_{x_B\to 0}\gamma_B=1$。所以试剂溶液中溶质型组分B的化学势可表示为

$$\mu_B(T,p,l)=\mu_{B,x}^\triangle(T,p)+RT\ln a_{B,x} \tag{6-43}$$

或

$$\mu_B(T,p,l)=\mu_{B,x}^\ominus(T)+RT\ln a_{B,x} \tag{6-44}$$

同理，真实溶液中溶质型组分浓度用质量摩尔浓度 b_B 或物质的量浓度 c_B 表示，则亨利定律修正为

$$p_B=k_{b,B}\gamma_B b_B=k_{b,B}a_{B,b}$$

$$p_B=k_{c,B}\gamma_B c_B=k_{c,B}a_{B,c}$$

溶质型组分B的化学势表示为

$$\mu_B(T,p,l)=\mu_{B,b}^\triangle(T)+RT\ln\frac{\gamma_B b_B}{b^\ominus}=\mu_{B,b}^\triangle(T)+RT\ln a_{B,b} \tag{6-45}$$

或

$$\mu_B(T,p,l)=\mu_{B,b}^\ominus(T)+RT\ln a_{B,b} \tag{6-46}$$

$$\mu_B(T,p,l)=\mu_{B,c}^\triangle(T)+RT\ln\frac{\gamma_B c_B}{c^\ominus}=\mu_{B,c}^\triangle(T)+RT\ln a_{B,c} \tag{6-47}$$

或

$$\mu_B(T,p,l)=\mu_{B,c}^\ominus(T)+RT\ln a_{B,c} \tag{6-48}$$

式(6-44)、式(6-46)及式(6-48)是采用不同浓度形式时，真实溶液中溶质型组分的化学势表达式。式中 $\mu_{B,x}^\ominus(T)$、$\mu_{B,b}^\ominus(T)$、$\mu_{B,c}^\ominus(T)$ 分别是采用不同浓度形式，在温度 T，溶质的浓度 x_B、b_B、c_B 均为1，且遵从亨利定律的假想态的标准化学势。

综上所述，无论溶质型组分的浓度用何形式，物质的化学势都具有相似的表达形式，可统一表示为

$$\mu_B=\mu_B(\text{参考态})+RT\ln a_B \tag{6-49}$$

6.4 化学势在稀溶液依数性中的应用

在溶剂中加入非挥发性溶质所形成的稀溶液，其某些性质只与溶质的分子数量有关，而与溶质分子的性质无关，这些现象称为稀溶液的依数性(colligation properties)。常见稀溶

液的依数性包括饱和蒸气压降低、沸点升高、凝固点降低以及渗透压。

本节主要讨论的是非电解质稀溶液，可将该溶液近似当作理想稀溶液来处理，那么溶剂型组分遵守拉乌尔定律。因此，溶剂型组分的化学势由于溶质的加入而降低，即由 μ_A^* 变到了 $\mu_A^* + RT\ln x_A$ 。也正是由于溶剂型组分化学势的降低，才导致了依数性。如图 6－5 所示，溶剂型组分化学势的降低意味着达到气液平衡需要更高的温度（沸点 T_b 升高），液固平衡则需要更低的温度（凝固点 T_f 降低）。

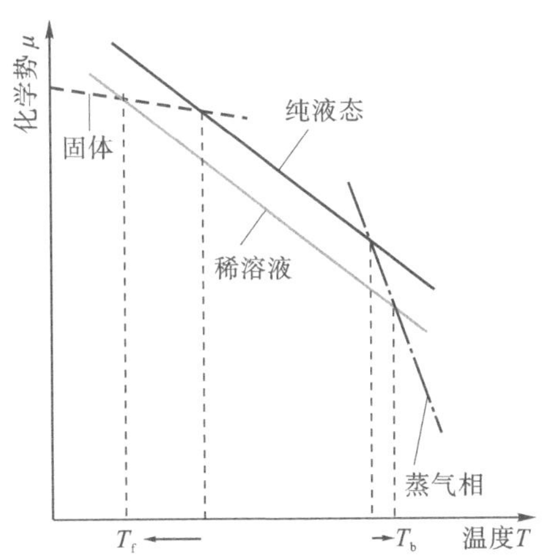

图 6－5　稀溶液中溶剂型组分化学势的变化

6.4.1　蒸气压降低

考虑一由多种物质组成的稀溶液，其中 A 为溶剂，溶质均为非挥发性物质，且 $\sum_{B \neq A} x_B$ 值很小。由于溶剂在一定温度下遵从拉乌尔定律，所以溶液上方饱和蒸气压等于液面上方溶剂 A 的饱和蒸气压，即

$$p = p_A = p_A^* x_A$$

与同温度下的纯溶剂相比较，溶剂 A 的饱和蒸气压降低值为

$$\Delta p_A = p_A^* - p_A = p_A^* (1 - x_A) = p_A^* \sum_{B \neq A} x_B \tag{6-50}$$

与纯溶剂相比，溶液的饱和蒸气压降低值 Δp 就等于溶液上方溶剂 A 的饱和蒸气压降低值 Δp_A 。所以，由非挥发性溶质组成的稀溶液，其饱和蒸气压的降低值只与溶质的浓度有关，而与溶质的本性无关，遵守依数性。

例 6－4　在 20 ℃下，乙醇的饱和蒸气压为 5.930 kPa。把 15 g 某非挥发性有机物 B 溶解于 1000 g 乙醇中，溶剂上方的饱和蒸气总压为 5.895 kPa。求该有机物的摩尔质量。

解：由 $\Delta p = p_A^* x_B$，所以

$$\frac{\Delta p}{p_A^*} = x_B = \frac{m_B/M_B}{m_B/M_B + m_A/M_A}$$

$$\frac{5.930 - 5.895}{5.930} = \frac{15/M_B}{15/M_B + 1000/46}$$

所以 $M_B = 116.2\ g \cdot mol^{-1}$ 。

6.4.2 凝固点降低

纯溶剂的凝固点(freezing point)是指在一定压力下,固液两相平衡时的温度,常用 T_f^* 表示,该温度也常称为固体的熔点。根据相平衡原理,在凝固点固态的化学势等于液态的化学势。对于稀溶液,凝固点是指溶液凝固时只析出纯固体溶剂,而不析出固溶体的温度,常用 T_f 表示。因此,在温度 T 和压力 p 下,当溶液与纯固态溶剂 A 处于平衡状态时

$$\mu_A^*(T,p,s) = \mu_A(T,p,x_A)$$

根据常压下物质化学势的表达式,上式可写为

$$\mu_A^\ominus(T,s) = \mu_A^\ominus(T,l) + RT\ln a_A$$

所以 $-R\ln a_A = \dfrac{\mu_A^\ominus(T,l) - \mu_A^\ominus(T,s)}{T}$ 。式中,$\mu_A^\ominus(T,l) - \mu_A^\ominus(T,s)$ 是 1 mol 纯溶剂 A 在标准状态下由固态变为液态的吉布斯函数改变量,所以

$$-R\ln a_A = \frac{\Delta_{fus}G_m^\ominus}{T}$$

根据吉布斯-亥姆霍兹公式,有

$$\left[\frac{\partial(\Delta_{fus}G_m^\ominus/T)}{\partial T}\right]_p = -\frac{\Delta_{fus}H_m^\ominus}{T^2}$$

所以 $\left(\dfrac{\partial \ln a_A}{\partial T}\right)_p = \dfrac{\Delta_{fus}H_m^\ominus}{RT^2}$ 。式中,$\Delta_{fus}H_m^\ominus$ 是 T 温度下的标准摩尔熔化焓。由于同温度非标准压力下物质的摩尔熔化焓 $\Delta_{fus}H_m^*$ 与 $\Delta_{fus}H_m^\ominus$ 近似相等,故上式可改写为

$$\left(\frac{\partial \ln a_A}{\partial T}\right)_p = \frac{\Delta_{fus}H_m^*}{RT^2}$$

此式两边乘以 dT 并积分

$$\int_{a_A=1}^{a_A} d\ln a_A = \int_{T_f^*}^{T_f} \frac{\Delta_{fus}H_m^*}{RT^2}dT$$

当只有纯溶剂 A 时,$a_A = 1$,对应的纯 A 固液平衡温度就是纯溶剂 A 的凝固点 T_f^* 。当稀溶液中溶剂 A 的活度为 a_A 时,与该溶液平衡的纯固态 A 所对应的温度就是该溶液的凝固点 T_f 。在 $T_f^* \to T_f$ 这个较小温度变化范围内,可将 $\Delta_{fus}H_m^*$ 视为常数,故上式积分可得

$$\ln a_A = -\frac{\Delta_{fus}H_m^*}{R}\left(\frac{1}{T_f} - \frac{1}{T_f^*}\right)$$

所以,与纯溶剂相比溶液的凝固点降低值为

$$\Delta T_f = T_f^* - T_f = -\frac{RT_f T_f^*}{\Delta_{fus} H_m^*} \ln a_A \tag{6-51}$$

当溶液很稀时,溶剂型组分 A 的活度近似等于浓度,即 $a_A \approx x_A$,那么

$$\ln a_A \approx \ln x_A = \ln\left(1 - \sum_{B \neq A} x_B\right) \approx -\sum_{B \neq A} x_B \approx -\frac{\sum_{B \neq A} n_B}{n_A} = -M_A \frac{\sum_{B \neq A} n_B}{m_A} = -M_A \sum_{B \neq A} b_B$$

若溶液凝固点降低值较少,则 $T_f T_f^* \approx T_f^{*2}$,因此式(6-51)可改写为

$$\Delta T_f = \frac{RT_f^{*2} M_A}{\Delta_{fus} H_m^*} \sum_{B \neq A} b_B$$

令

$$K_f = \frac{RT_f^{*2} M_A}{\Delta_{fus} H_m^*} \tag{6-52}$$

则凝固点降低公式可写为

$$\Delta T_f = K_f \sum_{B \neq A} b_B \tag{6-53}$$

式中,K_f 称为凝固点降低常数(freezing point depression constant),$K \cdot kg \cdot mol^{-1}$。由式(6-52)可以看出,$K_f$ 是一个只与溶剂 A 的本性有关的常数。由式(6-53)可知,稀溶液的凝固点降低值只与单位质量溶剂中含有的溶质粒子数有关,而与溶质的本性无关。所以,式(6-53)反映出的凝固点降低规律属于稀溶液的依数性。

由于在公式推导过程中,利用稀溶液的特定条件作了近似,因此式(6-53)只适用于稀溶液,对较浓的溶液会有较大的偏差。若已知溶剂的 K_f 值,通过实验测定 ΔT_f,可计算出溶质的摩尔质量,这就是凝固点降低法测定物质摩尔质量的基本原理。

6.4.3　沸点升高

由于加入非挥发性溶质,稀溶液的饱和蒸气压降低,使得在一定压力下达到气液平衡时的温度升高,即沸点升高。纯溶剂的沸点温度记为 T_b^*,而稀溶液的沸点为 T_b,它们之间的定量关系可按凝固点降低的处理方法作相同处理,得

$$\Delta T_b = T_b - T_b^* = -\frac{RT_b T_b^*}{\Delta_{vap} H_m^*} \ln a_A \tag{6-54}$$

$$\Delta T_b = \frac{RT_b^{*2} M_A}{\Delta_{vap} H_m^*} \sum_{B \neq A} b_B \tag{6-55}$$

令

$$K_b = \frac{RT_b^{*2} M_A}{\Delta_{vap} H_m^*} \tag{6-56}$$

则沸点升高公式可写为

$$\Delta T_b = K_b \sum_{B \neq A} b_B \tag{6-57}$$

式中，K_b 是一个只与溶剂的本性有关的常数，常称为溶剂 A 的沸点升高常数（boiling point elevation constant），其单位为 $K \cdot kg \cdot mol^{-1}$ 。由式（6－57）可知，稀溶液沸点升高只与单位质量溶剂中含有非挥发性溶质的粒子数有关，与溶质的本性无关，因此稀溶液沸点升高规律符合依数性。

6.4.4 渗透压

如果用半透膜（semipermeable membrane）将溶液与纯溶剂分开，溶质分子不能通过半透膜，而溶剂分子会透过半透膜向溶液扩散，将这种不同物质通过半透膜迁移的现象称为渗透（osmosis）。渗透将引起溶液一侧液面上升，达到平衡时两边液面间的静压差称为渗透压（osmotic pressure）。如果在溶液一侧额外施加一个压力以消除液面差，这个压力也就是渗透压，用 Π 表示，见图 6－6。

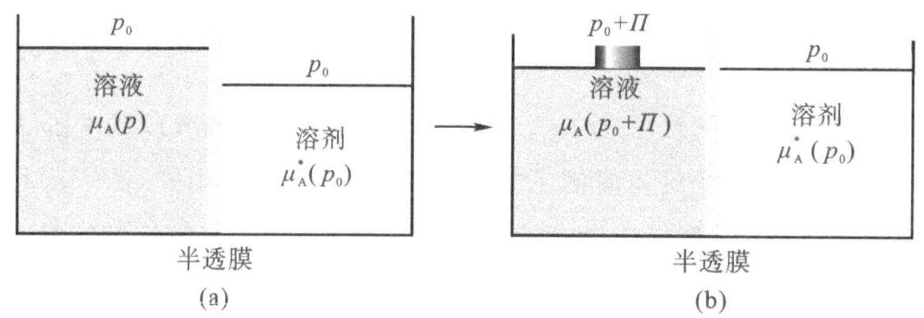

图 6－6 渗透平衡示意图

渗透压是如何产生的呢？渗透压与哪些因素有关呢？

如图 6－6(a)所示，在温度 T 和压力 p_0 下，半透膜右侧为纯溶剂，左侧为稀溶液，则溶剂分子从溶剂浓度大的一侧（化学势大）向溶剂浓度小的一侧（化学势小）迁移，溶液一侧液面升高、压力增大，其化学势随着压力增大而增大，直到两边化学势相同。这个渗透过程是自发过程，其驱动力与扩散是一样的。

如图 6－6(b)所示，当溶液一侧压力为 $p_0+\Pi$、溶剂一侧压力为 p_0 时达到渗透平衡，这时 $\mu_{A,左}=\mu_{A,右}$，即

$$\mu_A^*(T,p_0+\Pi)+RT\ln a_A=\mu_A^*(T,p_0)$$

将纯物质化学势表达式（6－17）代入上式，有

$$\mu_A^{\ominus}(T)+\int_{p^{\ominus}}^{p_0+\Pi}V_m^*(A)\mathrm{d}p+RT\ln a_A=\mu_A^{\ominus}(T)+\int_{p^{\ominus}}^{p_0}V_m^*(A)\mathrm{d}p$$

在 $p_0\sim p_0+\Pi$ 压力范围内，可将纯溶剂 A 的摩尔体积 $V_m^*(A)$ 近似看作常数，所以

$$\Pi=-\frac{RT}{V_m^*(A)}\ln a_A \qquad (6-58)$$

当溶液很稀时，$a_A\approx x_A$，这时

$$\ln a_A \approx \ln x_A = \ln\left(1 - \sum_{B\neq A} x_B\right) = -\sum_{B\neq A} x_B = -\sum_{B\neq A} \frac{M_A}{\rho_A} c_B = -V_m^*(A) \sum_{B\neq A} c_B$$

代入式(6－58)得

$$\Pi = \sum_{B\neq A} c_B \cdot RT \tag{6-59}$$

式(6－59)称为范托夫(van't Hoff,也译为范特霍夫)公式,式中 c_B 为溶质的物质的量浓度,在计算过程中 c_B 单位用 $mol \cdot m^{-3}$,这时渗透压单位是 Pa。由于该公式推导中作了近似处理,所以只适用于稀溶液。由式(6－59)可以看出,稀溶液的渗透压也具有依数性。

盐水渗透压储能技术是一种新型的储能技术,通过将淡水和盐水分别置于半透膜两侧,利用盐水的渗透压差驱动渗透发电机,从而将盐水的势能转化为电能。盐水渗透压储能技术具有储能密度高、环境友好、可再生等优点,适合用于储能和调峰。其中,淡水和盐水之间的渗透压差可以达到 4 MPa,因此盐水渗透压储能技术具有储能密度高的特点。

例 6－5 在常压下,使某个水溶液逐渐降温到－0.087 ℃时,开始析出纯冰。求 25 ℃下该溶液的渗透压。已知常温常压下水的密度近似为 $1.00\ g \cdot mL^{-1}$,水的凝固点降低常数为 $1.86\ K \cdot kg \cdot mol^{-1}$ 。

解:因为 $\Delta T_f = K_f b_B$,所以

$$b_B = \frac{\Delta T_f}{K_f} = \frac{0.087\ K}{1.86\ K \cdot kg \cdot mol^{-1}} = 0.04677\ mol \cdot kg^{-1}$$

当溶液很稀时,$\frac{c_B M_A}{\rho_A} \approx b_B M_A$,所以

$$c_B \approx b_B \rho_A = 0.04677\ mol \cdot kg^{-1} \times 1000\ kg \cdot m^{-3} = 46.77\ mol \cdot m^{-3}$$

故 $\Pi = c_B RT = 46.77 \times 8.314 \times 298.15\ Pa = 115.9\ kPa$。

思考题

1. 下列说法中哪些是正确的?

(1)化学势是状态函数;

(2)在等温、等压、浓度不变的条件下,物质 B 在某一相中的化学势一定有定值;

(3)在 300 K、$p^\ominus$ 条件下,纯液态丙酮的化学势,等于同温同压下纯液态丙酮的摩尔吉布斯函数值;

(4)在苯与甲苯组成的溶液中,苯的化学势等于甲苯的化学势;

(5)在 298 K、$p^\ominus$ 条件下,蔗糖饱和水溶液中蔗糖的化学势,等于同温同压下纯固态蔗糖的摩尔吉布斯函数值;

(6)若 α 相和 β 相达到平衡状态,那么 α 相的化学势等于 β 相的化学势。

2. 偏摩尔量与纯物质的摩尔量的物理意义有何异同?

3. 广义化学势的定义式下标有什么特点?

4.一定温度和压力下的化学平衡条件是什么?

5.溶液的化学势等于各组分化学势之和吗?

6."在一定温度和压力下,当溶液中任意一种组分 B 的浓度逐渐增大时,组分 B 的化学势必然也逐渐增大。"对于该观点你是如何认为的?

7.稀溶液的蒸气压一定都下降、凝固点一定都降低吗?

8.在一定压力下,为什么由非挥发性溶质组成的溶液的沸点都高于纯溶剂的沸点?

习　题

1.在 298 K、$x_{氯仿}=0.469$ 的氯仿-丙酮溶液中,已知氯仿和丙酮的偏摩尔体积分别为 80.235 $mL \cdot mol^{-2}$ 和 74.166 $mL \cdot mol^{-1}$,1.000 kg 的该溶液总体积是多少?

2. 298.15 K 质量百分比为 50%的乙醇水溶液的密度为 0.914 $g \cdot mL^{-1}$,已知该浓度条件下水的偏摩尔体积为 17.4 $mL \cdot mol^{-1}$,那么该条件下乙醇的偏摩尔体积是多少?

3. 在 298.15 K、101.325 kPa 条件下,1 kg 水溶解 n_B mol 的 NaCl 时溶液总体积 V 可表示为

$$V = a + bn_B + cn_B^{3/2} + kn_B^2$$

式中,$a=1002.96$ mL,$b=16.6253$ $mL \cdot mol^{-1}$,$c=1.7738$ $mL \cdot mol^{-3/2}$,$k=0.1194$ mL。

(1)求 NaCl 的偏摩尔体积表达式;

(2)试推导水的偏摩尔体积表达式为

$$V_{A,m} = (M_A/1000\ g)\left(a - \frac{1}{2}cn_B^{3/2} - kn_B^2\right)(水的质量为\ 1\ kg)$$

(3)计算 1 $mol \cdot kg^{-1}$ 的 NaCl 水溶液中 NaCl 和 H_2O 的偏摩尔体积。

4. 在 20 ℃、101.325 kPa 条件下,实验测得不同浓度的乙醇水溶液中乙醇和水的偏摩尔体积如下表,且已知纯水的密度为 0.9991 $g \cdot mL^{-1}$ 。

乙醇质量百分比浓度	$V_{水,m}/(mL \cdot mol^{-1})$	$V_{乙醇,m}/(mL \cdot mol^{-1})$
95.6%	14.61	58.01
56.0%	17.11	56.58

(1)在此条件下,将 500 L 质量百分比为 95.6%的乙醇水溶液稀释成质量百分比浓度为 56%的水溶液时,需要加入纯水的体积是多少?

(2)稀释后乙醇水溶液总体积是多少?

5. 已知在 101.3 kPa 下水的沸点是 100 ℃。请比较下列 6 种状态下水的化学势:

(a)373.15 K,101.3 kPa,液态;(b)373.15 K,101.3 kPa,气态;

(c)373.15 K,202.6 kPa,液态;(d)373.15 K,202.6 kPa,气态;

(e)374.15 K,101.3 kPa,液态;(f)374.15 K,101.3 kPa,气态。

试问：(1) μ(a) 和 μ(b) 谁大？(2) μ(a) 与 μ(c) 相差多少？μ(b) 与 μ(d) 相差多少？(3) μ(c) 和 μ(d) 谁大？(4) μ(e) 和 μ(f) 谁大？

6. 在室温和一个大气压下，将下列不同系统中 NaCl 的化学势从大到小排序。

(1)饱和 NaCl 水溶液中的 NaCl；　(2)过饱和 NaCl 水溶液中的 NaCl；

(3)纯 NaCl 固体；　(4)未饱和 NaCl 水溶液中的 NaCl；

(5)饱和 NaCl 乙醇溶液中的 NaCl。

7. 在 20 ℃、101.325 kPa 条件下，100.0 g 的苯和 100.0 g 的甲苯混合形成理想溶液，求该过程的 $\Delta_{\mathrm{mix}}G$ 、$\Delta_{\mathrm{mix}}S$ 、$\Delta_{\mathrm{mix}}H$ 和 $\Delta_{\mathrm{mix}}V$ 。

8. 在 20 ℃下，苯和甲苯的饱和蒸气压分别为 9.959 kPa 和 2.973 kPa。同温度下，在 100 g 苯和 100 g 甲苯组成的理想溶液上方：

(1)饱和蒸气总压是多少？

(2)该溶液的饱和蒸气中甲苯的摩尔分数是多少？

9. 在 100 ℃下，已烷和辛烷的饱和蒸气压分别为 244.8 kPa 和 47.2 kPa。同温度下，两物质组成的理想溶液上方饱和蒸气总压为 88.8 kPa。该理想溶液及气相的组成为多少？

10. 293 K 时，溶液 a 的组成为 1 NH_3 ∶ 2H_2O，其中 NH_3 的蒸气分压为 10.67 kPa。溶液 b 的组成为 1 NH_3 ∶ $8\frac{1}{2}$$H_2O$，其中 NH_3 的蒸气分压为 3.60 kPa。

(1)从大量溶液 a 中转移 1 mol NH_3 至大量溶液 b 中，试求 ΔG ；

(2)将压力为 101.325 kPa 的 1 mol NH_3 (g) 溶解在大量溶液 b 中，试求 ΔG 。

11. 在 298 K 下，将 1 mol 纯苯加入到苯的摩尔分数为 0.25 的大量苯-甲苯理想溶液中，求该过程的吉布斯函数改变量。

12. 在 25 ℃和 101.325 kPa 下，欲从 3 mol 苯和 3 mol 甲苯组成的理想溶液中分离出 1 mol纯苯，则环境至少需要对系统做多少非体积功？

13. CCl_4(1)和 $SiCl_4$(2)可以形成理想溶液。已知在 323 K 下纯 CCl_4 和纯 $SiCl_4$ 的饱和蒸气压分别为 42.4 kPa 和 80.0 kPa。

(1)计算在 323 K 和 53.5 kPa 下沸腾溶液的组成；

(2)在 323 K 和 53.5 kPa 下蒸馏上述溶液时，开始蒸出的第一滴冷凝液中 $SiCl_4$ 的摩尔分数是多少？

14. 已知空气中氮气和氧气的摩尔比约为 4∶1，其他气体忽略不计。在 20 ℃下氮气和氧气在水中的亨利常数分别为 $k_{N_2}=7666$ MPa 、$k_{O_2}=3933$ MPa 。在 20 ℃、100 kPa 条件下当水与空气处于平衡状态时，水中氮气和氧气的摩尔分数分别是多少？

15. 在 60.6 ℃时苯的饱和蒸气压为 53.3 kPa，当将 19.0 g 非挥发性有机物溶于 500 g 的苯溶液时，溶液上方饱和蒸气压为 51.5 kPa。请计算该有机物的摩尔质量。

16. 20 ℃纯水的饱和蒸气压为 2338 Pa，已知质量百分比为 10% 的物质 B 的水溶液上

方水的饱和蒸气分压为 2257 Pa。求物质 B 的摩尔质量。

17. 将 100 g 化合物 C 加入到 750 g CCl_4 溶液中，实验测得 CCl_4 凝固点降低了 10.5 K。已知 CCl_4 的凝固点降低常数 $K_f = 30\ K \cdot kg \cdot mol^{-1}$，求物质 C 的摩尔质量。

18. CCl_4 的沸点为 76.75 ℃，将 0.600 g 的非挥发性物质 D 溶入 33.70 g 的 CCl_4 后，实验测得溶液沸点为 78.26 ℃。已知 CCl_4 的沸点升高常数 $K_b = 5.16\ K \cdot kg \cdot mol^{-1}$，求该物质的摩尔质量。

19. 已知纯苯的沸点是 80.1 ℃，而在 100 g 苯中加入 13.76 g 联苯（$C_6H_5—C_6H_5$）后所得溶液的沸点为 82.4 ℃。苯和联苯的相对分子质量分别为 78 和 154。联苯的挥发性很小，可忽略不计。

(1)求苯的沸点升高常数；

(2)求苯的摩尔蒸发焓。

20. 在 298 K 测得浓度为 20 $kg \cdot m^{-3}$ 血红蛋白水溶液的渗透压为 763 Pa，求血红蛋白的摩尔质量。

21. 在 25 ℃下，把 7.36 g 尿素溶于 1 L 水中，所得溶液的渗透压为 304 kPa。请计算在 25 ℃下该溶液中水与纯水的摩尔吉布斯函数的差值。（25 ℃下纯水的密度为 1.0 $kg \cdot L^{-1}$，溶液中水偏摩尔体积近似等于纯水的摩尔体积。）

22. 已知在 30 ℃下，纯水的饱和蒸气压为 4.243 kPa，K_f(水) = 1.86 $K \cdot kg \cdot mol^{-1}$，$K_b$(水) = 0.516 $K \cdot kg \cdot mol^{-1}$。如果水中同时溶解了 10 g 葡萄糖（$C_6H_{12}O_6$）和 15 g 蔗糖（$C_{12}H_{22}O_{11}$），所得溶液密度近似等于纯水密度即 1.0 $g \cdot mL^{-1}$。

(1)求该溶液在 30 ℃下的饱和蒸气压；

(2)求该溶液的凝固点；

(3)求该溶液的正常沸点；

(4)求该溶液在 30 ℃下的渗透压。

（李骁勇，王婉秦 编）

第7章　化学反应系统热力学

化学反应热力学是热力学中一个重要分支，它研究了化学反应中能量的转化和转移规律，通过热力学定律的应用，我们可以预测化学反应的方向、判断反应的自发性以及预测平衡态等。化学反应热力学的应用范围广泛，从化学工程到储能科学，都离不开对化学反应热力学的研究和应用。

7.1　化学反应热效应

研究化学反应过程中热效应的科学称为热化学(thermochemistry)。化学反应过程中的容器及反应的物质可以看成是系统，而化学反应常常伴随着热的放出或吸收，所以系统与环境之间存在能量的交换，因此热化学是热力学的重要分支。如果反应在密闭、绝热的反应器中进行，系统的温度就会升高或降低。若反应前后系统的温度变化，则反应系统就要从环境吸热或对环境放热。通常将化学反应过程中系统吸收或放出的热量统称为反应热效应。

我们可以利用量热法测定反应系统与环境之间的能量变化，并在特定条件下，利用能量的变化确定反应过程内能的变化或焓的改变量。反之，知道了化学反应变化的内能和焓的改变量，就可以预测反应产生的热效应。

7.1.1　反应进度

化学反应方程式，如

$$2H_2(g)+O_2(g)\longrightarrow 2H_2O(l)$$

$$CaCO_3(s)\longrightarrow CaO(s)+CO_2(g)$$

表达了参与反应的物质种类，以及反应过程中反应物和产物之间的比例关系，因此也被称为化学反应的计量方程式，简称反应方程式。为了适用于各种不同状况，也可以将物质写到反应方程式一侧，那么上述方程可改写为

$$0=2H_2O(l)-2H_2(g)-O_2(g)$$

$$0=CaO(s)+CO_2(g)-CaCO_3(s)$$

因此，任意化学反应计量方程式可用下述通式表示

$$0=\sum_{\mathrm{B}}\nu_{\mathrm{B}}\mathrm{B}$$

式中，ν_B 称为反应方程式中 B 物质的计量系数。对于反应物 ν_B 取负值，对于产物 ν_B 取正值。

由反应 $2H_2(g)+O_2(g)\longrightarrow 2H_2O(l)$不难看出，在反应进行到 t 时刻时

$$\frac{\Delta n(\mathrm{H_2})}{-2}=\frac{\Delta n(\mathrm{O_2})}{-1}=\frac{\Delta n(\mathrm{H_2O})}{2}$$

任一反应过程中，各物质的量变化情况不尽相同，但是各物质的量的改变量与其计量系数的比值却是相等的。据此，反应进行到 t 时刻的反应进度(extent of reaction)定义为

$$\xi=\frac{\Delta n_{\mathrm{B}}}{\nu_{\mathrm{B}}} \tag{7-1}$$

或

$$\mathrm{d}\xi=\frac{\mathrm{d}n_{\mathrm{B}}}{\nu_{\mathrm{B}}}$$

式中，ξ 的单位是 mol。反应进度 ξ 的大小可以反映出反应发生了多少，且其最大特点是，在反应进行到某时刻，用任一反应物或产物所表达的反应进度都是相等的。

当 $\xi=1$ mol 时，对于反应 $2H_2(g)+O_2(g)\longrightarrow 2H_2O(l)$来说，表示 2 mol 的 H_2与 1 mol O_2完全反应生成 2 mol 的 H_2O，即表示反应按化学反应方程式的计量系数进行了一个单位的反应，此时常说发生了 1 mol 反应，简称为摩尔反应。

另一方面，反应进度的数值与化学方程式的写法有关，如

$$2\mathrm{H_2(g)+O_2(g)\longrightarrow 2H_2O(l)}$$

$$\mathrm{H_2(g)}+\frac{1}{2}\mathrm{O_2(g)\longrightarrow H_2O(l)}$$

根据反应进度的概念，对于第一个反应，1 mol 反应指 2 mol 的 H_2与 1 mol O_2完全反应生成 2 mol的 H_2O；第二个反应，1 mol 反应指 1 mol 的 H_2与$\frac{1}{2}$mol O_2完全反应生成 1 mol 的 H_2O。

7.1.2　标准摩尔热效应

对于一定温度下封闭系统内不做非体积功的等容反应，根据热力学第一定律，其摩尔热效应等于反应的摩尔内能改变量

$$Q_{\mathrm{m}}=Q_{V,\mathrm{m}}=\Delta_{\mathrm{r}}U_{\mathrm{m}} \tag{7-2}$$

式中，$\Delta_r U_m$ 表示摩尔反应内能改变量，简称摩尔反应内能，下标“r”表示反应。

对于一定温度下不做非体积功的等压反应，根据热力学第一定律，其摩尔热效应等于反应的摩尔焓改变量

$$Q_{\mathrm{m}}=Q_{p,\mathrm{m}}=\Delta_{\mathrm{r}}H_{\mathrm{m}} \tag{7-3}$$

式中，$\Delta_r H_m$ 表示摩尔反应焓。显然 $\Delta_r U_m$、$\Delta_r H_m$ 分别表示按计量方程完成一个单位反应所

产生的内能改变和焓变，其值取决于化学计量方程式的具体形式。因为绝大多数反应都是在等压条件下进行的，所以通常将摩尔反应焓等同于摩尔反应热效应，故 $\Delta_r H_m$ 既可称为摩尔反应焓也可称为摩尔反应热，单位为 $J \cdot mol^{-1}$ 。

在一定温度 T 下，当反应中各物质均处于标准状态时，摩尔反应焓就是该温度 T 下反应的标准摩尔反应焓，常用 $\Delta_r H_m^\ominus(T)$ 表示。由于该焓变是在 $p^\ominus$ 下的等压反应过程的焓变，也就是在 $p^\ominus$ 下的等压反应过程的热效应，故标准摩尔反应焓就是标准摩尔反应热效应。

7.1.3　热化学方程式

根据上述讨论，1 mol 反应进度的确切含义与化学方程式的写法有关，因此摩尔反应焓的大小也与化学方程式的写法密切相关，所以同时标明热效应 $\Delta_r H_m$（或 $\Delta_r U_m$）值及物质状态的化学反应方程式称为热化学方程式。

热化学方程式中应注明各物质的状态、温度、压力等，原因是反应 $\Delta_r H_m$ 或 $\Delta_r U_m$ 值都与系统的状态有关。通常用 s、l 和 g 分别表示固体、液体和气体。若固体物质存在不同的晶型，还应注明晶型。因为一般都是讨论在一定的温度和压力下进行的化学反应，即反应物和产物都处在相同温度和压力下，所以针对整个反应系统给出温度和压力即可，无需给每一个物质标出温度和压力。通常热化学方程式所处温度为 298.15 K、压力为 100 kPa，如：

(1) $H_2(g)+\frac{1}{2}O_2(g)\longrightarrow H_2O(g)$，$\Delta_r H_m^\ominus(298.15\ K)=-241.8\ kJ \cdot mol^{-1}$

(2) $H_2(g)+\frac{1}{2}O_2(g)\longrightarrow H_2O(l)$，$\Delta_r H_m^\ominus(298.15\ K)=-285.84\ kJ \cdot mol^{-1}$

(3) $N_2(g)+3H_2(g)\longrightarrow 2NH_3(g)$，$\Delta_r H_m^\ominus(298.15\ K)=-92.22\ kJ \cdot mol^{-1}$

(4) $\frac{1}{2}N_2(g)+\frac{3}{2}H_2(g)\longrightarrow NH_3(g)$，$\Delta_r H_m^\ominus(298.15\ K)=-46.11\ kJ \cdot mol^{-1}$

由上述例子可知，当物质状态、化学计量系数不同时，化学反应热效应的数值是不同的。

7.2　化学反应焓变

7.2.1　盖斯定律

1840 年，俄国科学家盖斯(Hess)研究了大量热化学反应数据，总结出了一条规律：在等压或等容条件下，化学反应的热效应只与反应过程的始态和终态有关，与中间步骤无关。即无论化学反应是一步完成还是多步完成，其反应热是相同的。

根据前述内容的讨论，盖斯定律只有在非体积功为零条件下的等容反应或等压反应中才能成立。热既不是状态函数也不是状态函数的改变量，其值不仅与始、终态有关，也与反应具体变化途径有关。但是在非体积功为零的条件下，有 $Q_V=\Delta_r U$ 、$Q_p=\Delta_r H$，因为内能和焓是状态函数，所以对于任一化学反应，$\Delta_r U$ 和 $\Delta_r H$ 只与反应始终态有关，与反应具体途径无关，即无论过程是否有中间步骤或有无催化剂等，反应热效应都一样。

盖斯定律是热化学的基本定律，实际上该定律是热力学第一定律的必然结果。有些反应的热效应通过实验很难测定，根据盖斯定律，可以通过简单代数运算将热化学方程式进行组合，由已知化学反应的热效应间接求出。

例 7-1 已知下述两个反应的标准摩尔反应焓：

(1) $H_2(g)+Cl_2(g)\longrightarrow 2HCl(g)$，$\Delta_r H_m^{\ominus}=-184.62\ kJ\cdot mol^{-1}$；

(2) $2H_2(g)+O_2(g)\longrightarrow 2H_2O(g)$，$\Delta_r H_m^{\ominus}=-483.64\ kJ\cdot mol^{-1}$，

求反应(3) $4HCl(g)+O_2(g)\longrightarrow 2Cl_2(g)+2H_2O(g)$ 的 $\Delta_r H_m^{\ominus}$。

解：因为

$$\text{反应}(2)-2\times\text{反应}(1)=\!=\!=\text{反应}(3)$$

所以

$$\begin{aligned}\Delta_r H_m^{\ominus}(3)&=\Delta_r H_m^{\ominus}(2)-2\times\Delta_r H_m^{\ominus}(1)\\&=-483.64\ kJ\cdot mol^{-1}+2\times 184.62\ kJ\cdot mol^{-1}=-114.4\ kJ\cdot mol^{-1}\end{aligned}$$

7.2.2 标准摩尔生成焓

在等温等压下一个化学反应的标准摩尔焓变，就是在标准态下反应物和产物的焓的改变值，如反应

$$aA+cC\longrightarrow eE+gG$$

该反应的标准摩尔反应焓为

$$\Delta_r H_m^{\ominus}(T)=eH_m^{\ominus}(E,T)+gH_m^{\ominus}(G,T)-aH_m^{\ominus}(A,T)-cH_m^{\ominus}(C,T)$$

式中，$H_m^{\ominus}(C,T)$ 为 C 物质在温度为 T 时的标准摩尔焓。上式可写为

$$\Delta_r H_m^{\ominus}(T)=\sum_B \nu_B H_{B,m}^{\ominus}(T) \tag{7-4}$$

根据式(7-4)可知，若知道参与反应的各物质焓的绝对值，就可以计算等温等压下任意反应的焓变或者热效应。但是物质焓的绝对值无法求得，为此科学家们引入了参考状态。规定在温度 T、标准压力 $p^{\ominus}$ 下，由指定状态的单质生成 1 mol 化合物的焓变称为该化合物在此温度下的**标准摩尔生成焓**(standard molar enthalpy of formation)，并记为 $\Delta_f H_m^{\ominus}(B,\beta,T)$。其中，下标“f”表示“生成”；“β”是该化合物的物理状态或晶型。指定状态(reference state)单质通常是物质在指定温度 T 和标准压力 $p^{\ominus}$ 下较稳定的单质①，如在 298 K 时，碳的稳定形态是石墨。

根据上述定义，指定状态单质在任意温度下的标准摩尔生成焓均是零，而非指定状态单

①磷的指定状态是白磷，但白磷并不是磷的最稳定形态。

质的标准摩尔生成焓一般都不等于零。例如，根据定义，298 K 时石墨的标准摩尔生成焓就是反应 C(石墨，298 K) $\longrightarrow$ C(石墨，298 K)的焓变，因此 $\Delta_f H_m^\ominus$ (石墨，298 K)=0；但是 $\Delta_f H_m^\ominus$ (金刚石，298 K)为反应 C(石墨，298 K) $\longrightarrow$ C(金刚石，298 K)的焓变，其值为 $1.9\ \mathrm{kJ \cdot mol^{-1}}$。

已知 298 K 时有下述反应

$$6\mathrm{C}(\mathrm{s},\text{石墨}) + 3\mathrm{H_2(g)} \longrightarrow \mathrm{C_6H_6(l)},\ \Delta_r H_m^\ominus = 49\ \mathrm{kJ \cdot mol^{-1}}$$

显然，在 298 K 时 $C_6H_6(l)$的标准摩尔生成焓 $\Delta_f H_m^\ominus = 49\ \mathrm{kJ \cdot mol^{-1}}$。由此可见，化合物的标准摩尔生成焓并不是该物质的绝对焓值，而是相对于指定状态的单质的相对焓值。

由标准摩尔生成焓的概念，就可以方便地计算化学反应的标准摩尔反应焓即标准摩尔反应热。一个化学反应可以看成是将反应物全部分解为指定状态的单质，再由这些单质组合生成最终产物的过程。例如，对于反应 $a\mathrm{A}+c\mathrm{C} \longrightarrow e\mathrm{E}+g\mathrm{G}$ 可设计成：

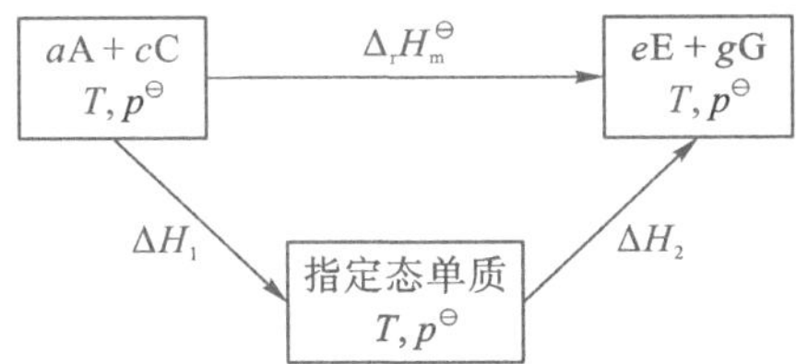

由于焓是状态函数，所以

$$\Delta_r H_m^\ominus = \Delta H_1 + \Delta H_2$$

式中

$$\Delta H_1 = -a\Delta_f H_m^\ominus(\mathrm{A}) - c\Delta_f H_m^\ominus(\mathrm{C}) = -\sum_{\mathrm{B}} (\nu_{\mathrm{B}} \Delta_f H_m^\ominus)_{\text{反应物}}$$

$$\Delta H_2 = e\Delta_f H_m^\ominus(\mathrm{E}) + g\Delta_f H_m^\ominus(\mathrm{G}) = \sum_{\mathrm{B}} (\nu_{\mathrm{B}} \Delta_f H_m^\ominus)_{\text{生成物}}$$

所以

$$\Delta_r H_m^\ominus = \sum_{\text{反应物}} \nu_{\mathrm{B}} \Delta_f H_m^\ominus - \sum_{\text{生成物}} \nu_{\mathrm{B}} \Delta_f H_m^\ominus = \sum_{\mathrm{B}} \nu_{\mathrm{B}} \Delta_f H_m^\ominus(\mathrm{B}, T) \tag{7-5}$$

上式说明，一定温度下反应的标准摩尔反应焓等于同温度下发生 1 mol 反应时，生成物标准摩尔生成焓的总和减去反应物标准摩尔生成焓总和。

7.2.3 标准摩尔燃烧焓

化学反应的标准摩尔焓变，除了利用标准摩尔生成焓进行计算，还可以用其他反应焓进行计算，如利用标准摩尔燃烧焓(standard molar enthalpy of combustion)。规定：在指定温度 T、标准压力 $p^\ominus$下，1 mol 化合物 B 完全燃烧的恒压热效应称为该物质的标准摩尔燃烧焓，记为 $\Delta_c H_m^\ominus(\mathrm{B}, \beta, T)$ 。其中，下标“c”表示“燃烧”；“β”是该化合物的物理状态或晶型。

定义中的完全燃烧是指燃烧的物质变为最稳定的燃烧产物，如化合物中的 C、H、O 变为 $CO_2(g)$和 $H_2O(l)$，N 变为 $N_2(g)$，Cl 变为 HCl(aq)，S 变为 $SO_2(g)$。根据上述定义，这些完全燃烧产物的标准摩尔燃烧焓为零。例如葡萄糖的燃烧反应

$$C_6H_{12}O_6(s) + O_2(g) \longrightarrow CO_2(g) + H_2O(l), \Delta_r H_m^{\ominus} = -2808\ kJ \cdot mol^{-1}$$

显然，该反应的标准摩尔反应焓就是 $C_6H_{12}O_6(s)$ 的标准摩尔燃烧焓。

由标准摩尔燃烧焓的概念，就可以方便地计算化学反应的标准摩尔反应焓。例如，对于反应 $aA + cC \longrightarrow eE + gG$ 可设计成：

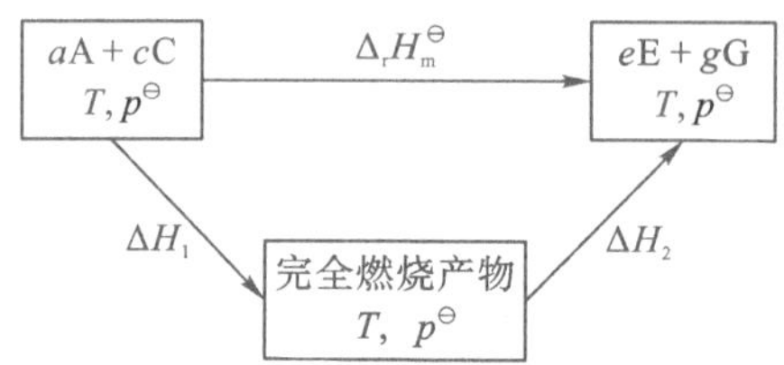

由于焓是状态函数，所以

$$\Delta_r H_m^{\ominus} = \Delta H_1 + \Delta H_2$$

式中，

$$\Delta H_1 = a\Delta_c H_m^{\ominus}(A) + c\Delta_c H_m^{\ominus}(C) = \sum_B (\nu_B \Delta_c H_m^{\ominus})_{\text{反应物}}$$

$$\Delta H_2 = -e\Delta_c H_m^{\ominus}(E) - g\Delta_c H_m^{\ominus}(G) = -\sum_B (\nu_B \Delta_c H_m^{\ominus})_{\text{生成物}}$$

所以

$$\Delta_r H_m^{\ominus} = \sum_{\text{生成物}} \nu_B \Delta_c H_m^{\ominus} - \sum_{\text{反应物}} \nu_B \Delta_c H_m^{\ominus} = -\sum_B \nu_B \Delta_c H_m^{\ominus}(B, T) \qquad (7-6)$$

上式说明，在一定温度下，一个反应的标准摩尔反应焓等于发生 1 mol 反应时，各物质的标准摩尔燃烧焓与其计量系数的乘积的加和的负值。

例 7-2 已知在 298 K 时，$C_2H_6(g)$ 的 $\Delta_c H_m^{\ominus}$ 为 $-1559.8\ kJ \cdot mol^{-1}$，$CO_2(g)$ 和 $H_2O(l)$ 的 $\Delta_f H_m^{\ominus}$ 分别为 $-393.51\ kJ \cdot mol^{-1}$ 和 $-285.83\ kJ \cdot mol^{-1}$。试问：298 K 时，$C_2H_6(g)$ 的 $\Delta_f H_m^{\ominus}$。

解：$C_2H_6(g)$ 完全燃烧反应为

$$C_2H_6(g) + \frac{7}{2}O_2(g) \longrightarrow 2CO_2(g) + 3H_2O(l)$$

该反应的标准摩尔反应焓就是 $C_2H_6(g)$ 的 $\Delta_c H_m^{\ominus}$，且有

$$\Delta_c H_m^{\ominus}(C_2H_6) = \Delta_r H_m^{\ominus} = 2\Delta_f H_m^{\ominus}(CO_2) + 3\Delta_f H_m^{\ominus}(H_2O) - \Delta_f H_m^{\ominus}(C_2H_6) - \frac{7}{2}\Delta_f H_m^{\ominus}(O_2)$$

所以

$$\begin{aligned}\Delta_f H_m^{\ominus}(C_2H_6) &= 2\Delta_f H_m^{\ominus}(CO_2) + 3\Delta_f H_m^{\ominus}(H_2O) - \Delta_c H_m^{\ominus}(C_2H_6) \\ &= [2\times(-393.51) + 3\times(-285.83) + 1559.8]\ kJ \cdot mol^{-1} \\ &= -84.71\ kJ \cdot mol^{-1}\end{aligned}$$

7.2.4 热量测定

测量可燃烧化合物焓变最常用的是弹式量热计，图 7-1 是弹式量热计的测量示意图。由于燃烧反应在充入过量氧气的刚性容器中进行，因此弹式量热计常被称为氧弹。

氧弹中的燃烧物质是采用电动装置引燃的，氧弹放在盛有大量水的桶中，通过测量反应前后水浴温度的变化，可以得到等容反应热效应 Q_V 。由 Q_V 与 ξ 的比值便可求得等容摩尔反应热效应 $Q_{V,\mathrm{m}}$ 。但是物质的标准摩尔燃烧焓实质是燃烧反应的 $Q_{p,\mathrm{m}}$，因此需要了解反应的 $Q_{p,\mathrm{m}}$ 与 $Q_{V,\mathrm{m}}$ 之间的关系。

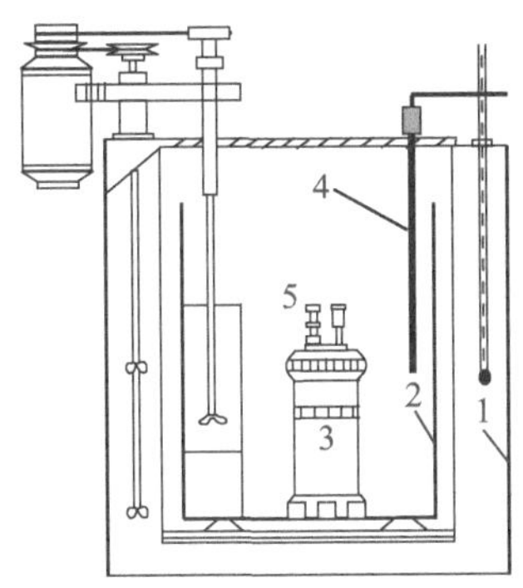

1—恒温水浴夹套；2—盛水桶；3—氧弹；4—温度传感器；5—电极。

图 7－1　弹式量热计测量示意图

根据式(7－2)和式(7－3)可知

$$Q_{V,\mathrm{m}} = \Delta_{\mathrm{r}} U_{\mathrm{m}}$$

$$Q_{p,\mathrm{m}} = \Delta_{\mathrm{r}} H_{\mathrm{m}}$$

由焓的定义可得

$$\Delta_{\mathrm{r}} H = \Delta_{\mathrm{r}} U + \Delta(pV) \tag{7-7}$$

式中，$\Delta(pV)$ 是所有参与反应物质的 pV 变化量。气态物质的体积要远远大于凝聚态物质的体积，因此，若反应中有反应物或产物其一是气态物质，那么可将凝聚态物质的体积忽略不计，有

$$\Delta(pV) \approx pV(\mathrm{g})$$

若反应前后温度均为 T，气态物质近似看成理想气体，式(7－7)可写为

$$\Delta_{\mathrm{r}} H = \Delta_{\mathrm{r}} U + \Delta n(\mathrm{g}) RT \tag{7-8}$$

式中，$\Delta n(\mathrm{g})$ 是反应前后气体化合物物质的量的改变量。对于 1 mol 反应其值是气体物质计量系数的加和，即 $\Delta n(\mathrm{g}) = \sum \nu_{\mathrm{B}}(\mathrm{g})$，式(7－8)改写为

$$\Delta_{\mathrm{r}} H_{\mathrm{m}} = \Delta_{\mathrm{r}} U_{\mathrm{m}} + \sum_{\mathrm{B}} \nu_{\mathrm{B}}(\mathrm{g}) RT \tag{7-9}$$

例如，在压力不是很大的情况下，对于反应

$$C_3H_8(\mathrm{g}) + 5O_2(\mathrm{g}) \longrightarrow 3CO_2(\mathrm{g}) + 4H_2O(\mathrm{l}),\ \sum \nu_{\mathrm{B}}(\mathrm{g}) = 3 - 1 - 5 = -3$$

所以 $\Delta_{\mathrm{r}} H_{\mathrm{m}} = \Delta_{\mathrm{r}} U_{\mathrm{m}} - 3RT$ 或 $Q_{p,\mathrm{m}} = Q_{V,\mathrm{m}} - 3RT$ 。

由式(7－9)可知，经过弹式量热计测定便可得反应的 $\Delta_{\mathrm{r}} H_{\mathrm{m}}$，但是反应通常不是在标准

压力下进行的，所得 $\Delta_r H_m$ 与 $\Delta_r H_m^{\ominus}$ 还是有所差别的。通常情况下，压力对摩尔反应焓的影响是很小的，可以近似将 $\Delta_r H_m(T, p)$ 看成是 $\Delta_r H_m^{\ominus}(T)$。

例 7-3 乙醇的燃烧反应如下

$$C_2H_5OH(l) + 3O_2(g) \longrightarrow 2CO_2(g) + 3H_2O(l)$$

在 25 ℃下，使 2.0 g 乙醇与过量氧气在弹式量热计中完全燃烧，实验后系统温度升高了 2.97 ℃。已知该量热计总热容为 20.0 kJ・K^{-1}。

试计算：

(1)25 ℃下乙醇燃烧反应的等容摩尔反应热效应 $Q_{V,m}$；

(2)25 ℃下乙醇燃烧反应的等压摩尔反应热效应 $Q_{p,m}$。

解：(1) $Q_{V,m} = \dfrac{Q_V}{\xi} = -\dfrac{C \cdot \Delta T}{m/M} = -\left(\dfrac{20.0 \times 2.97}{2.0/46}\right) \text{kJ} \cdot \text{mol}^{-1} = -1366 \text{ kJ} \cdot \text{mol}^{-1}$。

(2)由式(7-9)可知 $Q_{p,m} = Q_{V,m} + \sum_B \nu_B(g)RT$，对于乙醇燃烧反应，$\sum_B \nu_B(g) = 2 - 3 = -1$，所以

$$\begin{aligned} Q_{p,m} &= Q_{V,m} - RT = (-1366 - 8.314 \times 298.15 \times 10^{-3}) \text{kJ} \cdot \text{mol}^{-1} \\ &= -1368 \text{ kJ} \cdot \text{mol}^{-1} \end{aligned}$$

7.2.5 温度对反应焓变的影响

一般从热力学手册中可以查得 298.15 K 化合物的标准摩尔生成焓和标准摩尔燃烧焓，依据这些热力学数据可计算化学反应在 298.15 K 时的热效应。然而绝大多数反应并非是在 298.15 K下进行，那么是否可以利用 298.15 K 反应的热效应计算任意温度下反应的热效应呢?

在等压条件下，若已知化学反应在 T_1 时的摩尔反应焓为 $\Delta_r H_m(T_1)$，则该反应在 T_2 时的摩尔反应焓 $\Delta_r H_m(T_2)$ 可设计如下步骤来求。

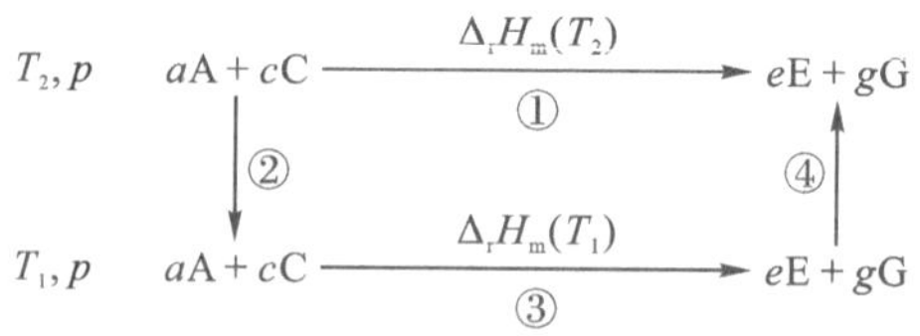

$$\begin{array}{ccccc} T_2, p & aA + cC & \xrightarrow[\text{①}]{\Delta_r H_m(T_2)} & eE + gG \\ & \Big\downarrow \text{②} & & \Big\uparrow \text{④} \\ T_1, p & aA + cC & \xrightarrow[\text{③}]{\Delta_r H_m(T_1)} & eE + gG \end{array}$$

若参与反应的各反应物在温度变化过程中均没有相态变化，则

$$\begin{aligned} \Delta_r H_m(T_2) &= \Delta_r H_m(T_1) + \Delta H_2 + \Delta H_4 \\ &= \Delta_r H_m(T_1) + \int_{T_2}^{T_1} [aC_{p,m}(A) + cC_{p,m}(C)] \, dT + \int_{T_1}^{T_2} [eC_{p,m}(E) + gC_{p,m}(G)] \, dT \\ &= \Delta_r H_m(T_1) + \int_{T_1}^{T_2} \Delta_r C_p \, dT \end{aligned} \tag{7-10}$$

式中，$\Delta_r C_p$ 为产物等压热容总和与反应物等压热容总和之差，即

$$\Delta_r C_p = [eC_{p,m}(E) + gC_{p,m}(G)] - [aC_{p,m}(A) + cC_{p,m}(C)] = \sum_B \nu_B C_{p,m}(B)$$

式(7-10)称为**基尔霍夫定律**(Kirchhoff's law)。其中若选用 T_1 为 298.15 K，则借助各物质的热力学函数值及等压摩尔热容与温度的关系，就可以得到温度为 T_2 下的摩尔反应焓。

根据热容的定义，已知

$$\left(\frac{\partial H}{\partial T}\right)_p = C_p$$

那么对于等压条件的化学反应

$$\left(\frac{\partial \Delta_r H}{\partial T}\right)_p = \Delta_r C_p \tag{7-11}$$

上式移项并进行定积分后可得式(7-10)，若进行不定积分，则可得

$$\Delta_r H_m(T) = \Delta H_0 + \int \Delta_r C_p \mathrm{d}T \tag{7-12}$$

式(7-12)也称为基尔霍夫定律，其中 ΔH_0 是积分常数，可通过代入某温度的摩尔反应焓而求得。式(7-10)和式(7-12)在使用时要注意：反应物和产物在温度变化过程中是没有相变化的，若在 $T_1 \sim T_2$ 范围内参与反应的物质有相变，由于 $C_{p,m}$ 与 T 的关系是不连续的，所以必须在相变化前后进行分段积分，并加上相变焓。

例7-4　已知在 298.15 K 时 $H_2O(g)$ 的标准摩尔生成焓为 $-241.82\ kJ \cdot mol^{-1}$，求 100 ℃时 $H_2O(g)$ 的标准摩尔生成焓。已知 $H_2O(g)$、$H_2(g)$、$O_2(g)$ 的等压摩尔热容在 25～100 ℃范围内与温度无关，其值分别为 $33.58\ J \cdot K^{-1} \cdot mol^{-1}$、$28.84\ J \cdot K^{-1} \cdot mol^{-1}$、$29.37\ J \cdot K^{-1} \cdot mol^{-1}$。

解：反应为 $H_2(g) + \frac{1}{2}O_2(g) \longrightarrow H_2O(g)$，且有 $\Delta_r H_m^\ominus = \Delta_f H_m^\ominus$

$$\Delta_r C_p = C_{p,m}(H_2O,g) - C_{p,m}(H_2,g) - \frac{1}{2}C_{p,m}(O_2,g)$$

$$= \left(33.58 - 28.84 - \frac{1}{2} \times 29.37\right) J \cdot K^{-1} \cdot mol^{-1} = -9.945\ J \cdot K^{-1} \cdot mol^{-1}$$

由基尔霍夫定律可得

$$\Delta_f H_m^\ominus(373.15K) = \Delta_f H_m^\ominus(298.15\ K) + \int_{298.15}^{373.15} \Delta_r C_p \mathrm{d}T$$

$$= -241.82\ kJ \cdot mol^{-1} + (75\ K) \times (-9.945\ J \cdot K^{-1} \cdot mol^{-1})$$

$$= -242.57\ kJ \cdot mol^{-1}$$

7.2.6　绝热反应

此前内容讨论了反应物与产物温度相同时的摩尔反应焓，如果反应过程中系统温度发

生了变化，那么摩尔反应焓就会不同，如绝热反应。所谓绝热反应（adiabatic chemical reactions）是指在反应过程中，系统和环境之间没有热交换。根据热力学第一定律，若是吸热反应，则随着反应进行，系统温度会逐渐降低；若是放热反应，则随着反应进行，系统温度会逐渐升高。系统温度升高，反应速率往往是增加的，若反应放热较多，可能导致反应速率不断加快，从而引发各种副反应或使温度和压力急剧升高。也有一些反应本身反应速率很快、放热较多，此时虽然不是在绝热条件下进行的，但是在极短时间内反应放出的热不能及时导出，该反应也可近似看作是绝热反应。那么在绝热反应过程中，系统的温度是如何变化的呢？

1. 等压绝热反应

若进行一个等压绝热反应过程，反应的焓变等于热效应，就有 $\Delta_r H = Q_p = 0$ 。设反应物的温度、压力和体积分别为 T_1、p_1 和 V_1，反应后产物的温度、压力和体积分别为 T_2、p_1 和 V_2 。为了计算反应后温度的变化，设计如下反应过程：

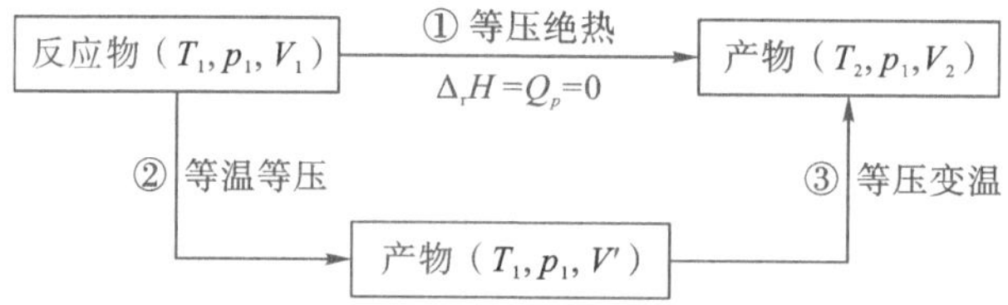

根据状态函数的性质，可知 $\Delta_r H_1 = \Delta_r H_2 + \Delta_r H_3 = 0$，即

$$\Delta_r H_m(T_1) = -\Delta_r H_3 = -\int_{T_1}^{T_2} \nu_B C_{p,m}(\text{产物})\,dT \tag{7-13}$$

通常情况下化合物的 $C_{p,m}$ 是温度的函数，所以根据各种热力学数据，由式（7－13）可求得经过等压绝热反应后系统的温度 T_2 。

2. 等容绝热反应

若进行一个等容绝热反应过程，反应的内能变化等于热效应，就有 $\Delta_r U = Q_V = 0$ 。设反应物的温度、压力和体积分别为 T_1、p_1 和 V_1，反应后产物的温度、压力和体积分别为 T_2、p_2 和 V_1 。为了计算反应后温度的变化，设计如下反应过程：

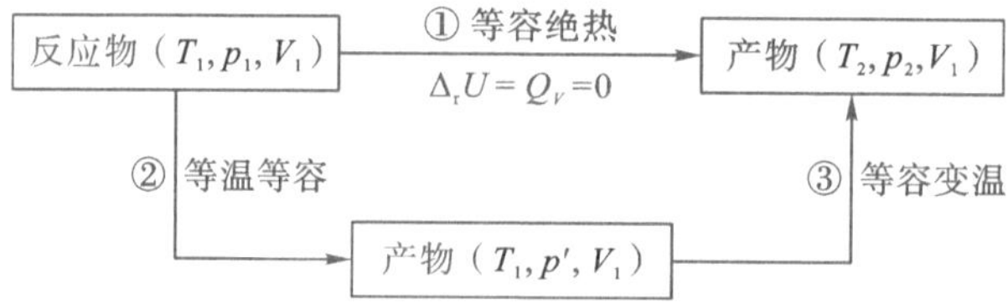

根据状态函数的性质，可知

$$\Delta_r U_1 = \Delta_r U_2 + \Delta_r U_3 = 0$$

而且
$$\Delta_r U_2 = Q_V(T_1)$$

根据式(7 - 9)可知
$$\Delta_r U_2 = \Delta_r H_2 - \sum_B \nu_B(g)RT = \Delta_r H_m(T_1) - \sum_B \nu_B(g)RT$$

又因
$$\Delta_r U_3 = \int_{T_1}^{T_2} \nu_B C_{V,m}(\text{产物})\mathrm{d}T$$

可得
$$\Delta_r H_m(T_1) - \sum_B \nu_B(g)RT + \int_{T_1}^{T_2} \nu_B C_{V,m}(\text{产物})\mathrm{d}T = 0 \qquad (7-14)$$

由化合物的 $C_{V,m}$ 及各种热力学数据和式(7 - 14)可求得经过等容绝热反应后系统的温度 T_2。

例 7 - 5　甲烷燃烧反应 $CH_4(g)+2O_2(g) \longrightarrow CO_2(g)+2H_2O(g)$，已知 25 ℃各物质的热力学数据如下。

热力学参数	$O_2(g)$	$H_2O(g)$	$CH_4(g)$	$CO_2(g)$
$\Delta_f H_m^\ominus/(kJ \cdot mol^{-1})$	0	−241.83	−74.85	−393.51
$C_{p,m}/(J \cdot K^{-1} \cdot mol^{-1})$	29.4	33.6	35.3	46.8

假设在 25 ℃时甲烷与氧气按计量比例混合且反应很完全，当燃烧过程在等压绝热条件下进行时，求该燃烧反应发生后可达到的最高温度。

解：在 25 ℃甲烷燃烧反应的标准摩尔反应焓为

$\Delta_r H_m^\ominus(298.15\ K) = (-393.51 - 2\times 241.83 + 74.85)kJ \cdot mol^{-1} = -802.32\ kJ \cdot mol^{-1}$

由式(7 - 13)可得
$$\Delta_r H_m^\ominus(298.15K) = -\int_{T_1}^{T_2} \nu_B C_{p,m}(\text{产物})\ \mathrm{d}T$$
$$-802.32 = -\int_{298.15}^{T} [(46.8 + 2\times 33.6)\times 10^{-3}]\mathrm{d}T$$
$$802.32\ kJ \cdot mol^{-1} = (0.114\ kJ \cdot K^{-1} \cdot mol^{-1})\times(T - 298.15)$$
$$T = 7336\ K$$

例 7 - 6　在 25 ℃、101.325 kPa 下将 1 mol H_2 与过量空气(过量 50%)混合。若该混合气体于容器中发生爆炸，试求所能达到的最高爆炸温度与压力。设所有气体均可按理想气体处理，$H_2O(g)$、$O_2(g)$ 及 $N_2(g)$ 的等容摩尔热容分别为 37.66 $J \cdot K^{-1} \cdot mol^{-1}$、21.9 $J \cdot K^{-1} \cdot mol^{-1}$ 及 20.9 $J \cdot K^{-1} \cdot mol^{-1}$。

解：$n(H_2) = 1\ mol$，则 $n(O_2) = \frac{1}{2}\times 1.5\ mol = 0.75\ mol$，$n(N_2) = n(O_2)\times\frac{79}{21} = 2.82\ mol$

爆炸反应过程设计如下：

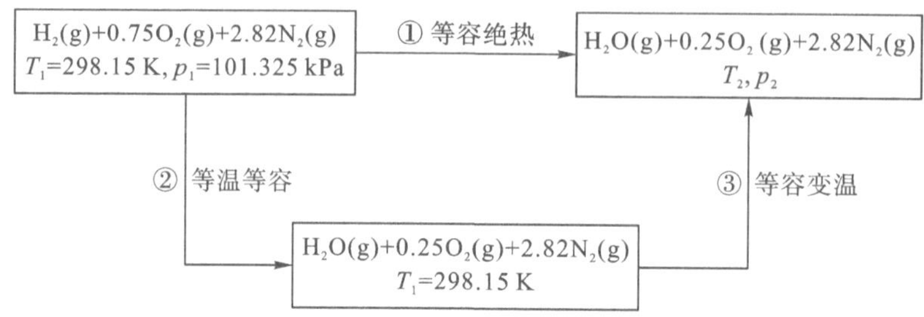

查表得，25 ℃时 $\Delta_f H_m^{\ominus}(H_2O,g)=-241.82\ kJ \cdot mol^{-1}$。有

$$\Delta_r U_2 = \Delta_r H_2 - \sum \nu_B(g)RT$$

$$= (-241.82 + 0.5 \times 8.314 \times 298.15 \times 10^{-3})\ kJ \cdot mol^{-1} = -240.58\ kJ \cdot mol^{-1}$$

$$\Delta_r U_3 = \int_{298.15}^{T_2} \sum_B n_B C_{V,m} dT$$

$$= [C_{V,m}(H_2O) + 0.25C_{V,m}(O_2) + 2.82C_{V,m}(N_2)](T_2 - 298.15)$$

$$= 0.1021(T_2 - 298.15)\ kJ \cdot mol^{-1}$$

由于 $\Delta_r U_1 = \Delta_r U_2 + \Delta_r U_3 = 0$，所以 $-240.58 + 0.1021(T_2 - 298.15) = 0$，$T_2 = 2654.5K$。

已知 $\sum n_B$(产物)$=4.07$ mol，$\sum n_B$(反应物)$=4.57$ mol

所以 $p_2 V = \sum n_B$(产物)RT_2，$p_1 V = \sum n_B$(反应物)RT_1

得 $$p_2 = \frac{\sum n_B(\text{产物})\ T_2}{\sum n_B(\text{反应物})\ T_1} p_1 = \frac{4.07 \times 2654.5}{4.57 \times 298.15} \times 101.325\ kPa = 803.4\ kPa$$

7.2.7 热化学储热

太阳能是一种可再生能源，对其进行有效的开发利用，有助于缓解目前能源匮乏问题，也有助于实现我国2030年碳达峰，2060年碳中和的双碳目标。聚光式太阳能热发电技术是一种利用聚光设备将太阳能聚集起来转化为热能，再通过热功转化装置发电的技术。一般将太阳能储热技术分为显热储热、潜热储热和热化学储热。在这三种储热方式中，热化学储热因其储热密度高、热损失较低、储能周期长及可长距离运输等优势，被认为是极具潜力的储热方式。在热化学储热方式中，常见的热化学储热体系包括金属氧化物、碳酸盐、硫酸盐及氢氧化物。

$CaCO_3/CaO$ 材料的储能密度达 3.2 $GJ \cdot m^{-3}$，其工作原理是将太阳辐射的热量输入煅烧炉中，加热并分解 $CaCO_3$ 颗粒为 CaO 和 CO_2，实现热量的储存。在碳酸化炉中，CaO 与 CO_2 重新结合形成 $CaCO_3$，并释放储存的太阳辐射热量，具体反应为

$$CaCO_3(s) \rightleftharpoons CaO(s) + CO_2(g),\ \Delta_r H_m^\ominus = \pm 178\ kJ \cdot mol^{-1}$$

$CaCO_3/CaO$ 储热系统具有材料价格便宜、储热密度高及热损失小等特点，与聚光式太阳能电站的集成可解决太阳能热发电过程中不稳定、不连续的问题。这种基于钙基吸附剂的碳酸化/煅烧循环吸附 CO_2 的钙循环技术，可用于对化石能源行业燃烧设备的尾气进行 CO_2 捕集，可有效降低 CO_2 的排放，对于碳达峰碳中和目标的实现，具有重要的意义。

7.3 化学反应的方向和限度

化学反应常常可以同时向正、反两个方向进行。在一定条件下，当正反两个方向的反应速率相等时，系统就达到了平衡状态。化学平衡(chemical equilibrium)是一定条件下化学反应所能达到的最大限度。平衡后，系统中各物质的量均不再随时间而改变，反应物和产物的量之间具有一定的关系。只要外界条件不变，系统就会保持平衡状态，且是一种动态平衡。外界条件一经改变，系统的平衡状态就必然要发生变化。实际上，在一定条件下任何反应都有一定的限度，都存在化学平衡态。所谓不能发生的反应，通常是指平衡态非常接近于反应物；所谓能进行彻底的反应，通常是指平衡态非常接近于产物。

本节将根据热力学第二定律的一些结论来处理化学反应平衡问题，从理论上探讨一定条件下化学反应进行的方向和限度，讨论平衡常数的一些计算方法，以及一些因素对化学平衡的影响。

7.3.1 化学反应的平衡条件

对任意的封闭系统，当系统有微小的变化时

$$dG = -SdT + Vdp + \sum_B \mu_B dn_B$$

对于某一化学反应

$$aA + bB = dD + eE$$

在一定温度和压力下，其摩尔反应吉布斯自由能为

$$\Delta_r G_m = \left(\frac{\partial G}{\partial \xi}\right)_{T,p} = \sum_B \nu_B \mu_B$$

式中，ξ 为反应进度，有

$$d\xi = \frac{dn_B}{\nu_B} \quad 或 \quad dn_B = \nu_B d\xi$$

假设系统不做非体积功，反应进行方向和达到化学平衡状态的判据是

$$\begin{cases} \Delta_r G_m < 0，反应正向进行 \\ \Delta_r G_m = 0，反应达到平衡 \\ \Delta_r G_m > 0，反应逆向进行 \end{cases}$$

如果上述反应是理想气体反应，其摩尔反应吉布斯自由能可以表示为

$$\Delta_r G_m = \underbrace{\sum \nu_B \mu_B^\ominus}_{A_1} + \underbrace{RT\ln \frac{(p_D/p^\ominus)^d\ (p_E/p^\ominus)^e}{(p_A/p^\ominus)^a\ (p_B/p^\ominus)^b}}_{A_2} \tag{7-15}$$

如果上述反应是在理想溶液中进行的，其摩尔反应吉布斯自由能可以表示为

$$\Delta_r G_m = \underbrace{\sum \nu_B \mu_B^\ominus}_{A_1} + \underbrace{RT\ln \frac{(x_D)^d\ (x_E)^e}{(x_A)^a\ (x_B)^b}}_{A_2} \tag{7-16}$$

式中，$\mu_B^\ominus$ 仅是温度的函数，故在一定温度和压力下，式(7-15)和(7-16)中的 A_1 均是常数。不论是理想气体反应还是理想溶液中进行的反应，如果最初系统中只有反应物，则式(7-15)和(7-16)中的初始 $\frac{p_D}{p^\ominus} = \frac{p_E}{p^\ominus} = 0$，$x_D = x_E = 0$，从而 A_2 项为负无穷，化学反应最初的 $\Delta_r G_m$ 趋于负无穷，反应自发正向进行。因此，任何反应最初都能发生。

随着反应的进行，A_2 将逐渐增大，反应的 $\Delta_r G_m$ 也将逐渐增大，且是连续变化的。当反应进行完全时，$\frac{p_A}{p^\ominus} = \frac{p_B}{p^\ominus} = 0$，$x_A = x_B = 0$，反应的 $\Delta_r G_m$ 趋于正无穷，反应必然逆向自发进行。因此，任何反应都不可能进行完全，都存在一定限度。

由于 $\Delta_r G_m$ 是连续变化的，其从负无穷变为正无穷时，经过 $\Delta_r G_m = 0$ 的状态点。当 $\Delta_r G_m = 0$ 时，反应达到平衡状态，反应进行到最大限度。这表明，在一定条件下，任何反应都不可能进行彻底。摩尔反应吉布斯自由能与反应进度之间的关系如图 7-2 所示。

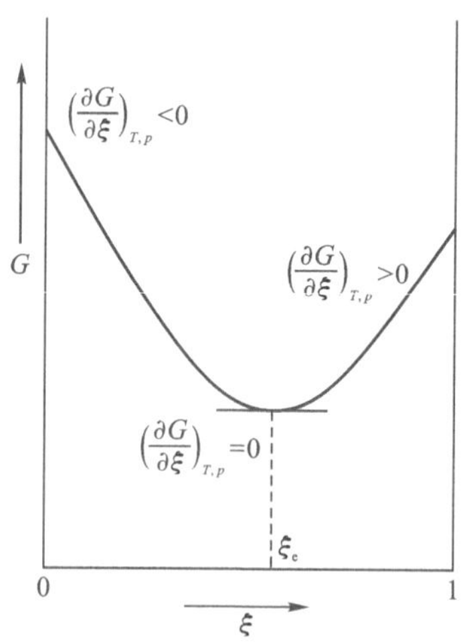

图 7-2　系统的摩尔反应吉布斯自由能与反应进度的关系

综上所述，可以得到这样的结论：①严格来说，没有不能发生的反应；②化学平衡是普遍存在的。

7.3.2　化学反应等温方程式

以理想气体反应为例，反应

$$aA + bB \xlongequal{} dD + eE$$

在一定温度和压力下，任一时刻的摩尔反应吉布斯自由能为

$$\Delta_r G_m = \left(\frac{\partial G}{\partial \xi}\right)_{T,p} = \sum_B \nu_B \mu_B \tag{7-17}$$

将理想气体的化学势表达式代入式(7-17)可得

$$\Delta_r G_m = \left(\frac{\partial G}{\partial \xi}\right)_{T,p} = \sum_B \nu_B \mu_B^{\ominus} + \sum_B RT\ln\left(\frac{p_B}{p}\right)^{\nu_B} \tag{7-18}$$

即

$$\Delta_r G_m = \Delta_r G_m^{\ominus} + RT\ln\prod_B\left(\frac{p_B}{p}\right)^{\nu_B} \tag{7-19}$$

其中

$$\Delta_r G_m^{\ominus} = \sum_B \nu_B \mu_B^{\ominus} \tag{7-20}$$

$\Delta_r G_m^{\ominus}$ 称为**标准摩尔反应吉布斯自由能**(standard molar Gibbs free energy of reaction)，即在各物质都处于标准状态的情况下发生 1 mol 反应时所引起的吉布斯自由能增量，其单位是 $J \cdot mol^{-1}$ 或 $kJ \cdot mol^{-1}$ 。$\mu_B^{\ominus}$ 仅是温度的函数，因此 $\Delta_r G_m^{\ominus}$ 也仅是温度的函数。

令

$$Q_p = \prod_B\left(\frac{p_B}{p^{\ominus}}\right)^{\nu_B} = \frac{(p_D/p^{\ominus})^d\ (p_E/p^{\ominus})^e}{(p_A/p^{\ominus})^a\ (p_B/p^{\ominus})^b} \tag{7-21}$$

式中，Q_p 是该反应在某一时刻的**相对压力商**，与实际反应体系所处的状态(各物质的分压或浓度)有关，是无量纲的纯数。则式(7-19)可写为

$$\Delta_r G_m = \Delta_r G_m^{\ominus} + RT\ln Q_p \tag{7-22}$$

式(7-22)称为**化学反应等温方程式**。此式描述了一定温度和压力下，$\Delta_r G_m$ 与实际反应系统的组成之间的关系。根据吉布斯函数最小原理，在一定温度和压力下，如果非体积功为零，则当 $\Delta_r G_m = 0$ 时，系统处于平衡状态，即

$$\Delta_r G_m^{\ominus} = -RT\ln(Q_p)_{平衡} \tag{7-23}$$

令

$$K_p^{\ominus} = (Q_p)_{平衡} \tag{7-24}$$

则

$$\Delta_r G_m^{\ominus} = -RT\ln K_p^{\ominus} \tag{7-25}$$

注意：$K_p^{\ominus}$ 等于平衡时的相对压力商，而不是平衡时的压力商。$K_p^{\ominus}$ 是无量纲的纯数，与化学平衡时系统的组成密切相关。由于 $\Delta_r G_m^{\ominus}$ 仅是温度的函数，$K_p^{\ominus}$ 也仅是温度的函数，故在一定温度下 $K_p^{\ominus}$ 有唯一确定的值。我们把 $K_p^{\ominus}$ 称为反应的**标准平衡常数**(standard equilibrium constant)。不论一个化学反应是否发生，不论化学反应是否达到平衡，都可以根据式(7-25)计算化学反应在指定温度下的标准平衡常数。

7.4 化学反应平衡常数

7.4.1 平衡常数的表示式

平衡常数可以根据化学反应的具体情况，用不同的量（压力、浓度、摩尔分数、物质的量等）来表示。

1. $K_p^{\ominus}$ 与 K_p 的关系

对于理想气体反应 $a\text{A}+b\text{B}=\!=\!=d\text{D}+e\text{E}$，根据式(7-24)

$$K_p^{\ominus}=(Q_p)_{\text{平衡}}=\prod_{\text{B}}\left(\frac{p_{\text{B}}}{p^{\ominus}}\right)_{\text{平衡}}^{\nu_{\text{B}}}=\prod_{\text{B}}(p_{\text{B}})_{\text{平衡}}^{\nu_{\text{B}}}\cdot\left(\frac{1}{p^{\ominus}}\right)^{\sum\nu_{\text{B}}} \tag{7-26}$$

令

$$K_p=\prod_{\text{B}}(p_{\text{B}})_{\text{平衡}}^{\nu_{\text{B}}}=\left(\frac{p_{\text{D}}^{d}p_{\text{E}}^{e}}{p_{\text{A}}^{a}p_{\text{B}}^{b}}\right)_{\text{平衡}} \tag{7-27}$$

则

$$K_p^{\ominus}=K_p\cdot\left(\frac{1}{p^{\ominus}}\right)^{\sum\nu_{\text{B}}} \tag{7-28}$$

式中，K_p 是平衡时的压力商，其值与化学平衡时系统的组成密切相关。由于 $K_p^{\ominus}$ 仅是温度的函数，K_p 也仅是温度的函数，故在一定温度下有唯一确定的值。我们把 K_p 称为**经验平衡常数**(experimental equilibrium constant)。如果 $\sum_{\text{B}}\nu_{\text{B}}=0$，则 $K_p^{\ominus}=K_p$，这时 K_p 也是无量纲的纯数；如果 $\sum_{\text{B}}\nu_{\text{B}}\neq 0$，则 K_p 有单位，与反应各物质的化学计量数有关。

2. $K_p^{\ominus}$ 与 K_c 的关系

对于理想气体，根据道尔顿分压定律，$p_{\text{B}}=\dfrac{n_{\text{B}}}{V}RT=c_{\text{B}}RT$，则式(7-24)可写为

$$K_p^{\ominus}=\prod_{\text{B}}(c_{\text{B}})_{\text{平衡}}^{\nu_{\text{B}}}\cdot\left(\frac{RT}{p}\right)^{\sum\nu_{\text{B}}} \tag{7-29}$$

令

$$K_c=\prod_{\text{B}}(c_{\text{B}})_{\text{平衡}}^{\nu_{\text{B}}}=\left(\frac{c_{\text{D}}^{d}c_{\text{E}}^{e}}{c_{\text{A}}^{a}c_{\text{B}}^{b}}\right)_{\text{平衡}} \tag{7-30}$$

则

$$K_p^{\ominus}=K_c\cdot\left(\frac{RT}{p^{\ominus}}\right)^{\sum\nu_{\text{B}}} \tag{7-31}$$

式中，K_c 是平衡时的浓度商，其值与化学平衡时系统的组成密切相关。由于 $K_p^{\ominus}$ 仅是温度的函数，K_c 也仅是温度的函数，故在一定温度下有唯一确定的值。我们把 K_c 也称为**经验平衡常数**。如果 $\sum_{\text{B}}\nu_{\text{B}}=0$，则 $K_c=K_p^{\ominus}$，这时 K_c 也是无量纲的纯数；如果 $\sum_{\text{B}}\nu_{\text{B}}\neq 0$，则 K_c 有单位，与反应各物质的化学计量数有关。

3. $K_p^{\ominus}$ 与 K_x 的关系

对于理想气体，根据分压力的定义，$p_{\text{B}}=p\cdot x_{\text{B}}$，则式(7-24)可写为

$$K_p^{\ominus} = \prod_{\mathrm{B}} (x_{\mathrm{B}})_{\text{平衡}}^{\nu_{\mathrm{B}}} \cdot \left(\frac{p}{p^{\ominus}}\right)^{\sum \nu_{\mathrm{B}}} \tag{7-32}$$

令
$$K_x = \prod_{\mathrm{B}} (x_{\mathrm{B}})_{\text{平衡}}^{\nu_{\mathrm{B}}} = \left(\frac{x_{\mathrm{D}}^{d} x_{\mathrm{E}}^{e}}{x_{\mathrm{A}}^{a} x_{\mathrm{B}}^{b}}\right)_{\text{平衡}} \tag{7-33}$$

则
$$K_p^{\ominus} = K_x \cdot \left(\frac{p}{p^{\ominus}}\right)^{\sum \nu_{\mathrm{B}}} \tag{7-34}$$

式中，K_x 是平衡时的摩尔分数商，其值与化学平衡时系统的组成密切相关。由于 $K_p^{\ominus}$ 仅是温度的函数，如果 $\sum_{\mathrm{B}} \nu_{\mathrm{B}} = 0$，则 $K_x = K_p^{\ominus}$，这时 K_x 也是无量纲的纯数；如果 $\sum_{\mathrm{B}} \nu_{\mathrm{B}} \neq 0$，则 $K_x = K_x(T, p)$，不仅与温度有关，也与总压力 p 有关。由于 K_x 在一定温度下未必是常数，因此不能把 K_x 称为经验平衡常数。

4. $K_p^{\ominus}$ 与 K_n 的关系

对于理想气体，根据分压力的定义，$p_{\mathrm{B}} = \dfrac{n_{\mathrm{B}}}{\sum n_{\mathrm{B}}} \cdot p$，其中 $\sum n_{\mathrm{B}}$ 是指反应系统中所有气体物质的总摩尔数，不仅包括参与反应的气体，也包括不参与反应的其他气体即**惰性气体**（inert gas），则式(7－24)可写为

$$K_p^{\ominus} = \prod_{\mathrm{B}} (n_{\mathrm{B}})_{\text{平衡}}^{\nu_{\mathrm{B}}} \cdot \left[\frac{p}{\sum n_{\mathrm{B}} \cdot p^{\ominus}}\right]^{\sum \nu_{\mathrm{B}}} \tag{7-35}$$

令
$$K_n = \prod_{\mathrm{B}} (n_{\mathrm{B}})_{\text{平衡}}^{\nu_{\mathrm{B}}} = \left(\frac{n_{\mathrm{D}}^{d} n_{\mathrm{E}}^{e}}{n_{\mathrm{A}}^{a} n_{\mathrm{B}}^{b}}\right)_{\text{平衡}} \tag{7-36}$$

则
$$K_p^{\ominus} = K_n \cdot \left[\frac{p}{\sum n_{\mathrm{B}} \cdot p^{\ominus}}\right]^{\sum \nu_{\mathrm{B}}} \tag{7-37}$$

式中，K_n 是平衡时的摩尔商，其值与化学平衡时系统的组成密切相关。由于 $K_p^{\ominus}$ 仅是温度的函数，如果 $\sum_{\mathrm{B}} \nu_{\mathrm{B}} = 0$，则 $K_n = K_p^{\ominus}$，这时 K_n 也是无量纲的纯数；如果 $\sum_{\mathrm{B}} \nu_{\mathrm{B}} \neq 0$，则 $K_n = K_n\left(T, p, \sum n_{\mathrm{B}}\right)$，$K_n$ 不仅与温度有关，也与总压力 p 以及平衡时反应系统中气体物质的总摩尔数 $\sum n_{\mathrm{B}}$ 有关。由于 K_n 在一定温度下未必是常数，因此不能把 K_n 称为经验平衡常数。由于 K_n 与平衡时系统的组成密切相关，且各组分的摩尔数易获得，因此，在化学平衡移动和平衡时系统组成的分析计算中会经常用到。

综上所述，平衡常数的各种表示式之间的关系可归纳如下

$$K_p^{\ominus} = K_p \cdot \left(\frac{1}{p^{\ominus}}\right)^{\sum \nu_{\mathrm{B}}} = K_c \cdot \left(\frac{RT}{p^{\ominus}}\right)^{\sum \nu_{\mathrm{B}}} = K_x \cdot \left(\frac{p}{p^{\ominus}}\right)^{\sum \nu_{\mathrm{B}}} = K_n \cdot \left[\frac{p}{\sum n_{\mathrm{B}} \cdot p^{\ominus}}\right]^{\sum \nu_{\mathrm{B}}} \tag{7-38}$$

7.4.2 均相化学平衡和多相化学平衡

1. **均相化学平衡**

均相反应(homogeneous reaction)又称单相反应，即在同一相(气相、液相或固相)内发生的化学反应，反应系统中各物质之间不存在相界面。在一定条件下，均相反应达到平衡状态，称为均相化学平衡。前面重点介绍了理想气体反应的化学平衡，这里我们介绍一下**溶液中的化学平衡**。

理想溶液中各组分的化学势表达式为

$$\mu_{\mathrm{B}} = \mu_{\mathrm{B}}^{\ominus} + RT\ln a_{\mathrm{B}} + \int_{p^{\ominus}}^{p} V_{\mathrm{m}}^{*}(\mathrm{B})\,\mathrm{d}p$$

通常当压力 p 不是很大时，式中的积分项可以忽略不计，此时

$$\mu_{\mathrm{B}} = \mu_{\mathrm{B}}^{\ominus} + RT\ln a_{\mathrm{B}}$$

一定温度和压力下，理想溶液中进行的化学反应的摩尔反应吉布斯自由能为

$$\Delta_{\mathrm{r}}G_{\mathrm{m}} = \sum_{\mathrm{B}} \nu_{\mathrm{B}}\mu_{\mathrm{B}}^{\ominus} + RT\ln \prod (a_{\mathrm{B}})^{\nu_{\mathrm{B}}} \tag{7-39}$$

$$\Delta_{\mathrm{r}}G_{\mathrm{m}} = \Delta_{\mathrm{r}}G_{\mathrm{m}}^{\ominus} + RT\ln Q_{a} \tag{7-40}$$

式中，$Q_{a} = \prod (a_{\mathrm{B}})^{\nu_{\mathrm{B}}}$，是实际反应系统的活度商，与反应系统所处的状态密切相关。在一定温度和压力下，当化学反应达到平衡时 $\Delta_{\mathrm{r}}G_{\mathrm{m}} = 0$，则

$$\Delta_{\mathrm{r}}G_{\mathrm{m}}^{\ominus} = -RT\ln (Q_{a})_{平衡} \tag{7-41}$$

令

$$K_{a}^{\ominus} = (Q_{a})_{平衡} \tag{7-42}$$

则

$$\Delta_{\mathrm{r}}G_{\mathrm{m}}^{\ominus} = -RT\ln K_{a}^{\ominus} \tag{7-43}$$

由于 $\Delta_{\mathrm{r}}G_{\mathrm{m}}^{\ominus}$ 仅是温度的函数，$K_{a}^{\ominus}$ 也仅是温度的函数，故在一定温度下 $K_{a}^{\ominus}$ 有唯一确定的值。我们把 $K_{a}^{\ominus}$ 称为溶液中化学反应的**标准平衡常数**，其值等于化学平衡时的活度商。该结论只在压力不是很大的情况下才成立。

对于溶液中的任一种物质选用不同的浓标(即摩尔分数浓度及其对应的标准态，如摩尔分数浓标、物质的量浓标、质量摩尔浓标等)时，a_{B} 的值不同，$\Delta_{\mathrm{r}}G_{\mathrm{m}}^{\ominus}$ 的值也不同。由此可见，对于溶液化学反应，标准平衡常数 $K_{a}^{\ominus}$ 的值和温度及选用的浓标有关。

1)理想溶液中的化学平衡

在理想溶液中，只用一种浓标。此时，$\gamma_{\mathrm{B}} = 1$，$a_{\mathrm{B}} = x_{\mathrm{B}}$，则

$$K_{a}^{\ominus} = \prod (a_{\mathrm{B}})_{平衡}^{\nu_{\mathrm{B}}} = \prod (x_{\mathrm{B}})_{平衡}^{\nu_{\mathrm{B}}} = K_{x} \tag{7-44}$$

即理想溶液中化学反应的标准平衡常数等于平衡时的摩尔分数商。

2)理想稀溶液中的化学平衡

在理想稀溶液中，同一种物质可以选用不同的浓标。在这种情况下，组分 B 的标准态及

其活度 a_B 的含义会随所选用浓标的不同而不同。在理想稀溶液中，$\gamma_B=1$，所以 $a_B=\gamma_{B,x}\cdot x_B=x_B$ 或 $a_B=\gamma_{B,b}\dfrac{b_B}{b^{\ominus}}=\dfrac{b_B}{b^{\ominus}}$ 或 $a_B=\gamma_{B,c}\dfrac{c_B}{c^{\ominus}}=\dfrac{c_B}{c^{\ominus}}$。

(1)使用摩尔分数浓标。此时，$a_B=x_B$，则

$$K_a^{\ominus}=\prod(a_B)_{平衡}^{\nu_B}=\prod(x_B)_{平衡}^{\nu_B}=K_x \tag{7-45}$$

即标准平衡常数等于平衡时的摩尔分数商。

(2)使用物质的量浓标。此时，$a_B=\dfrac{c_B}{c^{\ominus}}$，则

$$K_a^{\ominus}=\prod(a_B)_{平衡}^{\nu_B}=\prod\left(\frac{c_B}{c^{\ominus}}\right)_{平衡}^{\nu_B}=K_c^{\ominus} \tag{7-46}$$

即标准平衡常数等于平衡时的相对体积摩尔浓度商。

(3)使用质量摩尔浓标。此时，$a_B=\dfrac{b_B}{b}$，则

$$K_a^{\ominus}=\prod(a_B)_{平衡}^{\nu_B}=\prod\left(\frac{b_B}{b^{\ominus}}\right)_{平衡}^{\nu_B}=K_b^{\ominus} \tag{7-47}$$

即标准平衡常数等于平衡时的相对质量摩尔浓度商。

总之，在一定温度下选用不同浓标时，由化学平衡系统的组成计算出来的标准平衡常数的值是不一样的。由标准摩尔反应吉布斯自由能 $\Delta_r G_m^{\ominus}$ 计算出来的标准平衡常数与计算 $\Delta_r G_m^{\ominus}$ 时选用的标准态有关。

2. 多相化学平衡

多相反应(heterogeneous reaction)又称异相反应，即不同相(气相、液相或固相)物质间发生的化学反应，反应系统中各物质之间存在相界面。在一定条件下，多相反应达到平衡状态时，称为多相化学平衡。

在一定温度和压力下，系统不做非体积功，有气体、液体或固体等物质参与的化学反应达到平衡状态，物质B在不同相中的化学势可分别表示为

气相 $$\mu_B=\mu_B^{\ominus}+RT\ln\frac{p_B}{p^{\ominus}}$$

液相 $$\mu_B=\mu_B^{\ominus}+RT\ln a_B$$

纯凝聚态 $$\mu_B\approx\mu_B^{\ominus}$$

在一定温度和压力下，多相反应的摩尔反应吉布斯自由能为

$$\Delta_r G_m=\sum_B\nu_B\mu_B=\Delta_r G_m^{\ominus}+RT\ln Q \tag{7-48}$$

式中，Q 为实际多相反应系统的混合商。在计算 Q 时，对于气体物质采用相对压力；对于溶液中的物质采用活度；对于纯凝聚态物质就用1。

例如，对于反应

$$aA(sol)+bB(s)\longrightarrow dD(g)+eE(sol)$$

此处，sol 表示溶液，则有

$$Q=\frac{\left(\frac{p_D}{p^\ominus}\right)^d\cdot a_E^e}{a_A^a}$$

即在多相反应中，Q 与纯凝聚态物质无关。由于平衡时，$\Delta_r G_m=0$，所以平衡时

$$\Delta_r G_m^\ominus=-RT\ln(Q)_{平衡}=-RT\ln K^\ominus \tag{7-49}$$

式中，$K^\ominus$ 为标准平衡常数，在一定温度下为定值，其值等于平衡时的混合商，即

$$K^\ominus=\left[\frac{(p_D/p^\ominus)^d\cdot a_E^e}{a_A^a}\right]_{平衡} \tag{7-50}$$

$K^\ominus$ 与纯凝聚态物质无关。

如果纯凝聚态物质在一定温度下可以发生分解反应，那么达到平衡时气体产物的总压力定义为**分解压**(decomposition pressure)。如

$$CaCO_3(s)\longrightarrow CaO(s)+CO_2(g)$$

根据式(7－50)得 $K^\ominus=\left(\frac{p_{CO_2}}{p^\ominus}\right)_{平衡}$ 所以，分解压 $=(p_{CO_2})_{平衡}=K^\ominus\cdot p^\ominus$。

因此，这类反应在一定温度下达到平衡时，其分解压为常数。

根据化学平衡移动原理，当分解压大于外压时，分解反应可以发生；当分解压小于外压时，分解反应不能发生。所以，分解压的大小可以用来衡量纯凝聚态物质的稳定性。分解压越小，纯凝聚态物质越稳定。

7.5 平衡常数的计算

根据平衡常数的大小，可以定性判断正向反应趋势的大小和化学反应的最大限度，也可以定量计算化学反应达到平衡时系统的组成。那么，可否不做实验就能得到反应的标准平衡常数呢？在讨论这个问题之前需要说明，平衡常数与反应方程式的写法有关。因为 $\Delta_r G_m^\ominus$ 与反应方程式中各物质的化学计量数有关，$\Delta_r G_m^\ominus=-RT\ln K^\ominus$，所以 $K^\ominus$ 也与反应方程式中各物质的化学计量数有关。

例 7－7 在一定温度下，已知反应①的标准平衡常数为 $K_1^\ominus$，求同一温度下反应②和③的标准平衡常数。

① $A+2B\longrightarrow C$

② $2A+4B\longrightarrow 2C$

③ $C\longrightarrow A+2B$

解:由于②══2×①,③══−1×①,所以

$$\Delta_r G^{\ominus}_{m,2}=2\times\Delta_r G^{\ominus}_{m,1},\quad \Delta_r G^{\ominus}_{m,3}=-1\times\Delta_r G^{\ominus}_{m,1}$$

由式(7-49)得

$$-RT\ln K_2^{\ominus}=2\times(-RT\ln K_1^{\ominus})$$

$$-RT\ln K_3^{\ominus}=-1\times(-RT\ln K_1^{\ominus})$$

所以 $K_2^{\ominus}=(K_1^{\ominus})^2, K_3^{\ominus}=\dfrac{1}{K_1^{\ominus}}$。

可见,谈论平衡常数时,应与相应配平的反应方程式联系在一起。根据前面学习过的内容,计算平衡常数的关键是求 $\Delta_r G^{\ominus}_m$,常用的计算方法如下。

7.5.1 标准摩尔生成吉布斯自由能法

类似于标准摩尔生成焓,我们把一定温度 T 下由指定态单质生成 1 mol 物质 B 时的标准摩尔反应吉布斯自由能称为该温度下 B 物质的**标准摩尔生成吉布斯自由能**(standard molar Gibbs free energy of formation),并把它记为 $\Delta_f G^{\ominus}_m(B,\beta,T)$,单位为 $J\cdot mol^{-1}$ 或 $kJ\cdot mol^{-1}$,其中 β 是指 B 物质的物理状态或晶型。

根据上述定义,在任何温度下,指定态单质的标准摩尔生成吉布斯自由能都等于零。对于下述反应

$$aA+bB \longrightarrow dD+eE$$

$\Delta_r G^{\ominus}_m$ 计算式如下

$$\Delta_r G^{\ominus}_m=\sum_B \nu_B \Delta_f G^{\ominus}_m(B) \tag{7-51}$$

根据式(7-51)只能从温度 T 下各物质的 $\Delta_f G^{\ominus}_m$ 计算该温度下的 $\Delta_r G^{\ominus}_m$ 和标准平衡常数 $K^{\ominus}$。通常工具书中给出 25 ℃下不同物质的 $\Delta_f G^{\ominus}_m$ 数据,也就是说,通常根据式(7-51)只能计算 25 ℃下的标准平衡常数。后面,我们将介绍标准平衡常数和温度的关系,进而可以求解任意温度下的标准平衡常数。

例 7-8 计算乙苯脱氢和乙苯氧化脱氢在 298.15 K 时的平衡常数。已知 298.15 K 时 $\Delta_f G^{\ominus}_m$(乙苯)=130.6 $kJ\cdot mol^{-1}$,$\Delta_f G^{\ominus}_m$(苯乙烯)=213.8 $kJ\cdot mol^{-1}$,$\Delta_f G^{\ominus}_m(H_2O, g)=-228.59\ kJ\cdot mol^{-1}$。

解:(1)对于 298.15 K 时的乙苯直接脱氢反应

$$C_6H_5C_2H_5(g) \longrightarrow C_6H_5C_2H_3(g)+H_2(g)$$

$$\begin{aligned}\Delta_r G^{\ominus}_m &= \Delta_f G^{\ominus}_m(H_2,g)+\Delta_f G^{\ominus}_m(\text{苯乙烯})-\Delta_f G^{\ominus}_m(\text{乙苯})\\ &= 0+213.8\ kJ\cdot mol^{-1}-130.6\ kJ\cdot mol^{-1}\\ &= 83.2\ kJ\cdot mol^{-1}\end{aligned}$$

根据式(7-49),可求得 $K^{\ominus}=2.7\times10^{-15}$。这是个吸热很大的反应,升高温度有利于反应正向进行。例如,将温度升高到 900 K,乙苯直接脱氢的转化率可以达到 85%。

(2)对于 298.15 K 时的乙苯氧化脱氢反应

$$C_6H_5C_2H_5(g)+\frac{1}{2}O_2(g)=C_6H_5C_2H_3(g)+H_2O(g)$$

$$\begin{aligned}\Delta_r G_m^\ominus &= \Delta_f G_m^\ominus(H_2O,g)+\Delta_f G_m^\ominus(\text{苯乙烯})-\Delta_f G_m^\ominus(\text{乙苯})-\frac{1}{2}\Delta_f G_m^\ominus(O_2,g)\\ &=-228.59\ \mathrm{kJ\cdot mol^{-1}}+213.8\ \mathrm{kJ\cdot mol^{-1}}-130.6\ \mathrm{kJ\cdot mol^{-1}}-0\\ &=-145.39\ \mathrm{kJ\cdot mol^{-1}}\text{。}\end{aligned}$$

可得 $K^\ominus=2.6\times10^{25}$。

可见，298.15 K 时乙苯氧化脱氢是可以进行得比较完全的。

7.5.2 标准熵法

根据前面学习的知识，在一定压力下某一物质 B 的焓与温度的关系可以表示为

$$\left[\frac{\partial H_{B,m}}{\partial T}\right]_p=C_{p,m}(B)$$

所以

$$\left[\frac{\partial(\nu_B H_{B,m})}{\partial T}\right]_p=\nu_B C_{p,m}(B)$$

将上式用于配平的反应方程式中的所有物质，则

$$\left[\frac{\partial\sum(\nu_B H_{B,m})}{\partial T}\right]_p=\sum\nu_B C_{p,m}(B)$$

即

$$\left(\frac{\partial\Delta_r H_{B,m}}{\partial T}\right)_p=\Delta_r C_{p,m} \tag{7-52}$$

在一定压力下，熵与温度的关系可以表示为

$$\left(\frac{\partial S_{B,m}}{\partial T}\right)_p=\frac{C_{p,m}(B)}{T}$$

所以

$$\left[\frac{\partial(\nu_B S_{B,m})}{\partial T}\right]_p=\frac{\nu_B C_{p,m}(B)}{T}$$

继而可得

$$\left(\frac{\partial\Delta_r S_{B,m}}{\partial T}\right)_p=\frac{\Delta_r C_{p,m}}{T} \tag{7-53}$$

发生 1 mol 反应时等压摩尔热容的改变量一般不等于零，因此摩尔反应焓和摩尔反应熵一般都与温度有关。通常温度变化范围不大时，可以把 $\Delta_r H_m$ 和 $\Delta_r S_m$ 近似看作常数，在这种情况下

$$\Delta_r G_m^\ominus(T_2)=\Delta_r H_m^\ominus(T_1)-T_2\Delta_r S_m^\ominus(T_1) \tag{7-54}$$

7.5.3 盖斯定律法

基于盖斯定律，把不同的化学反应进行线性组合，进而得到不同反应的平衡常数之间的

关系。

例 7-9 在 298 K 时,已知

① $C+O_2 \overline{\overline{\quad}} CO_2$,$K_1^{\ominus}=a$;

② $2CO+O_2 \overline{\overline{\quad}} 2CO_2$,$K_2^{\ominus}=b$;

求 298 K 下,反应③$2C+O_2 \overline{\overline{\quad}} 2CO$ 的标准平衡常数。

解:由于③══2×①-②,所以

$$\Delta_r G_{m,3}^{\ominus} = 2 \times \Delta_r G_{m,1}^{\ominus} - \Delta_r G_{m,2}^{\ominus}$$

$$-RT\ln K_3^{\ominus} = 2 \times (-RT\ln K_1^{\ominus}) - (-RT\ln K_2^{\ominus})$$

因此

$$K_3^{\ominus}=\frac{(K_1^{\ominus})^2}{K_2^{\ominus}}=\frac{a^2}{b}$$

可以看出,如果化学反应之间存在加减关系,则其平衡常数之间就存在乘除关系。在反应方程的线性组合关系式中,各反应前的系数(化学计量数)在平衡常数的关系式中就是指数。

7.5.4 水溶液中反应的标准平衡常数

在溶液中进行的反应,其标准态不是纯态,且有许多不同的规定,特别是溶质。对于溶液中任一物质 B,可以规定 $b_B=1\ \mathrm{mol \cdot kg^{-1}}$ 且具有理想溶液性质的态为标准态,也可以规定 $c_B=1\ \mathrm{mol \cdot L^{-1}}$ 且具有理想溶液性质的态为标准态。因此,对于溶液中进行的反应,我们不能直接使用参与反应物质的纯态对应的 $\Delta_f G_m^{\ominus}$ 值。

例如,在溶液中进行的某一反应

$$aA + bB \overline{\overline{\quad}} dD + eE$$

若浓度采用物质的量浓度 c 表示,则其标准态为 $c^{\ominus}=1\ \mathrm{mol \cdot L^{-1}}$,各物质都处于标准态的反应是

$$aA(c^{\ominus})+bB(c^{\ominus}) \xrightleftharpoons{\Delta_r G_m^{\ominus}} dD(c^{\ominus})+eE(c^{\ominus})$$

其标准平衡常数可用下式求出

$$\Delta_r G_m^{\ominus} = -RT\ln K_c^{\ominus}$$

若我们能知道上述反应中各物质在溶液中的标准摩尔生成吉布斯自由能 $\Delta_f G_m^{\ominus}(B,aq)$,就能求出在溶液中进行反应的 $\Delta_r G_m^{\ominus}$ 和标准平衡常数 $K_c^{\ominus}$。这里我们需要根据盖斯定律,设计从某一物质 B 的纯态到其在溶液中的标准态的反应过程,进而间接求出其在溶液中的 $\Delta_f G_m^{\ominus}(B,aq)$。

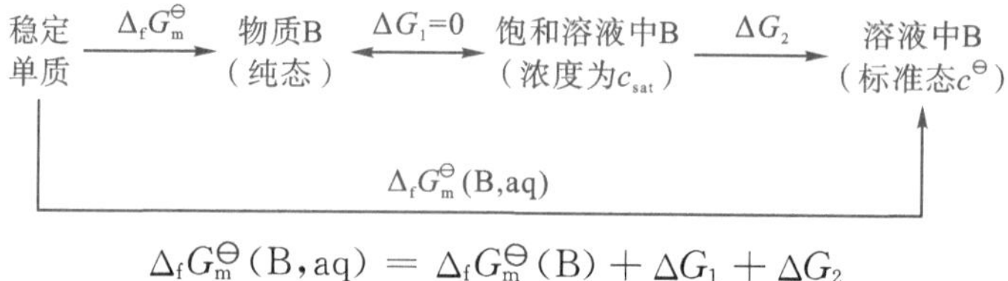

$$\Delta_f G_m^{\ominus}(B, aq) = \Delta_f G_m^{\ominus}(B) + \Delta G_1 + \Delta G_2$$

以任一物质 B 在溶液中的标准摩尔生成吉布斯自由能 $\Delta_f G_m^{\ominus}(B, aq)$ 为例。$\Delta G_1 = 0$，$\Delta G_2 = RT\ln\dfrac{1}{c_{sat}}$，$\Delta_f G_m^{\ominus}(B)$ 可查表获得，将这些数据代入上式，就能求出 B 物质在溶液中的标准摩尔生成吉布斯自由能，进而求得溶液中反应的 $\Delta_r G_m^{\ominus}$ 和标准平衡常数。

7.6 影响化学平衡的因素

7.6.1 温度对化学平衡的影响

1. 范特霍夫方程

在一定压力下，物质 B 的摩尔吉布斯自由能与温度的关系可表示为

$$\frac{\partial(G_m(B)/T)}{\partial T} = \frac{H_m(B)}{T^2}$$

对于化学反应中的 B 物质，根据式(5－79)

$$\left[\frac{\partial(\Delta_r G_m/T)}{\partial T}\right]_p = \frac{\Delta_r H_m}{T^2}$$

同理可得

$$\left[\frac{\partial(\Delta_r G_m^{\ominus}/T)}{\partial T}\right]_p = -\frac{\Delta_r H_m^{\ominus}}{T^2} \tag{7－55}$$

由于 $\Delta_r G_m^{\ominus}$ 只是温度的函数，又因

$$\Delta_r G_m^{\ominus} = -RT\ln K^{\ominus}$$

所以

$$\frac{\mathrm{d}\ln K^{\ominus}}{\mathrm{d}T} = \frac{\Delta_r H_m^{\ominus}}{RT^2} \tag{7－56}$$

因为 $\Delta_r H$ 对压力不敏感，通常 $\Delta_r H_m^{\ominus} \approx \Delta_r H_m$，故上式也可以改写为

$$\frac{\mathrm{d}\ln K^{\ominus}}{\mathrm{d}T} = \frac{\Delta_r H_m}{RT^2} \tag{7－57}$$

式(7－56)和(7－57)均称为**范特霍夫方程**(van't Hoff equation)。在一定压力下，$\Delta_r H_m$ 是摩尔反应热效应。由范特霍夫方程可见，升高温度时，吸热反应（$\Delta_r H_m > 0$）的平衡常数增大，化学平衡正向移动；降低温度时，放热反应（$\Delta_r H_m < 0$）的平衡常数减小，化学平衡逆向移动。也就是说，升高温度时化学平衡将朝着吸热方向移动，降低温度时化学平衡

将朝着放热方向移动。这从根本上解释了勒夏特列原理温度对化学平衡移动的影响。

2. **温度对平衡常数的影响**

由范特霍夫方程(7-57)可得

$$\mathrm{d}\ln K^{\ominus} = \frac{\Delta_r H_m}{RT^2}\mathrm{d}T \tag{7-58}$$

1)近似积分法

当温度变化范围不大时,可以把 $\Delta_r H_m$ 近似看作常数。对式(7-58)进行定积分可得

$$\ln\frac{K^{\ominus}(T_2)}{K^{\ominus}(T_1)} = \frac{\Delta_r H_m(T_2 - T_1)}{RT_1T_2} \tag{7-59}$$

若知道摩尔反应焓 $\Delta_r H_m$ 和温度 T_1 下的标准平衡常数 $K^{\ominus}(T_1)$,就可以用式(7-59)计算任意温度 T_2 下的标准平衡常数 $K^{\ominus}(T_2)$。

对式(7-58)进行不定积分,可得到

$$\ln K^{\ominus} = -\frac{\Delta_r H_m}{RT} + C \tag{7-60}$$

只要把已知的某温度下的标准平衡常数和可近似看作常数的摩尔反应焓 $\Delta_r H_m$ 代入上式,就可以确定积分常数 C。然后就可以根据式(7-60)计算任意温度下的标准平衡常数。

不论是定积分还是不定积分,只需知道一个温度下的平衡常数即可。所以,一般工具书中只给出不同物质在 25 ℃下的标准摩尔生成吉布斯自由能是可以满足要求的。

2)精确积分法

实际上,$\Delta_r H_m$ 与温度有关。通常当温度变化范围较大时,$\Delta_r H_m$ 的变化也会比较明显。据前面学习过的基尔霍夫公式(7-12)可知

$$\Delta_r H_m = \Delta_r C_{p,m}\mathrm{d}T + C$$

式中,$\Delta_r C_{p,m}$ 是温度的函数,并且可以查表计算。上式不定积分的结果也是温度的函数。所以,只要将已知某一温度下的 $\Delta_r H_m$ 代入上式,即可以确定积分常数 C。有了积分常数 C,摩尔反应焓 $\Delta_r H_m$ 与温度 T 的函数关系就完全确定了。进而上式可写为

$$\Delta_r H_m = f(T)$$

将此式代入式(7-58)并对两边积分,就可以得到较精确的结果。

7.6.2 压力对化学平衡的影响

根据 $K_p^{\ominus}$ 与 K_x 之间的关系式(7-34)

$$K_p^{\ominus} = K_x \cdot \left(\frac{p}{p^{\ominus}}\right)^{\sum \nu_B}$$

对于气体分子数增加的反应,$\sum \nu_B > 0$,在一定温度和压力下反应系统的总体积增大。

由于 $K_p^\ominus$ 在一定温度下为常数，故平衡系统的总压力 p 增大时 K_x 必然减小。又因 K_x 等于平衡时的摩尔分数商，故 K_x 减小时平衡逆向移动。也就是说，增大压力 p 会使化学平衡朝着体积减小的方向移动。与此相反，在一定温度下，减小压力 p 会使化学平衡朝着体积增大的方向移动。

对于 $\sum \nu_B = 0$ 的反应，$K_x = K_p^\ominus$ 只是温度的函数。因此在一定温度下，改变系统的压力时，化学平衡不会发生移动。

例 7－10 在某温度及标准压力 $p^\ominus$ 下，$N_2O_4(g)$ 有 0.50（摩尔分数）分解成 $NO_2(g)$，若压力扩大 10 倍，则 $N_2O_4(g)$ 的解离分数是多少？

解：设开始时有 1 mol 的 $N_2O_4(g)$，那么平衡时

$$N_2O_4(g) \xlongequal{} 2NO_2(g)$$

$$1-0.50 \qquad 2\times0.50 \qquad n_{总} = 1+0.50$$

$$K_x(p^\ominus) = \frac{\left(\dfrac{2\times0.50}{1+0.50}\right)^2}{\left(\dfrac{1-0.50}{1+0.50}\right)} = 1.33$$

因为 $\sum \nu_B = 1$，温度一定，则标准平衡常数 $K_p^\ominus$ 一定，若压力增大 10 倍，则

$$\frac{K_x(10p^\ominus)}{K_x(p^\ominus)} = \frac{1}{10},\ K_x(10p^\ominus) = 0.133$$

设 α 为增加压力后 $N_2O_4(g)$ 的解离度，则 $0.133 = \dfrac{4\alpha^2}{1-\alpha^2}$，解得 $\alpha=0.18$。可见增加压力不利于 N_2O_4 的解离。

7.6.3 其他因素对化学平衡的影响

1. 惰性气体的影响

惰性气体的存在并不会影响反应的平衡常数，而是影响有气体参与的化学反应的平衡组成，使化学平衡发生移动。

根据 $K_p^\ominus$ 与 K_n 之间的关系式（7－37）

$$K_p^\ominus = K_n \cdot \left(\frac{p}{\sum n_B \cdot p^\ominus}\right)^{\sum \nu_B}$$

式中，$\sum n_B$ 是化学反应平衡系统中所有气体的总摩尔数，其中也包括不参与反应的惰性气体。

在一定温度和压力下，对于 $\sum \nu_B = 0$ 的反应，$K_p^\ominus = K_n$ 只是温度的函数。因此在一定温度和压力下，增多或减少惰性气体时，化学平衡不会移动。

对于体积增大的反应，$\sum \nu_B > 0$。在温度和压力一定的情况下，若增加系统中的惰性气体使 $\sum n_B$ 增大，由于 $K_p^\ominus$ 是定值，所以 K_n 必然增大，化学平衡正向移动。因此在一定温度和压力下，引入惰性气体会使 $\sum n_B$ 增大，化学平衡朝着体积增大的方向移动；减少惰性气体会使 $\sum n_B$ 减小，化学平衡朝着体积减小的方向移动。

实际上，在温度和总压力维持不变的情况下引入惰性气体时，惰性气体的分压力就会增大，参与反应的气体组分的分压力就会减小，化学平衡必然朝着体积增大的方向移动。相反，在一定温度和总压力下，减少系统中的惰性气体时，惰性气体的分压力就会减少，参与反应的气体的分压力就会增大，化学平衡必然朝着体积减小的方向移动。

根据惰性气体对化学平衡的影响，在生产实践中对于体积减小的反应，为了提高产物的平衡产率或反应物的平衡转化率，应尽量减少气体反应物中的杂质气体。相反，对于体积增大的反应，为了提高产物的平衡产率或气体反应物的平衡转化率，必要时可以引入一些不参与反应的惰性气体。

例 7-11　常压下乙苯脱氢制备苯乙烯的反应，在 873 K 时 $K_p^\ominus = 0.178$。若原料气中乙苯和水蒸气的物质的量比为 1∶9，求乙苯的最大转化率。若不添加水蒸气，则乙苯的转化率为多少？

解：在 873 K 和标准压力 $p^\ominus$ 下，通入乙苯和水蒸气的物质的量比为 1∶9，设 x 为乙苯转化掉的物质的量

	$C_6H_5C_2H_5(g) =\!=\!=$	$C_6H_5C_2H_3(g) +$	$H_2(g)$	H_2O
反应前：	1	0	0	9
平衡后：	$1-x$	x	x	9

平衡后的总量：$1-x+x+x+9=10+x$

有 $K_p^\ominus$ 与 K_n 之间的关系式

$$K_p^\ominus = K_n \cdot \left(\frac{p}{\sum n_B \cdot p^\ominus}\right)^{\sum \nu_B} = \frac{x^2}{1-x}\left(\frac{p}{\sum n_B \cdot p^\ominus}\right)^{\sum \nu_B}$$

因为 $\sum \nu_B = 1$，反应压力为 $p^\ominus$，所以

$$K_p^\ominus = \frac{x^2}{1-x}\left(\frac{1}{10+x}\right) = 0.178$$

解得 $x=0.728$，即转化率为 0.728。

如果不加水蒸气，则平衡后的总量为 $1+x$

$$K_p^\ominus = \frac{x^2}{1-x}\left(\frac{1}{1+x}\right) = 0.178$$

解得 $x=0.389$，即转化率为 0.389。

2. 浓度的影响

在一定温度和压力下，根据化学反应等温方程式

$$\Delta_r G_m = \Delta_r G_m^{\ominus} + RT\ln Q_p$$

可得

$$\Delta_r G_m = RT\ln \frac{Q_p}{K_p^{\ominus}} \tag{7-61}$$

在一定温度下平衡时 $\Delta_r G_m = 0$，$Q_p = K_p^{\ominus}$ 。此时如果增大平衡系统中反应物的浓度或减小产物的浓度，则 Q_p 必然减小，从而使 $Q_p < K_p^{\ominus}$，得到 $\Delta_r G_m < 0$，化学平衡必然正向移动，直到再次达到新的平衡。相反，此时如果减小平衡系统中反应物的浓度或增大产物的浓度，则 Q_p 必然增大，从而使 $Q_p > K_p^{\ominus}$，得到 $\Delta_r G_m > 0$，化学平衡必然逆向移动，直到再次达到新的平衡。

总之，根据化学反应等温方程式和平衡常数的各种表示式之间的关系，可以很好地分析外界因素如何影响化学平衡的移动。

思考题

1.原则上有了不同物质在 25 ℃下的标准摩尔生成焓和标准摩尔燃烧焓数据，就可以计算化学反应在任何温度下的摩尔反应热效应。你知道这是为什么吗？

2.下列说法是否正确？

(1)物质的标准状态温度为 298.15 K；

(2)化学反应计量系数翻倍，则化学反应的 $\Delta_r H_m^{\ominus}$ 值也翻倍；

(3)在任何温度下指定状态单质的标准摩尔生成焓都等于零；

(4)在任何温度下 $SO_2(g)$ 的标准摩尔燃烧焓都等于零；

(5)在 25 ℃下，$H_2O(g)$ 的标准摩尔生成焓等于 $H_2(g)$ 的标准摩尔燃烧焓；

(6)在 25 ℃下，C(石墨)的标准摩尔燃烧焓与 $CO_2(g)$ 的标准摩尔生成焓是相同的。

3. $\Delta_r G_m > 0$ 的反应可能发生吗？

4.严格地说，化学反应的标准平衡常数只是温度的函数吗？

5.化学反应可以进行完全吗？

6.某反应的 $\Delta_r G_m^{\ominus} < 0$，是否该反应一定能正向进行？

7.实验平衡常数和标准平衡常数的区别是什么？

8.为什么在一定温度下改变压力，或改变反应物或产物的浓度会使化学平衡发生移动？

9.通常影响化学平衡的因素有哪些？

10.为什么惰性气体可以影响化学平衡？

11.合成氨反应 $3H_2(g) + N_2(g) \rightleftharpoons 2NH_3(g)$ 达到平衡后，在保持温度和压力不变的情况下，加入水蒸气作为惰性气体，设气体近似作为理想气体处理，那么氨气的含量会不会发

生变化？$K_p^\ominus$ 值会不会改变？

12. 在一定温度和压力下，当化学反应达到平衡时，$\Delta_r G_m^\ominus = 0$ 还是 $\Delta_r G_m = 0$？

13. 温度是怎样影响化学平衡的？

14. 怎样由范特霍夫方程导出标准平衡常数与温度之间的关系？

习 题

1. 已知下列反应在 298 K 时的标准摩尔反应焓：

(1) $B_2H_6(g) + 3O_2(g) \longrightarrow B_2O_3(s) + 3H_2O(g)$，$\Delta_r H_m^\ominus = -1941\ kJ \cdot mol^{-1}$；

(2) $2B(s) + \frac{3}{2}O_2(g) \longrightarrow B_2O_3(s)$，$\Delta_r H_m^\ominus = -2368\ kJ \cdot mol^{-1}$；

(3) $H_2(g) + \frac{1}{2}O_2(g) \longrightarrow H_2O(g)$，$\Delta_r H_m^\ominus = -241.8\ kJ \cdot mol^{-1}$，

求 298 K 下乙硼烷 $B_2H_6(g)$ 的标准摩尔生成焓 $\Delta_f H_m^\ominus$。

2. 已知下述两个反应在 298 K 时的标准摩尔反应焓：

(1) $H_2(g) + Cl_2(g) \longrightarrow 2HCl(g)$，$\Delta_r H_m^\ominus = -184.62\ kJ \cdot mol^{-1}$；

(2) $2H_2(g) + O_2(g) \longrightarrow 2H_2O(g)$，$\Delta_r H_m^\ominus = -483.64\ kJ \cdot mol^{-1}$；

试求：(1) $HCl(g)$ 和 $H_2O(g)$ 在 298 K 时的 $\Delta_f H_m^\ominus$；

(2) 298 K 下反应 $4HCl(g) + O_2(g) \longrightarrow 2Cl_2(g) + 2H_2O(g)$ 的 $\Delta_r H_m^\ominus$ 和 $\Delta_r U_m^\ominus$。

3. 试求下述反应在 298 K、100 kPa 时的恒压热效应。

(1) $2C$(石墨) $+ O_2(g) \longrightarrow 2CO(g)$，$\Delta_r U_m^\ominus = -231.3\ kJ \cdot mol^{-1}$；

(2) $H_2(g) + Cl_2(g) \longrightarrow 2HCl(g)$，$\Delta_r U_m^\ominus = -184\ kJ \cdot mol^{-1}$；

(3) $C_2H_5OH(l) + 3O_2(g) \longrightarrow 2CO_2(g) + 3H_2O(g)$，$\Delta_r U_m^\ominus = -1373\ kJ \cdot mol^{-1}$；

(4) $2C_6H_5COOH(s) + 13O_2(g) \longrightarrow 12CO_2(g) + 6H_2O(g)$，$\Delta_r U_m^\ominus = -772.7\ kJ \cdot mol^{-1}$。

4. 已知甲烷在 298.15 K 时的标准摩尔燃烧焓为 $-890.36\ kJ \cdot mol^{-1}$，且已知 $CO_2(g)$ 和 $H_2O(l)$ 的 $\Delta_f H_m^\ominus$ 分别为 $-393.522\ kJ \cdot mol^{-1}$ 和 $-285.830\ kJ \cdot mol^{-1}$。试求 298.15 K 时甲烷的标准摩尔生成焓。

5. 在 298.15 K 下，已知蔗糖燃烧反应 $C_{12}H_{22}O_{11}(s) + 12O_2(g) \longrightarrow 12CO_2(g) + 11H_2O(l)$ 的标准摩尔反应焓为 $-5640.9\ kJ \cdot mol^{-1}$。

(1) 在 298.15 K 和标准压力下，燃烧 1 kg 蔗糖会放出多少热量？

(2) 在 298.15 K 的刚性容器内燃烧 1 kg 蔗糖会放出多少热量？

6. 反应 $N_2(g) + 3H_2(g) \longrightarrow 2NH_3(g)$ 在 298 K 时的 $\Delta_r H_m^\ominus = -92.88\ kJ \cdot mol^{-1}$，求此反应在 398 K 时的 $\Delta_r H_m^\ominus$。已知：

$C_{p,m}(NH_3,g)=(25.90+33.00\times10^{-3}T-30.5\times10^{-7}T^2)\ J\cdot K^{-1}\cdot mol^{-1}$

$C_{p,m}(N_2,g)=(27.87+4.27\times10^{-3}T)\ J\cdot K^{-1}\cdot mol^{-1}$

$C_{p,m}(H_2,g)=(29.07-0.837\times10^{-3}T+20.12\times10^{-7}T^2)\ J\cdot K^{-1}\cdot mol^{-1}$

7. 在 298 K 时 $H_2O(l)$ 的标准摩尔生成焓为 $-285.83\ kJ\cdot mol^{-1}$，已知在 298 K～373 K温度范围内 $H_2(g)$、$O_2(g)$ 及 $H_2O(l)$ 的分别为 $28.824\ J\cdot K^{-1}\cdot mol^{-1}$、$29.355\ J\cdot K^{-1}\cdot mol^{-1}$ 和 $75.291\ J\cdot K^{-1}\cdot mol^{-1}$。求 373 K 时 $H_2O(l)$ 的标准摩尔生成焓。

8. 利用附录中的热力学数据及基尔霍夫公式，计算反应 $4NH_3(g)+5O_2(g) = 4NO(g)+6H_2O(g)$ 在 860 ℃下的标准摩尔反应焓。

9. 若空气中除氧气和氮气外，其他微量气体可忽略不计，而且 O_2 和 N_2 的体积比为1∶4，另外假设甲烷燃烧时只发生如下反应且进行得很完全：

$$CH_4(g)+2O_2(g) = CO_2(g)+2H_2O(g)$$

燃烧前按照所需的氧气量将 25 ℃的甲烷与空气按比例混合。当燃烧过程在等压绝热条件下进行时，求该燃烧反应发生后的最高温度。（所需数据从附录中查找）

10. 在 200 ℃和 101.3 kPa 下，当纯 PCl_5 的分解反应 $PCl_5(g) = PCl_3(g)+Cl_2(g)$ 达到平衡时，该混合物系统的密度为 $3.880\ g\cdot L^{-1}$。计算在 200 ℃和 101.3 kPa 下 PCl_5 的平衡分解率。

11. 反应 $CO(g)+H_2O(g) \rightleftharpoons H_2(g)+CO_2$ 的标准平衡常数与温度的关系为

$$\lg K_p^\ominus=\frac{2150\ K}{T}-2.216$$

当 CO、H_2O、H_2、CO_2 的起始组成的质量分数分别为 0.30、0.30、0.20 和 0.20、总压力为 101.3 kPa 时，在何温度反应才能向生成产物的方向进行？

12. 合成氨反应 $3H_2(g)+N_2(g) = 2NH_3(g)$，所用反应物氢气和氮气的摩尔比为 3∶1，在 673 K 和 1000 kPa 压力下达成平衡，平衡产物中氨气的摩尔分数为 0.0385。试求：

(1)该反应在该条件下的标准平衡常数；

(2)在该温度下，若要氨气的摩尔分数为 0.05，应将总压力控制在多少？

13. 在 1000 K 下，已知反应 $2SO_2(g)+O_2(g) = 2SO_3(g)$ 的标准平衡常数为 $K_p^\ominus=3.45$。同温度下，对于 SO_2、O_2 和 SO_3 的分压力分别为 0.80 MPa、0.60 MPa 和 1.4 MPa 的混合气体（近似作为理想气体）而言：

(1)发生上述反应的 $\Delta_r G_m$ 是多少？

(2)在温度和总压力恒定不变的情况下，平衡时 SO_3 的分压力是多少？

14. 反应 $2H_2(g)+C(s) = CH_4(g)$ 的 $\Delta_r G_m^\ominus(1000\ K)=19.29\ kJ\cdot mol^{-1}$。若参与反应的气体的摩尔分数分别为 $x_{CH_4}=0.10$、$x_{H_2}=0.80$、$x_{N_2}=0.10$，那么在 1000 K 和 100 kPa压力下，能否有 $CH_4(g)$ 生成？

15. 在 133 ℃和 100 kPa 压力下，当气态乙酸与它的二聚体处于平衡态时，该混合气体的密度为 $2.78 \times 10^{-3}\ \mathrm{g \cdot mL^{-1}}$。那么

(1)求 133 ℃下反应的标准平衡常数；

(2)计算 133 ℃和 100 kPa 压力下，平衡混合气体中乙酸二聚体的质量百分比浓度。

16. 在 723 K 时，将 0.10 mol $H_2(g)$和 0.20 mol $CO_2(g)$通入抽空的瓶中，发生如下反应：

$$H_2(g) + CO_2(g) = H_2O(g) + CO(g) \qquad ①$$

平衡后瓶中的总压力为 50.66 kPa，经分析知其中水蒸气的摩尔分数为 0.10。今在瓶中加入过量的氧化钴 CoO(s)和金属钴 Co(s)，在容器中又增加了如下两个平衡反应：

$$CoO(s) + H_2(g) = Co(s) + H_2O(g) \qquad ②$$

$$CoO(s) + CO(g) = Co(s) + CO_2(g) \qquad ③$$

经分析知瓶中的水蒸气的摩尔分数为 0.30。试分别计算这三个反应用摩尔分数表示的平衡常数。

17. 对某气相反应，证明：$\dfrac{\partial \ln K_c^{\ominus}}{\partial T} = \dfrac{\Delta_r U_m^{\ominus}}{RT^2}$

18. $Ag_2O(s)$在 25 ℃下，$\Delta_f H_m^{\ominus} = -30.60\ \mathrm{kJ \cdot mon^{-1}}$，$\Delta_f G_m^{\ominus} = -10.84\ \mathrm{kJ \cdot mol^{-1}}$。

(1)计算在 25 ℃下 $Ag_2O(s)$的分解压；

(2)用标准熵法计算在 100 kPa 下 $Ag_2O(s)$的分解温度。

19. Ag 可能受到 H_2S 气体的腐蚀而发生下列反应：

$$H_2S(g) + 2Ag(s) \rightleftharpoons Ag_2S(s) + H_2(g)$$

已知在 298 K 和 100 kPa 压力下，$Ag_2S(s)$和 $H_2S(g)$的标准摩尔生成吉布斯自由能 $\Delta_f G_m^{\ominus}$ 分别为$-40.26\ \mathrm{kJ \cdot mol^{-1}}$和$-33.02\ \mathrm{kJ \cdot mol^{-1}}$。那么在 298 K 和 100 kPa 压力下，

(1)在 $H_2S(g)$和 $H_2(g)$的等体积的混合气体中，Ag 是否会被腐蚀成 $Ag_2S(s)$？

(2)在 $H_2S(g)$和 $H_2(g)$的混合气体中，$H_2S(g)$的摩尔分数低于多少时不至于使 Ag 发生腐蚀？

20. 反应的标准摩尔反应吉布斯自由能与温度的关系可以表示为

$$\Delta_r G_m^{\ominus}/\mathrm{kJ \cdot mol^{-1}} = 232 - 0.16T/\mathrm{K}$$

(1)把 $H_2(g)$和足量的 ZnO(s)在刚性密闭容器内加热到 1000 K。平衡时，若 $H_2(g)$的分压力为 100 kPa，则 Zn(g)的分压力是多少？

(2)已知液态 Zn 的饱和蒸气压与温度的关系如下

$$\ln(p/\mathrm{kPa}) = -\frac{14200}{T/K} + 16.7$$

若往上述化学平衡系统中加入足量的液态 Zn，温度不变。求重新达到平衡时 $H_2(g)$和

$H_2O(g)$的分压之比。（液态 Zn 和固态 ZnO 的体积可以忽略不计）

21. 800 K、100 kPa 时，乙苯发生分解反应 $C_6H_5C_2H_5(g) \longrightarrow C_6H_5C_2H_3(g)+H_2(g)$ 的 $K_p^{\ominus}=0.05$，试计算：

(1)平衡时乙苯的解离度 α；

(2)若在原料中添加水蒸气，使乙苯和水蒸气的摩尔比为 1∶9，总压力仍为 100 kPa，求此时乙苯的解离度 α。

22. 在 25 ℃下，$CuSO_4 \cdot H_2O$ 与 $CuSO_4$ 的平衡压力是 392.0 Pa，$Ca(OH)_2$ 与 CaO 的平衡压力为 6.27×10^{-7} Pa。这两个化学平衡中均涉及气态水。请计算 25 ℃下液相异构化反应的标准平衡常数。

23. 辰砂（HgS）有两种晶型，彼此间的转化反应 HgS(s，红)══HgS(s，黑)的标准摩尔反应吉布斯自由能与温度的关系如下：

$$\Delta_r G_m^{\ominus}/\text{kJ}\cdot\text{mol}^{-1} = 4.184 - 5.44T/\text{K}$$

(1)在 373 K 下，辰砂的哪一种晶型比较稳定？

(2)求两种晶型的转化温度；

(3)求该反应的 $\Delta_r H_m^{\ominus}$ 和 $\Delta_r S_m^{\ominus}$。

24. 在 448～688 K 的温度区间内，下面气相反应

$$I_2(g) + \text{环戊烯}(g) \longrightarrow 2HI(g) + \text{环戊二烯}(g)$$

的标准平衡常数与温度之间的关系式为 $\ln K_p^{\ominus} = 17.39 - \dfrac{51034\text{K}}{4.575T}$，试计算：

(1)在 573 K 时反应的 $\Delta_r H_m^{\ominus}$、$\Delta_r S_m^{\ominus}$ 和 $\Delta_r G_m^{\ominus}$；

(2)若开始以等物质的量的 $I_2(g)$和环戊烯(g)混合，温度为 573 K，起始总压力为 100 kPa，求达到平衡时 $I_2(g)$的分压力；

(3)起始总压力为 1000 kPa，求达到平衡时 $I_2(g)$的分压力。

25. 在 903 K 和 101.3 kPa 压力下，将 1 mol SO_2与 1 mol O_2的混合气体通过装有催化剂铂丝的玻璃管，并控制气流使玻璃管出口的混合气体能达到化学平衡。然后，将混合气体急速冷却，并将其通入 KOH 水溶液中以吸收其中的 SO_2和 SO_3。最后剩下的 O_2在标准状况下只有 13.78 L。试计算：

(1)903 K 下反应 $SO_2(g)+\dfrac{1}{2}O_2(g) \longrightarrow SO_3(g)$的 $K_p^{\ominus}$、K_p 和 $\Delta_r G_m^{\ominus}$；

(2)如果最初反应混合气由 1 mol $SO_2(g)$、1 mol $O_2(g)$和 1 mol $H_2O(g)$组成，其中 $H_2O(g)$不参与反应，反应器中的总压力为 200 kPa，求最终剩余的 $O_2(g)$的量。

（苏亚琼，王婉秦 编）

第 8 章　化学反应动力学

化学反应通常涉及两个方面的问题：一是反应进行的方向和最大限度以及外界条件对化学平衡的影响，属于化学热力学的研究范围；二是反应进行的速率和反应机理，属于化学动力学的研究范围。化学动力学的基本任务主要有两个：一是研究反应的速率以及各种因素（如温度、压力、介质、催化剂、浓度等）对反应速率的影响；二是研究反应的机理，即反应物采取什么路径、经历过哪些中间体转化为产物。

与化学热力学相比较，化学动力学的研究和发展较为迟缓。19 世纪，人们从大量实验结果中总结了浓度和温度对反应速率的影响，建立了一些经验公式（如阿伦尼乌斯方程）。反应速率理论的研究始于 20 世纪初，其中包括反应机理拟定和反应速率理论。后来，随着科学技术的飞速发展和许多新的检测技术的出现，如快速反应测量方法、活性中间体的检测方法、固体表面结构与组成的测试方法等，同时随着量子化学和分子反应动力学的发展以及超级计算机算力的巨大提升，化学动力学研究逐步深入到原子水平。即便如此，化学反应动力学理论到目前为止还有许多基本问题有待解决和深入完善。

本章主要讨论化学反应速率的表示方法以及浓度、温度、催化剂等因素对反应速率的影响，并讨论几种反应速率的近似处理方法等。

8.1　化学反应的速率

8.1.1　化学反应速率的表示式

对于化学反应

$$aA + bB \longrightarrow dD + eE$$

如果该反应是一步完成的，其反应进度可用反应方程式中的任一物质 B 来表示，即

$$\xi = \frac{\Delta n_B}{\nu_B} \tag{8-1}$$

无论 B 代表反应式中的哪一种物质，得到的反应进度都相同。反应进度可用来统一表示反应的多少，而反应的快慢可以用单位时间内的反应进度，即反应进度随时间的变化率表示。式(8 - 1)两边对时间求导可得

$$\dot{\xi} = \frac{d\xi}{dt} = \frac{dn_B}{\nu_B dt} \tag{8-2}$$

用 $\dot{\xi}$ 表示反应速率时，其单位是 $mol \cdot s^{-1}$。但是这种表示反应快慢的方法忽略了反应系统的体积。比如对于 $\dot{\xi} = 0.01\ mol \cdot s^{-1}$ 的反应 $3H_2 + N_2 = 2NH_3$，如果是在 1 L 的容器内进行，意味着在 1 L 容器内每小时可发生 36 mol 反应，生成 72 mol NH_3；如果是在 100 L 的容器内进行，该反应就非常缓慢了。因此，我们可以把反应速率(reaction rate)定义为单位体积单位时间内的反应进度，并用 r 表示

$$r = \frac{d\xi}{Vdt} = \frac{dn_B}{V\nu_B dt} = \frac{dc_B}{\nu_B dt} \tag{8-3}$$

反应速率 r 的单位为 $mol \cdot L^{-1} \cdot s^{-1}$ 或 $mol \cdot m^{-3} \cdot s^{-1}$。这样表示，才能真正反映出反应的快慢，且与选用反应方程式中的哪一个物质无关。由于计量系数 ν_B 与反应方程式的写法有关，所以式(8 - 3)定义的反应速率也与反应方程式的写法有关。在实践中，人们更习惯于用某一种反应物的浓度随时间的减小率或某一种产物的浓度随时间的增加率来表示反应速率。如对于上述反应，其反应速率可分别表示如下：

$$r_A = -\frac{dc_A}{dt}, r_B = -\frac{dc_B}{dt}, r_D = \frac{dc_D}{dt}, r_E = \frac{dc_E}{dt} \tag{8-4}$$

用式(8 - 4)表示反应速率时，其单位为 $mol \cdot L^{-1} \cdot s^{-1}$ 或 $mol \cdot m^{-3} \cdot s^{-1}$，其值与反应方程式的写法无关。但是对于同一个反应，用不同物质表示反应速率时，它们的值可能彼此不同。因此，用式(8 - 4)表示反应速率时，应给出反应速率 r 及浓度的下标。从现在开始，在没有特别说明的情况下，都把 r 默认为用式(8 - 3)表示的反应速率。

除了上述的反应速率表示方法外，反应速率还有其他的表示方法，比如对于有气体参与的反应，也可以用单位时间内气体压力的变化量来表示反应速率。

8.1.2 基元反应和非基元反应

1. 基元反应

在任何反应中，不论是反应物、产物还是中间体，它们都有一定的稳定性，否则它们就不能存在。有些中间体虽然很活泼、寿命短，但也具有一定的稳定性。所谓稳定性，就是反应体系的不同状态之间有一定的能量障碍。能量障碍越大，该状态越稳定；能量障碍越小，该状态越不稳定。以 H_2O_2 为例，虽然 H_2O_2 稳定性不如 H_2O，有较强的氧化性，但是 H_2O_2 分子中的各原子间有一定的键长、键角和二面角，仍具有一定的稳定性。这就意味着 H_2O_2 分

子中键长、键角或二面角的变化会导致系统的能量升高。任何物质中的原子相对移动都涉及这种微观结构的变化(电子重新排布、化学键的重组等),需要克服一定的能量障碍,因此任何物质都存在一定的稳定性,只是稳定性相对大小不尽相同。

基元反应(elementary reaction)就是反应过程中两个相邻的具有一定稳定性的状态之间的变化。如图 8－1 所示,A 与 B 之间的变化是一个基元反应,B 与 C 之间的变化也是一个基元反应。但 A 与 C 之间的变化就不是基元反应,因为它们之间有两个能量障碍。

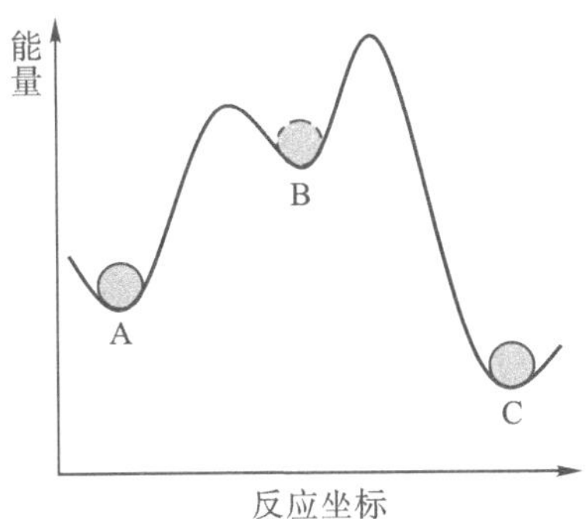

图 8－1　物质的稳定性示意图

发生基元反应所需要的最少粒子数(可以是分子、原子或离子)叫作**反应分子数**(reaction molecularity)。反应分子数是基元反应方程式中反应物粒子数的总和。如反应 $a\mathrm{A}+b\mathrm{B}=\!=\!=d\mathrm{D}+e\mathrm{E}$ 的反应分子数为$(a+b)$。基元反应的反应方程式只有一种写法,即只能按照反应分子数进行书写,不能是各物质的计量系数的倍数的总和。

按照反应分子数可将基元反应分为单分子反应、双分子反应和三分子反应。其中大多数反应都是单分子反应和双分子反应。目前已知的三分子反应极少,而四分子反应几乎是不可能的。这是因为发生反应时分子碰撞的时间极短,四个分子很难在极短的时间内完成同时碰撞;而且除了单原子分子外,一般分子都不是球对称的,四个分子在同时碰撞时很难有合适的取向;此外,四个分子还要同时具有足够的能量才有可能越过反应物与产物之间的能量障碍发生反应。同时满足这三个条件的可能性几乎为零,因此四分子反应几乎不可能发生。

2. 质量作用定律

质量作用定律(mass action law)是指基元反应的反应速率与基元反应中各反应物的浓度以其反应分子数为指数的幂的乘积成正比。如对于基元反应

$$a\mathrm{A}+b\mathrm{B}+\cdots\longrightarrow P$$

根据质量作用定律,其反应速率可以表示为

$$r=kc_{\mathrm{A}}^{a}c_{\mathrm{B}}^{b}\cdots \tag{8-5}$$

上式为质量作用定律的数学形式。对于一个给定的基元反应，上式中的 k 在一定温度下有唯一确定的值，称为**反应速率常数**（rate constant）。反应速率常数在数值上等于各反应物的浓度均为单位浓度时的反应速率。反应速率与相关物质的浓度之间的关系式称为化学反应的**速率方程**。

3. 非基元反应

化学反应可分为简单反应和复杂反应。**简单反应**（simple reaction）是指总反应中只包含一个基元反应步骤。与简单反应相比，总反应中包含两个或两个以上基元反应步骤的反应就是**复杂反应**（complex reaction），也叫复合反应或非基元反应。一个反应中所包含的按先后次序排列的基元反应的集合叫作该反应的**反应机理**（reaction mechanism）或**反应历程**。

质量作用定律对于简单反应都是适用的，但是简单反应的反应方程式只有一种写法，即只能以基元反应的形式写出。虽然质量作用定律对于复杂反应是不适用的，但是它对于复杂反应中所包含的每一个基元反应步骤是适用的。

8.1.3 反应级数

对于复杂反应

$$aA + bB + \cdots \longrightarrow P$$

虽然总反应速率不遵守质量作用定律，但在许多情况下，其反应速率方程具有如下简单形式

$$r = kc_A^{\alpha} c_B^{\beta} \cdots \tag{8-6}$$

式(8－6)虽然在形式上与质量作用定律相同，但它们之间存在着本质的区别。此处需要注意以下几点：

(1)k 是该复杂反应的反应速率常数。

(2)α、β 等分别是该反应对于物质 A、B 等的**反应级数**（reaction order）。与反应分子数不同，α、β 等可能是正数，也可能是负数，还有可能是零。

(3)把 α、β 等的加和称为该反应的总级数，用 n 表示，即 $n=\alpha+\beta+\cdots$。

(4)c_A、$c_B\cdots$分别为反应混合物中物质 A、B、…的浓度。这些物质可能是反应物、可能是产物、也可能是其他物质如催化剂。

如对于复杂反应：$COCl_2 \longrightarrow CO + Cl_2$，$r = kc_{COCl_2} c_{Cl_2}^{1/2}$，$n=1.5$。

对于反应：$ClO + I \longrightarrow IO + Cl$，$r = kc_{ClO^-} c_{I^-} c_{H^+}$，$n=3$。

也有很多反应，其反应速率方程形式复杂，如对于反应 $H_2 + Br_2 \longrightarrow HBr$ 有

$$r = \frac{kc_{H_2} c_{Br_2}^{1/2}}{1 + k' c_{HBr}/c_{Br_2}}$$

式中，k 和 k' 在一定温度下均为确定的值。这种情况下，谈论反应级数没有任何意义。

8.2　具有简单级数的反应

所谓具有简单级数的反应，是指对于反应

$$aA+bB+\cdots\longrightarrow P$$

反应速率方程 $r=kc_A^{\alpha}c_B^{\beta}\cdots$ 中涉及的物质 A、B、…都是反应物，而且 α、β、…都是非负的整数的反应。需要注意，具有简单级数的反应未必就是简单反应。

8.2.1　一级反应

一级反应(first order reaction)的速率方程可以表示为

$$r=kc_A$$

或

$$r_A=-\frac{dc_A}{dt}=k_Ac_A \tag{8-7}$$

式中 $r_A=a\cdot r$；$k_A=a\cdot k$。一级反应速率常数的单位为 s^{-1}。式(8-7)可写为

$$d\ln c_A=-k_A dt$$

两边同时积分可得 $\int_{c_{A,0}}^{c_A} d\ln c_A=\int_0^t -k_A dt$

$$d\ln c_A=\ln c_{A,0}-k_A dt \tag{8-8}$$

或

$$c_A=c_{A,0}e^{-k_At} \tag{8-9}$$

我们把速率方程的积分形式即反应过程中某物质的浓度与时间的关系称为化学反应的**动力学方程**。式(8-8)和式(8-9)均为一级反应的动力学方程。由式(8-8)可以看出一级反应具有以下特点：

(1) $\ln c_A$ 与 t 呈线性关系，该直线的斜率为 $-k_A$。可由 $\ln c_A-t$ 直线的斜率求得一级反应的反应速率常数。

(2)**半衰期**(half life)是指反应过程中某反应物的量或浓度减小一半所需的时间，常用 $t_{1/2}$ 表示。把 $c_A=c_{A,0}/2$ 代入式(8-9)可得一级反应的半衰期为

$$t_{1/2}=\frac{\ln 2}{k_A} \tag{8-10}$$

可见，在一定温度下一级反应的半衰期为常数，其值与反应物的初始浓度无关。例如放射性物质的放射强度一般都与放射性物质的含量成正比，即放射性衰变反应一般都是一级反应，其半衰期与初始浓度无关。

例 8-1　某金属的同位素进行β衰变，经过 14 天后，同位素的活性降低 6.85%。试求：(1)此同位素的蜕变反应速率常数 k 和半衰期；(2)要分解 90%需要多长时间？

解：设反应开始时物质的量为 100，14 天后剩余未分解者为 100－6.85，代入式(8-8)

$$k=\frac{1}{14\ d}\ln\frac{100}{100-6.85}=0.00507\ d^{-1}$$

由式(8－10)，得 $$t_{1/2} = \frac{\ln 2}{0.00507\ \mathrm{d}^{-1}} = 136.7\ \mathrm{d}$$

分解 90%时，由式(8－8) 得 $t = \dfrac{1}{0.00507\ \mathrm{d}^{-1}} \ln \dfrac{1}{1-0.9} = 454.2\ \mathrm{d}$。

8.2.2 二级反应

二级反应(second order reaction)的速率方程表达式有两种情况。

1) $\alpha = 2, \beta = \cdots = 0$

反应的速率方程可以表示为

$$r = kc_{\mathrm{A}}^2$$

或
$$r_{\mathrm{A}} = -\frac{\mathrm{d}c_{\mathrm{A}}}{\mathrm{d}t} = k_{\mathrm{A}} c_{\mathrm{A}}^2 \tag{8-11}$$

即
$$\frac{\mathrm{d}c_{\mathrm{A}}}{c_{\mathrm{A}}^2} = -k_{\mathrm{A}}\mathrm{d}t \tag{8-12}$$

可见，二级反应速率常数的单位为 $\mathrm{L \cdot mol^{-1} \cdot s^{-1}}$。两边同时积分可得

$$\int_{c_{\mathrm{A},0}}^{c_{\mathrm{A}}} -\frac{\mathrm{d}c_{\mathrm{A}}}{c_{\mathrm{A}}^2} = \int_0^t k_{\mathrm{A}}\mathrm{d}t$$

$$\frac{1}{c_{\mathrm{A}}} - \frac{1}{c_{\mathrm{A},0}} = k_{\mathrm{A}} t \tag{8-13}$$

式(8－13)为二级反应的动力学方程，可以看出二级反应具有以下特点：

(1) $\dfrac{1}{c_{\mathrm{A}}}$ 与 t 呈线性关系，该直线的斜率为 k_{A}。可由 $\dfrac{1}{c_{\mathrm{A}}}-t$ 直线的斜率求得二级反应的反应速率常数。

(2)把 $c_{\mathrm{A}} = c_{\mathrm{A},0}/2$ 代入式(8－13)可得二级反应的半衰期为

$$t_{1/2} = \frac{1}{k_{\mathrm{A}} c_{\mathrm{A},0}} \tag{8-14}$$

可见在一定温度下，二级反应中反应物的初始浓度越大，半衰期越短。

2) $\alpha = \beta = 1, \gamma = \cdots = 0$

反应的速率方程可以表示为

$$r = kc_{\mathrm{A}} c_{\mathrm{B}}$$

或
$$r_{\mathrm{A}} = -\frac{\mathrm{d}c_{\mathrm{A}}}{\mathrm{d}t} = k_{\mathrm{A}} c_{\mathrm{A}} c_{\mathrm{B}} \tag{8-15}$$

在反应过程中

$$a\mathrm{A} + b\mathrm{B} + \cdots \longrightarrow \mathrm{P}$$

$t = 0$ $\qquad c_{\mathrm{A},0} \qquad c_{\mathrm{B},0}$

$t = t$ $\qquad c_{\mathrm{A},0} - x \qquad c_{\mathrm{B},0} - \dfrac{b}{a}x$

该反应的速率方程可以写为

$$r_{\mathrm{A}}=-\frac{\mathrm{d}c_{\mathrm{A}}}{\mathrm{d}t}=k_{\mathrm{A}}(c_{\mathrm{A},0}-x)\left(c_{\mathrm{B},0}-\frac{b}{a}x\right) \tag{8-16}$$

此处可进一步分两种情况分别讨论：

(1)A 和 B 的初始浓度与计量系数成比例，即

$$\frac{c_{\mathrm{A},0}}{c_{\mathrm{B},0}}=\frac{a}{b},\quad c_{\mathrm{B},0}=\frac{b}{a}c_{\mathrm{A},0}$$

代入式(8－16)可得

$$-\frac{\mathrm{d}c_{\mathrm{A}}}{\mathrm{d}t}=k_{\mathrm{A}}(c_{\mathrm{A},0}-x)\left(\frac{b}{a}c_{\mathrm{A},0}-\frac{b}{a}x\right)=\frac{b}{a}k_{\mathrm{A}}(c_{\mathrm{A},0}-x)^2$$

或

$$-\frac{\mathrm{d}c_{\mathrm{A}}}{\mathrm{d}t}=k'_{\mathrm{A}}(c_{\mathrm{A},0}-x)^2 \tag{8-17}$$

$$k'_{\mathrm{A}}=\frac{b}{a}k_{\mathrm{A}} \tag{8-18}$$

在一定温度下 k'_{A} 为常数。因为 A、B 初始浓度与它们的计量系数成比例，所以它们的半衰期相同。把 $c_{\mathrm{A}}=c_{\mathrm{A},0}/2$ 代入式(8－17)可得它们的半衰期为

$$t_{1/2}=\frac{1}{k'_{\mathrm{A}}c_{\mathrm{A},0}} \tag{8-19}$$

(2) A 和 B 的初始浓度与计量系数不成比例，此时式(8－16)的左边可写为

$$-\frac{\mathrm{d}c_{\mathrm{A}}}{\mathrm{d}t}=-\frac{\mathrm{d}(c_{\mathrm{A},0}-x)}{\mathrm{d}t}=\frac{\mathrm{d}x}{\mathrm{d}t}$$

所以

$$\frac{\mathrm{d}x}{\mathrm{d}t}=\frac{b}{a}k_{\mathrm{A}}(c_{\mathrm{A},0}-x)\left(\frac{a}{b}c_{\mathrm{B},0}-x\right)$$

变形并积分

$$\int_0^x-\frac{\mathrm{d}x}{(c_{\mathrm{A},0}-x)\left(\frac{a}{b}c_{\mathrm{B},0}-x\right)}=\int_0^t\frac{b}{a}k_{\mathrm{A}}\mathrm{d}t$$

可得

$$\frac{1}{c_{\mathrm{A},0}-\frac{a}{b}c_{\mathrm{B},0}}\ln\frac{c_{\mathrm{B},0}(c_{\mathrm{A},0}-x)}{c_{\mathrm{A},0}\left(c_{\mathrm{B},0}-\frac{b}{a}x\right)}=\frac{b}{a}k_{\mathrm{A}}t \tag{8-20}$$

把 $c_{\mathrm{A}}=c_{\mathrm{A},0}/2$ 代入式(8－20)可得物质 A 的半衰期为

$$t_{1/2}(\mathrm{A})=\frac{a}{bk_{\mathrm{A}}\left(c_{\mathrm{A},0}-\frac{a}{b}c_{\mathrm{B},0}\right)}\ln\frac{c_{\mathrm{B},0}}{2c_{\mathrm{B},0}-\frac{b}{a}c_{\mathrm{A},0}} \tag{8-21}$$

可见，物质 A 的半衰期除了与 k_{A} 和 $c_{\mathrm{A},0}$ 有关外，还与物质 B 的初始浓度 $c_{\mathrm{B},0}$ 有关。由于 A、B 两种物质的初始浓度与其计量系数不成比例，因此，它们的半衰期是不相同的。同理，可以由式(8－20)求得物质 B 的半衰期。

在特殊情况下，如果 $c_{A,0} \gg c_{B,0}$，反应中物质 A 远远过量，反应过程中 $c_A \approx c_{A,0}$，此时式(8－20)可写为

$$\frac{1}{c_{A,0}}\ln\frac{c_{B,0}}{c_B} = \frac{b}{a}k_A t \tag{8-22}$$

可得

$$\ln c_B = \ln c_{B,0} - \frac{b}{c}c_{A,0}k_A t$$

或

$$\ln c_B = \ln c_{B,0} - k' t \tag{8-23}$$

式中 $k' = \frac{b}{a}c_{A,0}k_A$ 。

一定温度下当 $c_{A,0}$ 一定时，k'为定值。这时由式(8－23)可知，$\ln c_B$ 与 t 呈线性关系。这种表现行为与一级反应类似，故称之为**准一级反应**。也就是说，当 $c_{A,0} \gg c_{B,0}$ 时，此类反应可以按照一级反应来处理。但是，该反应不是真正意义上的一级反应，其速率常数 k'除了与 k 有关外，还与 $c_{A,0}$ 有关，在一定温度下并不一定是常数。

8.2.3　零级反应和准级反应

1. 零级反应

零级反应(zero order reaction)是指 $\alpha = \beta = \cdots = 0$ 的反应。由式(8－6)可知

$$r = k \quad 或 \quad r_A = k_A$$

即

$$-\frac{dc_A}{dt} = k_A \tag{8-24}$$

由于在一定温度下反应速率常数有确定的值，所以在一定温度下零级反应的反应速率为常数，反应速率不会因为某物质的浓度变化而变化。零级反应速率常数的单位为 mol·L^{-1}·s^{-1}。

对式(8－24)两边同乘以－dt 并积分，可得

$$\int_{c_{A,0}}^{c_A} dc_A = \int_0^t -k_A dt$$

式中，$c_{A,0}$是 t=0 时反应物 A 的浓度，即反应物 A 的初始浓度；c_A 是 t 时刻反应物 A 的浓度。上式积分结果如下

$$c_A = c_{A,0} - k_A t \tag{8-25}$$

式(8－25)是速率方程式(8－24)的积分形式，是零级反应的动力学方程，反映出零级反应具有以下特点：

(1) c_A 与 t 呈线性关系，该直线的斜率为 $-k_A$ 。可由 c_A－t 直线的斜率求得零级反应的反应速率常数。

(2)把 $c_A = c_{A,0}/2$ 代入式(8-25)可得零级反应的半衰期为

$$t_{1/2} = \frac{c_{A,0}}{2k_A} \tag{8-26}$$

可见,初始浓度越大,零级反应的半衰期越长。

到目前为止,已发现的零级反应不多,主要是一些表面催化反应,如

$$2NH_3(g) \xrightarrow{\text{钨催化剂}} N_2(g) + 3H_2(g)$$

由于多相催化反应只能发生在催化剂表面,而催化剂的表面积是有限的,故催化剂表面对其他物质的吸附都有一定的限度。当 NH_3 气体的压力较大时,其在钨催化剂表面吸附就会达到饱和。这时,催化剂表面的吸附活化中心被全部占据和利用,反应速率达到最大。如果继续增大 NH_3 气体的压力(浓度),反应速率不会改变,此时的反应表现为零级反应。当 NH_3 气体的压力较小时,催化剂表面 NH_3 气体吸附未达到饱和,反应速率与 NH_3 气体的压力有关,反应不再是零级反应。

2. 准级反应

准级反应(pseudo order reaction)指反应中某反应物的浓度特别大,或者在反应过程中几乎不发生变化时(如催化剂),该反应物的浓度可以作为常数处理,该反应物浓度与原速率常数混合为一个新的准速率常数,反应的总级数就会降级,这种情形称为准级数反应(又称假级数反应、拟级数反应)。如前面提到的准一级反应。

8.2.4　反应级数的测定

动力学方程都是根据大量的实验数据或用拟合法来确定的。设化学反应的速率公式可以写为

$$r = kc_A^{\alpha} c_B^{\beta}$$

有些复杂反应有时也可以简化为这样的形式。实践中,在不知其精确反应历程的情况下,也常常将这样的形式作为经验公式用于化工设计中。确定动力学方程的关键是首先确定 α、β…的数值,这些数值不同,其速率方程的形式也不同。确定反应级数和速率常数的常用方法如下。

1. 积分法

例如,一个反应的速率方程可表示为

$$r = -\frac{1}{a}\frac{dc_A}{dt} = kc_A^{\alpha} c_B^{\beta}$$

$$\frac{dc_A}{c_A^{\alpha} c_B^{\beta}} = -ak\,dt$$

通常可先假定一组 α 和 β 值，求出这个积分项，然后对 t 作图。例如，如果设 $\alpha=1,\beta=0$，则反应为一级。然后根据一级反应的特征，以 $\ln\frac{1}{a-x}$ 对 t 作图，如果得到的是直线，则该反应就是一级反应。

如果设 $\alpha=1,\beta=1$，且 $a\neq b$，则反应为二级。然后根据二级反应的特征，以 $\ln\frac{b(a-x)}{a(b-x)}$ 对 t 作图，如果得到的是直线，则该反应就是二级反应。

这种方法实际上是一个尝试的过程，因此也叫尝试法(trial and error method)。如果尝试成功，则所设 α 和 β 值就是正确的。如果不是直线，则需要重新假设 α 和 β 值，反复尝试，直到得到直线为止。

尝试法的缺点是不够灵敏，而且如果实验的浓度范围不够大，则很难明显区别出究竟是几级反应。当然，这种方法可以借助计算机程序，大大减少工作量。积分法一般在反应级数是简单的整数时结果较好，当级数是分数时，很难尝试成功，最好用微分法。

2. 微分法

例如，一个简单反应

$$\mathrm{A} \longrightarrow \text{产物}$$

在时间 t 时浓度为 c，该反应的速率方程设为

$$r=-\frac{\mathrm{d}c}{\mathrm{d}t}=kc^{n}$$

等式两边取对数可得

$$\lg r=\lg\left(-\frac{\mathrm{d}c}{\mathrm{d}t}\right)=\lg k+n\lg c$$

先根据实验数据，将浓度 c 对时间 t 作图，然后在不同浓度 c_1、c_2、…点上求曲线的斜率 r_1、r_2、…，再以 $\lg r$ 对 $\lg c$ 作图。若所设速率方程式是正确的，则应得到一条直线，该直线的斜率 n 即为反应级数。或者将一系列的 r_1 和 c_1 代入上式，例如取 r_1、c_1 和 r_2、c_2 两组数据，可得

$$\lg r_1=\lg k+n\lg c_1$$

$$\lg r_2=\lg k+n\lg c_2$$

将两式相减可得

$$n=\frac{\lg r_1-\lg r_2}{\lg c_1-\lg c_2}$$

用上述方法求出若干个 n，然后求出平均值。

用微分法求级数，不仅可以处理级数为整数的反应，也可以处理级数为分数的反应。用微分法最好使用开始时的反应速率值，即用一系列不同的初始浓度，作不同时间对浓度的曲

线，然后在不同的初始浓度处求出相应的斜率 $-\frac{\mathrm{d}c}{\mathrm{d}t}$。采用初始浓度法的好处是可以避免反应产物的干扰。

3. **半衰期法**

从半衰期与浓度的关系可知，若反应物的起始浓度都相同，则

$$t_{1/2} = A\frac{1}{a^{n-1}} \tag{8-27}$$

式中，$n(n \neq 1)$ 为反应级数；对同一反应，A 为常数。如果以两个不同的起始浓度 a 和 a' 进行实验，则

$$\frac{t_{1/2}}{t'_{1/2}} = \left(\frac{a'}{a}\right)^{n-1}$$

上式取对数，可得 $n = 1 + \frac{\lg(t_{1/2}/t'_{1/2})}{\lg(a'/a)}$。

由两组数据可以求出 n，如果数据较多，也可以用作图法。以 $\lg t_{1/2}$ - $\lg a$ 作图，从斜率可以求出反应级数 n。这个方法不局限于反应一定进行到 1/2，也可以取反应进行到 1/4、1/8 等时刻进行计算。

4. **改变物质数量比例方法**

设速率方程式为

$$r = kc_A^{\alpha}c_B^{\beta}c_D^{\gamma}$$

若设法保持 A 和 D 的浓度不变，而将 B 的浓度增大一倍，如果反应速率也比原来增大一倍，则可确定 c_B 的幂 $\beta=1$。同理，可以求出 α 和 γ。这种方法适用于较复杂的反应。

8.3　阿伦尼乌斯方程

阿伦尼乌斯方程(Arrhenius equation)是一个经验公式，用以描述许多反应的反应速率常数与温度之间的关系，具体表示如下：

$$k = A\mathrm{e}^{-E_a/(RT)} \tag{8-28}$$

式中，A 和 E_a 都是只与化学反应有关而与其他因素(如温度、压力、浓度等)无关的常数，A 称为**指前因子**(pre-exponential factor)，其单位与反应的速率常数 k 的单位相同；E_a 称为活化能(activation energy)，单位是 $\mathrm{J \cdot mol^{-1}}$ 或 $\mathrm{kJ \cdot mol^{-1}}$。

8.3.1　速率常数与温度的关系

对阿伦尼乌斯方程两边取对数，可得

$$\ln k = \ln A - \frac{E_a}{RT} \tag{8-29}$$

即

$$\frac{\mathrm{d}\ln k}{\mathrm{d}T}=\frac{E_a}{RT^2} \tag{8-30}$$

理论上 $E_a \geqslant 0$,而且绝大多数反应的活化能都大于零,所以温度升高时速率常数 k 一般是增大的。大量实验表明,许多反应的活化能介于 40～400 kJ·mol^{-1}之间。升高温度,反应速率一般都会迅速增大。虽然阿伦尼乌斯方程是一个经验公式,但是能较准确地描述温度对反应速率常数的影响。

大量的实验表明,在其他条件恒定不变的情况下,温度每升高 10 ℃,反应速率常数会增大 2～4 倍,这就是**范特霍夫经验规则**。可见,温度对反应速率常数的影响是非常显著的。范特霍夫经验规则是一个近似规则,只能用来定性地认识温度对化学反应速率的显著影响。要定量探讨温度对反应速率的影响,需要通过阿伦尼乌斯方程。阿伦尼乌斯方程在化学反应动力学的发展过程中是非常重要的,特别是其中活化能的概念,在建立反应速率理论的研究中起了很大作用。

8.3.2 反应速率与温度关系的几种类型

温度对反应速率的影响大致有五种不同类型,如图 8-2 所示。

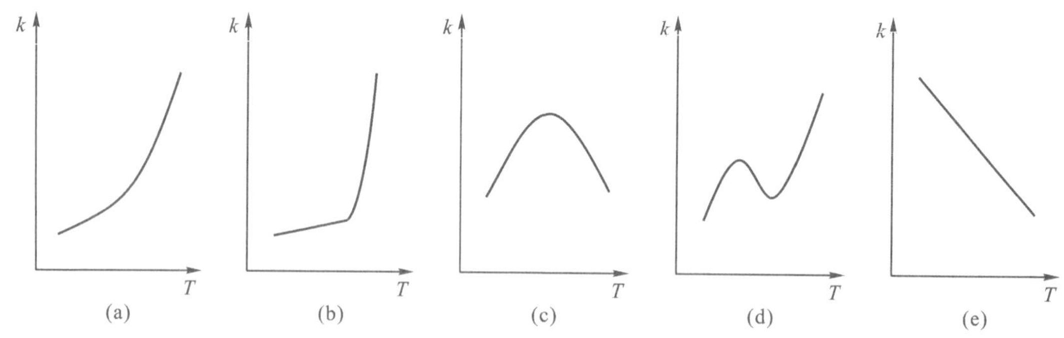

图 8-2 反应速率与温度关系的几种不同类型

反应速率与温度的关系大多如图 8-2(a)所示,即反应速率随温度的升高而逐渐增大。

对于有爆炸极限的爆炸型反应,其反应速率与温度的关系如图 8-2(b)所示,即在低温时,反应速率较慢,基本符合阿伦尼乌斯方程;当温度升高到一定限度时,反应速率会急剧无限增大,从而引起爆炸。

图 8-2(c)描述的反应速率随温度变化的趋势主要存在于酶催化反应或一些受吸附速率控制的多相催化反应中。温度过低或过高都会对酶的活性有抑制作用,甚至导致完全失活。吸附过程一般是放热的,温度低时反应分子的平衡吸附量较大,但是吸附速率较慢,达不到吸附平衡,故温度低时对反应不利;温度高时容易达到平衡,但是平衡吸附量会随温度

升高而减少，对反应也是不利的。

图8-2(d)描述的反应速率随温度变化的趋势是在碳的氢化反应中观测到的，是由于在温度升高过程中反应机理有所改变而导致的。

图8-2(e)描述的反应速率随温度的变化趋势是反常的，温度升高，反应速率反而下降，目前只在反应 $2NO + O_2 \longrightarrow 2NO_2$ 中被发现。

通常我们所讨论的反应速率与温度的关系大多属于图8-2(a)所示情况。

8.3.3 反应速率与活化能的关系

由式(8-29)可知，在一定温度下反应的活化能越大，反应速率常数越小，反应速率越慢；活化能越小，反应速率常数越大，反应速率越快。根据阿伦尼乌斯方程，在一定温度范围内 $\ln k$ 与 $1/T$ 呈线性关系，其斜率为 $-E_a/R$。在不同温度下测定多组(k, T)数据，然后画出直线，由该直线斜率即可获得该反应的活化能。

8.4 催化简论

我国古时，人们就已利用酶酿酒、制醋；欧洲中世纪时，炼金术士用硝石作催化剂以硫磺为原料制造硫酸；13世纪，人们发现用硫酸作催化剂能使乙醇变成乙醚；19世纪，产业革命有力地推动了科学技术的发展，人们陆续发现了大量的催化现象。1835年，贝尔塞柳斯(Berzelius，也译为贝采利乌斯)首先采用“催化”一词，用以解释此前30多年发现的催化作用。

8.4.1 催化剂与催化作用原理

如果把某种物质(可以是一种或几种)加到化学反应系统中，可以改变反应的速率而其自身在反应前后没有数量上的变化，同时也没有化学性质的改变，则称这种物质为**催化剂**(catalyst)。当催化剂的作用是加快反应速率时，是正催化剂(positive catalyst)，当催化剂的作用是减慢反应速率时，是负催化剂(negative catalyst)。通常在实践中正催化剂用得较多，所以如不特殊说明，一般都指正催化剂。

催化剂在现代工业中的作用毋庸赘述，尤其是在化工、医药、农药、燃料、环境污染净化等领域，80%以上的产品在生产过程中都需要催化剂。人们熟知的许多工业反应，如氮氢合成氨、硫氧化制二氧化硫、氨氧化制硝酸、尿素合成、橡胶合成等，都采用了催化剂。在生命现象中也大量存在着催化作用，如光合作用、有机体新陈代谢、生物酶固氮等基本上都是酶催化作用。在电化学储能中，电极材料往往起着催化作用，如氢氧燃料电池中的铂电极催化氧还原反应等。

催化剂能改变化学反应速率，是由于它改变了反应历程，并改变了反应活化能。在实践中，通常采用催化剂改变化学反应机理，降低反应活化能，提高反应物平衡转化率或产物平衡产率。

设催化剂 K 能加速反应 $A+B \xrightarrow{K} AB$，设其机理为

$$A+K \underset{k_{-1}}{\overset{k_1}{\rightleftharpoons}} AK \quad ①$$

$$AK+B \xrightarrow{k_2} AB+K \quad ②$$

k_1 和 k_{-1} 分别是反应①的正向反应和逆向反应的速率常数。

若第一个反应能很快达到平衡，则正、逆反应速率相等，可得

$$k_1 c_K c_A = k_{-1} c_{AK}$$

$$c_{AK} = \frac{k_1}{k_{-1}} c_K c_A$$

总反应速率由反应②决定，为

$$r = k_2 c_{AK} c_B = k_2 \frac{k_1}{k_{-1}} c_K \cdot c_A \cdot c_B = k c_A c_B$$

式中，k 称为总反应的表观速率常数(apparent rate constant)，$k = k_2 \frac{k_1}{k_{-1}} c_K$ 。上述各基元反应的速率常数可以用阿伦尼乌斯方程表示，则

$$k = \frac{A_1 A_2}{A_{-1}} c_K \exp\left(-\frac{E_1 + E_2 - E_{-1}}{RT}\right)$$

$$E_a = E_1 + E_2 - E_{-1}$$

式中，E_a 为总反应的表观活化能(apparent activation energy)。非催化反应要克服一个活化能为 E_0 的能量障碍，而在催化剂的存在下，如图 8－3 所示，反应路径发生了改变，只需要克服两个较小的能量障碍 E_1 和 E_2 。

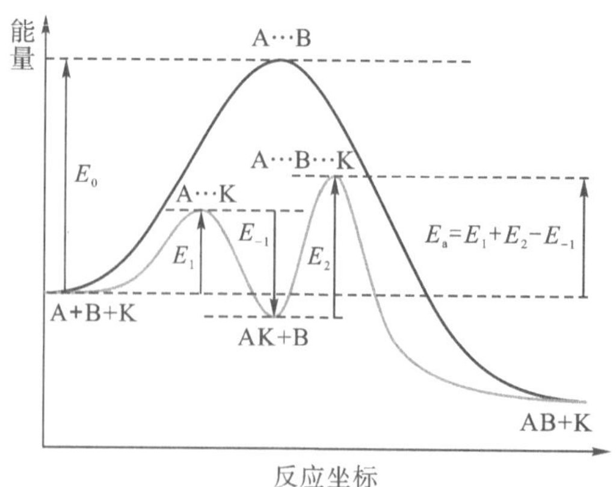

图 8－3　催化反应的活化能与反应路径

活化能的降低对于反应速率的影响是很大的，例如 HI 在 503 K 温度下的分解反应，在没有催化剂时活化能为 $184.1\ kJ\cdot mol^{-1}$，若以 Au 为催化剂，活化能降为 $104.6\ kJ\cdot mol^{-1}$。假定其催化反应和非催化反应的指前因子相等，则其速率常数相差了 1.8×10^{8} 倍。

也曾发现某些催化反应，活化能降低不多，而反应速率改变很大；有时也发现同一反应在不同的催化剂上反应，其活化能相差不大，而反应速率相差很大。这种情况主要是由于在不同情况下反应的指前因子改变很大。

综上可知：

(1)催化剂能加快反应达到平衡的速率，是由于它改变了反应历程，降低了反应活化能。

(2)催化剂的数量和化学性质在反应前后没有改变，但由于参与了反应，其物理性状在反应前后常有改变。例如，催化 $KClO_3$ 分解的催化剂 MnO_2，在催化作用后由块状变为粉末。催化 NH_3 氧化的铂网，经过几个星期，表面就会变得粗糙。

(3)催化剂不会影响化学平衡。从热力学角度看，催化剂不能改变反应系统中的 $\Delta_r G_m^{\ominus}$。催化剂只能缩短达到平衡所需的时间，而不能移动化学平衡。对于既已平衡的反应，不可能借助催化剂增加产物的比例。

(4)催化剂对正、逆两个方向都产生同样的影响，所以对正向反应的优良催化剂同样也对逆向反应有优良的催化作用。

(5)催化剂不能实现热力学上不可能发生的反应，因此我们在寻找催化剂时，首先要尽可能根据热力学原则，评估某种反应在该条件下发生的可能性。

(6)催化剂有特殊的选择性，某一类反应只能用某些催化剂进行催化，或者某一物质只在某一固定类型的反应中才可以作为催化剂。

(7)有些反应其速率和催化剂的浓度成正比，这可能是因为催化剂参加反应、形成了中间化合物。而且对于气-固相催化反应，增加催化剂的用量或比表面积，都将增加单位时间内的反应量。

(8)在催化剂或反应系统中加入少量杂质，常可以强烈地影响催化剂的作用。这些杂质既可以称为助催化剂，也可以称为反应的毒物(poison)。这表明催化剂的表面并不全是等效的，存在着具有一定结构的表面催化活性中心。

8.4.2　碰撞理论和过渡态理论

在反应速率理论的发展过程中，先后形成了碰撞理论、过渡态理论和单分子反应理论等，这些理论都是化学反应动力学研究的基本理论。

1. 碰撞理论

碰撞理论是在气体分子动理论的基础上于 20 世纪初发展起来的。该理论认为发生化学反应的先决条件是反应分子之间的碰撞接触，但并非每一次碰撞都能导致反应发生。在热平衡系统中，分子的平动能符合玻尔兹曼分布。如果互相碰撞的分子对的平动能不够大，则碰撞不会导致反应发生，碰撞后随即分离。只有那些相对平动能在分子连心线上的分量，超过一定临界值的分子对，才能把平动能转化为分子内部的能量，使旧键断裂而原子间重新组合形成新键。这种能够导致旧键断裂的碰撞称为有效碰撞（effective collision）。碰撞理论认为只要知道分子的碰撞频率（Z），再求出可导致旧键断裂的有效碰撞在总碰撞中的百分数（q），则从 Z 和 q 的乘积即可求得反应速率和速率常数。

简单碰撞理论是以硬球碰撞为模型，得出宏观反应速率常数的计算公式，故又称为硬球碰撞理论。碰撞理论采用硬球模型，从经典力学角度进行理论推导，外部运动的模型清晰，但是忽略了分子的内部结构和内部运动，因此所得到的结果必然过于简单。

2. 过渡态理论

过渡态理论（transition state theory，TST）又称为活化络合物理论，这个理论是 1935 年由艾林（Eyring）、波拉尼（Polanyi）等人在统计力学和量子力学发展的基础上提出来的，在理论形成的过程中曾引入了一些模型和假设。化学反应不是只通过简单碰撞就能生成产物，而是要经过一个由反应物分子以一定的构型存在的过渡态。在形成过渡态的过程中，要考虑分子的内部结构、内部运动，并认为反应物分子不只是在碰撞接触瞬间，而是在相互接触的全过程都存在着相互作用，系统的势能一直在变化。要形成过渡态需要一定的活化能，故过渡态又称为活化络合物或活化复合物。活化络合物与反应物分子之间建立化学平衡，反应速率由活化络合物转化为产物的速率决定。反应物分子间相互作用的势能是分子间相对位置的函数，在反应物转变为产物过程中，系统的势能不断变化。可以画出反应过程中势能变化的势能面图，从中找出最佳反应路径。

过渡态理论原则上提供了一种计算反应速率的方法，只要知道分子的某些基本物性，如振动频率、质量、核间距离等，即可计算某反应的速率常数，故这个理论又称为绝对反应速率理论（absolute rate theory，ART）。

假定反应 $A+BC \longrightarrow AB+C$ 中，当 A 与 BC 逐渐靠近时，必然使 A 与 BC 的结构逐渐发生改变并偏离原本有一定稳定性的平衡态，A 与 BC 的系统能量必然升高。在反应过程中，必然要经过一种 A 与 B 似乎成键又没有成键、B 与 C 之间似乎断键又没有断键的中间态 A…B…C，即过渡态。反应过程中的势能变化情况如图 8－4 所示。

在图 8－4 中，a 点的能量代表反应物分子组的平均能量；c 点的能量代表产物分子组的平均能量，b 点的能量代表活化分子组（过渡态）的平均能量。显然活化分子组的平均能量一般都大于反应物分子组或产物分子组的平均能量。活化分子组的平均能量和反应物分子组的平均能量之差就是正向反应的活化能 $E_{a,1}$，活化分子组的平均能量和产物分子组的平均能量之差就是逆向反应的活化能 $E_{a,-1}$ 。

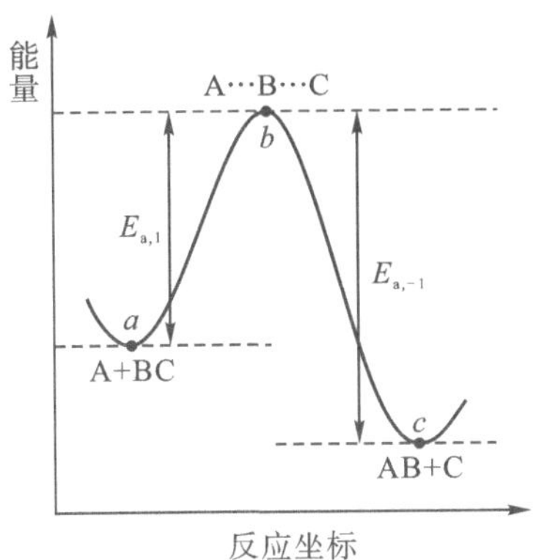

图 8-4　化学反应的活化能

类似于稳定分子和反应物分子组，活化分子组的平均能量也会随温度的变化而变化。但是，活化分子组与反应物分子组的平均能量之差，即反应的活化能随温度变化很小，可将大多数反应的活化能近似看作常数。温度升高时，活化能大致保持不变，但是反应物分子组的能量分布范围变宽，结果是能量大于活化分组平均能量的反应物分子组所占的比例增加，反应速率会随之迅速加快。

实际上，活化能与温度有关，只是温度对活化能的影响较小，一般情况下可将其近似当作常数。

8.4.3　均相催化和多相催化

1. 均相催化

均相催化(homogeneous catalysis)是催化剂与反应物处于同一均匀物相中的催化作用。均相催化剂的活性中心比较均一，选择性较高，副反应较少，易于用光谱、波谱、同位素示踪等方法来研究催化剂的作用，反应动力学一般不复杂。但均相催化剂有难以分离、回收和再生的缺点。

以 Br^- 催化 H_2O_2 分解为例：

$$2H_2O_2(l)\xrightarrow{Br^-}2H_2O(l)+O_2(g)$$

反应历程如下：

$$2H_3O^+ + H_2O_2 \rightleftharpoons 2H_3O_2^+ + H_2,\quad K=\frac{[H_3O_2^+]}{[H_3O^+][H_2O_2]}$$

$$H_3O_2^+ + Br^- \longrightarrow HOBr + H_2O,\quad r=k[H_3O_2^+][Br^-]$$

$$HOBr + H_2O_2 \longrightarrow H_3O^+ + O_2 + Br^-\text{（快）}$$

第二步是决速步，则 O_2 生成速率可以写为

$$\frac{d[O_2]}{dt}=kK[H_3O^+][H_2O_2][Br^-]=k_{eff}[H_3O^+][H_2O_2][Br^-]$$

实验观测表明，Br^- 催化 H_2O_2 分解反应与 Br^- 浓度和水溶液 pH 值有关。

2. 多相催化

多相催化(heterogeneous catalysis)是指在两相(固-液、固-气、液-气)界面上发生的催化反应，又称为异相催化或非均相催化。工业中使用的催化反应大多属于多相催化。多相催化通常发生在催化剂表面，包含以下步骤：

①反应物向催化剂表面扩散；

②反应物在催化剂表面吸附；

③被吸附的反应物在催化剂表面迁移、化学重排和反应；

④产物从催化剂表面脱附；

⑤产物由催化剂表面向流动主体扩散。

这五个步骤中，有物理变化也有化学变化，其中①、⑤是物理扩散过程，②、④是吸附和脱附过程，③是表面化学反应过程。每一步都有它们各自的反应历程和动力学规律。所以研究一个多相催化过程的动力学，既涉及固体表面的反应动力学问题，也涉及到吸脱附和扩散动力学的问题。

吸附、表面反应和脱附这三个步骤都是在表面上实现的，因而它们的速率就与表面上被吸附物质的浓度有关。被吸附的物质包括反应物、产物、其他可能物质，但它们在表面上的浓度目前还不能直接观测，只能利用一定的模型[朗缪尔(Langmuir)吸附模型]来间接计算。这就不可避免地给多相催化动力学的数据分析带来一定的近似性。

反应涉及催化剂表面，但是目前对于催化剂的表面结构和性质依然不够了解。同时，由于在反应过程中表面的结构和性质可能发生动态变化，中间反应历程很难跟踪，为多相催化理论研究带来了很大的困难和挑战。

对于催化剂来说，吸附中心通常就是催化活性中心。吸附中心和吸附质分子共同构成表面吸附络合物，即表面活性中间体。反应物质在催化剂表面上的吸附改变了反应途径，从而改变了反应所需要的活化能。

反应物质吸附是多相催化的核心，多相催化通常需要至少一种反应物质被吸附在催化剂表面。常见的多相催化反应机理有：

(1)埃利-里迪尔(Eley-Rideal)机理：一种反应物质 A 吸附在催化剂表面，另一反应物质 B 通过气相直接和被吸附的 A 反应。

(2)朗缪尔-欣谢尔伍德(Langmuir-Hinshelwood)机理：两种反应物质 A 和 B 共吸附在催化剂表面，然后发生反应。

(3)马尔斯-范克雷维伦(Mars-van Krevelen)机理：对于化合物催化剂，如金属氧化物，晶格氧原子可以参与到反应过程中，随之形成的氧空位可以捕捉和活化含氧反应物质，促进反应的进行。

8.4.4　酶催化和自催化

1. 酶催化

在生物体中进行的各种复杂反应，如蛋白质、脂肪、碳水化合物的合成、分解等基本上都是酶催化(enzyme catalysis)反应。绝大部分已知的酶本身也是一种蛋白质，其直径范围在10～100 nm 之间。因此，酶催化作用可以看作介于均相催化和多相催化之间。既可以看成是反应物与酶形成了中间化合物，也可以看成是在酶的表面先吸附反应物，再进行反应。

实验证明，酶催化反应的速率与酶的种类、反应物、温度、pH 以及其他干扰物质有关。在定温下，对于某一特定的酶催化作用来说，典型曲线如图 8 - 5 所示(图中纵坐标为反应速率，横坐标为底物浓度[S])。当底物浓度[S]很大时，反应速率 $-\frac{d[S]}{dt}$ 与[S]浓度无关(水平阶段)，只与酶的总浓度成正比。而当浓度[S]的数量较小时，反应速率与浓度[S]呈线性关系，且与酶的总浓度也成正比。

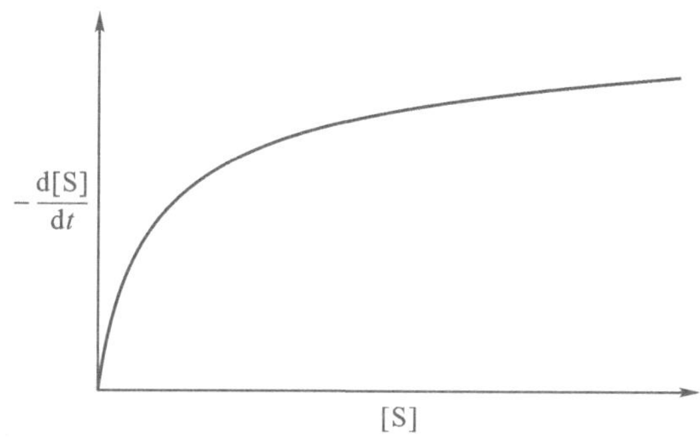

图 8 - 5　典型的酶催化反应速率曲线

米凯利斯(Michaelis)和门滕(Menten)先后研究了酶催化反应动力学，提出了酶催化反应的历程，即 Michaelis-Menten 机理，指出酶(E)与底物(S)先形成中间化合物(ES)，然后中间化合物(ES)再进一步分解为产物，并释放出酶(E)：

$$E+S \underset{k_{-1}}{\overset{k_1}{\rightleftharpoons}} ES \xrightarrow{k_2} E+P$$

ES 分解为产物 P 的速率很慢，它控制着整个反应的速率。

酶催化反应有以下特点：

(1)高度的选择性和单一性。一种酶通常只能催化一种反应，而对其他反应不具有活性(例如脲酶只能将尿素转化为氨及 CO_2)。

(2)酶催化反应的催化效率非常高，可比一般的无机或有机催化剂高出 10^8～10^{12} 倍。

(3)酶催化反应所需的条件温和，一般在常温常压下进行。例如，工业合成氨需要高温(约 773 K)高压(约 3×10^6 Pa)，且需要特殊装备。而某些植物根茎中的固氮酶，不但可以在常温常压下固定空气中的氮，还能将其还原成氨。

(4)酶催化反应同时具有均相催化和多相催化的特点。酶本身呈胶体状而又分散，接近于均相，但是酶催化的反应过程是反应物聚集(或被吸附)在酶的表面上进行的，这又与多相催化反应类似。

(5)酶催化反应的历程复杂，受 pH、温度以及离子强度的影响较大。酶本身的结构也极其复杂，而且酶的活性是可以调节的，这就增加了研究酶催化反应的难度。

酶催化反应越来越受到人们的重视，不仅仅是由于发酵化工生产及污水处理等过程需要借助于酶来完成，更重要的是它在生物学中的重要性。没有酶的存在，几乎所有的生理反应和生命过程均将停止，许多疾病的发生也源于酶反应的失调。人们需要深入研究酶反应的机理，以解决许多疑难病症，为人类造福。此外，酶催化也可用于储能中，如以酶为催化剂、将底物中的化学能转化为电能的酶燃料电池。

2. 自催化

在给定条件下的反应系统，反应开始后逐渐形成并积累了某种产物或中间体(如自由基)，这些产物或中间体具有催化功能，使反应经过一段诱导期后出现大大加速的现象，这种作用称为自催化(autocatalysis)作用。

简单的自催化反应通常包含三个连续进行的动力学步骤，例如

$$\mathrm{A} \xrightarrow{k_1} \mathrm{B}+\mathrm{C} \qquad ①$$

$$\mathrm{A}+\mathrm{B} \xrightarrow{k_2} \mathrm{AB} \qquad ②$$

$$\mathrm{AB} \xrightarrow{k_3} 2\mathrm{B}+\mathrm{C} \qquad ③$$

式①中，起始反应物比较缓慢地分解为 B+C，产物中 B 具有催化功能，与反应物 A 络合，如式②所示。然后，AB 络合物再分解为产物 C，同时释放出 B 来，如式③所示。在反应过程中，一旦有 B 生成，反应就自动加速。自催化反应多见于均相催化，其特征之一是存在着初始的诱导期。

实践证明，少量的抑制剂(inhibitor)就能有效地使自催化受到抑制。但是，当抑制剂消耗完，解除了抑制效应后，自催化作用仍能继续进行。

油脂腐败、橡胶变质以及塑料制品的老化等均属于自动氧化过程，反应开始进行得很慢，但都能被其自身所产生的自由基所加速，因此大多数自动氧化过程存在着自催化作用。

自催化反应在工业中也有着重要的实用价值，可以不断地添加原料，使产物与新添加的原料充分混合，通过保持添加物的比例，并控制一定的反应条件，使反应系统处于稳态而反应速率则始终保持最大。

有些自催化反应有可能使反应系统中某些物质的浓度随时间(或空间)发生周期性变化,即化学振荡(chemical oscillation),而化学振荡反应的必要条件之一就是该反应必须是自催化反应。

需要说明的是,反应中间体(反应中间络合物)有可能是催化反应过程中真正的催化活性中心,而不是催化剂本体。

思考题

1. 通常情况下,为什么用单位体积、单位时间内的反应进度表示反应速率?
2. 什么是反应分子数?有没有零分子反应?
3. 为什么反应分子数越多的反应越不容易发生?
4. 质量作用定律适用于所有化学反应吗?
5. 反应级数都是整数吗?
6. 反应速率只与反应物的浓度有关吗?
7. 零级、一级、二级反应的速率常数单位分别是什么?
8. 半衰期与反应物浓度有什么关系?
9. 反应的活化能和表观活化能区别在哪里?
10. 为什么温度会显著影响化学反应速率?
11. 温度对反应活化能的影响大吗?
12. 什么是碰撞理论和过渡态理论?
13. 什么是均相催化和多相催化?
14. 多相催化常见的反应机理有哪些?
15. 酶催化的特点有哪些?
16. 自催化的特点有哪些?

习 题

1. 一定温度下,基元反应 $A+2B \longrightarrow 3D$ 的反应速率常数为 k。

(1)该反应的反应分子数是多少?

(2)该反应的反应级数是多少?

(3)分别用 A、B、D 的浓度随时间的变化率给出该反应的速率方程表达式。

2. 在 298 K 时,偶氮甲烷主要发生如下分解反应

$$CH_3NNCH_3(g) \longrightarrow C_2H_6(g)+N_2(g)$$

其反应速率只与偶氮甲烷的分压有关,反应速率常数为 $2.5\times10^{-4}\ s^{-1}$。在温度恒为 298 K 的刚性密闭反应器内,如果偶氮甲烷的初始压力为 100 kPa,那么 1 h 后:

(1)偶氮甲烷的分压力是多少？

(2)反应器内的总压力是多少？

3.在一定温度下，反应 $R \longrightarrow P$ 的半衰期为 15 min，而且半衰期与 R 的初始浓度无关。求 1 h 后反应物 R 的转化率。

4.900 ℃下，在一个刚性密闭容器内，在有催化剂 W 存在的条件下，初始压力为 26.7 kPa的纯 NH_3 气体会分解为 N_2 和 H_2，该反应是零级反应。160 min 后总压力变为 40.0 kPa。若其他条件相同，但纯 NH_3 的初始压力是 200 kPa，则 1 h 后：

(1)NH_3 的分压力是多少？

(2)系统的总压力是多少？

5.对反应 $R \longrightarrow P$，当 R 反应掉 $\frac{3}{4}$ 所需时间为其反应掉 $\frac{1}{2}$ 所需时间的 3 倍，该反应是几级反应？若当 R 反应掉 $\frac{3}{4}$ 所需时间为其反应掉 $\frac{1}{2}$ 所需时间的 5 倍，该反应是几级反应？

6.某一反应进行完全所需时间是有限的，且等于 $\frac{c_0}{k}$（c_0 为反应物起始浓度），则该反应是几级反应？

7.某反应表观速率常数 k 与各基元反应速率常数的关系为 $k = k_2\left(\frac{k_1}{2k_4}\right)^{1/2}$，则该反应的表观活化能 E_a 和指前因子与各基元反应活化能和指前因子的关系如何？

8.某定容基元反应的热效应为 $100\ kJ \cdot mol^{-1}$，则正向反应的实验活化能 E_a 的数值是大于、等于还是小于 $100\ kJ \cdot mol^{-1}$？或是不确定？如果基元反应的热效应为 $-100\ kJ \cdot mol^{-1}$，则 E_a 的数值又将如何？

9.某反应的活化能 E_a 值为 $190\ kJ \cdot mol^{-1}$，加入催化剂后降为 $136\ kJ \cdot mol^{-1}$。设加入催化剂前后指前因子 A 值保持不变，则在 773 K 时，加入催化剂的反应速率常数是原来的多少倍？

10.根据范特霍夫经验规则，在 298～308 K 的温度区间内，服从此规则的化学反应的活化能 E_a 的范围为多少？为什么有的反应温度升高，反应速率反而下降？

11.下列反应是一级反应，其反应速率只与反应物有关，且假设该反应可以进行完全。

$$C_6H_5N_2Cl(aq) \longrightarrow C_6H_5Cl(aq) + N_2(g)$$

在一定温度下，如果反应时间和反应中产生的 N_2 体积分别用 t 和 V 表示，$t=\infty$ 时产生的 N_2 体积用 V_∞ 表示，试证明该反应的速率常数 k 可以表示为

$$k = \frac{1}{t}\ln\frac{V_\infty}{V_\infty - V}$$

12.反应 $2NO_2(g) \longrightarrow 2NO(g) + O_2(g)$ 是二级反应。该反应在 600 K 下的反应速率常数为 $0.63\ L \cdot mol^{-1} \cdot s^{-1}$。在温度恒为 600 K 的刚性密闭容器内，如果 $NO_2(g)$ 的初始压

力为 200 kPa，那么：

(1)NO_2(g)分解 80%需要多长时间？

(2)若把反应速率方程用 $-\frac{dp_{NO_2}}{dt} = k'p_{NO_2}^2$ 表示，则在 600 K 下 k' 的值是多少？

13. 在 170 ℃，硫氰酸铵异构化为硫脲是一个均相可逆反应，其中的正、逆向反应均为一级反应。

$$NH_4SCN \underset{k_{-1}}{\overset{k_1}{\rightleftharpoons}} CS(NH_2)_2$$

(1)证明：$\ln \frac{x^e}{x_e - x} = (k_1 + k_{-1})t$

式中，x 和 x_e分别为 t 时刻和平衡时产物的浓度。

(2)在 170 ℃下实验测得 k_1和 k_{-1}分别为 $2.5\times10^{-4}\ s^{-1}$和 $7.3\times10^{-4}\ s^{-1}$。在同一温度下若将一定量的硫氰酸铵放入一个刚性密闭容器内，则反应 10 min 后产物硫脲的摩尔分数是多少？

14. 298 K 时，$N_2O_5(g) \longrightarrow N_2O_4(g) + \frac{1}{2}O_2(g)$，该分解反应的半衰期 $t_{1/2} = 5.7$ h，此值与 N_2O_5(g)的起始浓度无关。试求：

(1)该反应的速率常数；

(2)N_2O_5(g)转化 90%所需的时间。

15. N_2O(g)的热分解反应 $2N_2O(g) \longrightarrow 2N_2(g) + O_2(g)$，在一定温度下，反应的半衰期与初始压力成反比。在 970 K 时，N_2O(g)的初始压力为 39.2 kPa，测得半衰期为 1529 s；在 1030 K 时，N_2O(g)的初始压力为 48.0 kPa，测得半衰期为 212 s。

(1)判断该反应的级数；

(2)计算两个温度下的速率常数；

(3)求反应的实验活化能；

(4)在 1030 K，当 N_2O(g)的初始压力为 53.3 kPa 时，计算总压力达到 64.0 kPa 所需的时间。

16. 某溶液中含有 NaOH 及 $CH_3COOC_2H_5$，浓度均为 $0.01\ mol\cdot L^{-1}$。在 298 K 时，反应经过 10 min 有 39%的 $CH_3COOC_2H_5$分解；在 308 K 时，反应经过 10 min 有 55%的 $CH_3COOC_2H_5$分解。该反应速率方程为 $r = k[NaOH][CH_3COOC_2H_5]$。试计算：

(1)在 298 K 和 308 K 时反应的速率常数；

(2)在 288 K 时，反应 10 min $CH_3COOC_2H_5$分解的百分数；

(3)在 293 K 时，50%的 $CH_3COOC_2H_5$分解所需的时间。

17. 某有机化合物 A 在酸的催化下发生水解反应，在 323 K、pH＝5 的溶液中进行时，其半衰期为 69.3 min；在 pH＝4 的溶液中进行时，其半衰期为 6.93 min。且知在两个 pH 的条件下，半衰期均与 A 的初始浓度无关，设反应的速率方程为

$$-\frac{d[A]}{dt} = k[A]^{\alpha}[H^+]^{\beta}$$

试计算：

(1)α、β 的值；

(2)在 323 K 时的反应速率常数 k 值；

(3)在 323 K 时，pH＝3 的水溶液中 A 水解 80％所需的时间。

18. 有一酸催化反应 $A+B \xrightarrow{H^+} D+E$，已知该反应的速率公式为

$$-\frac{d[D]}{dt}=k[H^+][A][B]$$

当$[A]_0=[B]_0=0.01\ mol \cdot L^{-1}$，在 pH＝2 的条件下，298 K 时的反应半衰期为 1 h，若其他条件不变，在 288 K 时半衰期为 2 h，试计算在 298 K 时：

(1)反应速率常数 k 值；

(2)pH＝6 时反应的半衰期。

（苏亚琼 编）

>>>附　录

附录Ⅰ　基本常数

阿伏伽德罗常量$N_A = 6.02214\times10^{23}mol^{-1}$

电子电荷　　　$e = 1.6021766\times10^{-19}C$

电子静止质量　$m_e = 9.109384\times10^{-28}g$

质子静止质量　$m_p = 1.672621\times10^{-24}g$

法拉第常量　　$F = 9.64853321\times10^{4}C$

普朗克常量　　$h = 6.626070\times10^{-34}J\cdot s$

玻耳兹曼常量　$k = 1.380649\times10^{-23}J\cdot K^{-1}$

摩尔气体常数　$R = 8.205\times10^{-2}L\cdot atm\cdot mol^{-1}\cdot K^{-1}$

$= 8.314\ J\cdot mol^{-1}\cdot K^{-1}$

光速(真空)　　$c = 2.9979246\times10^{10}cm\cdot s^{-1}$

原子的质量单位u或amu $= 1.660539\times10^{-24}g$

附录Ⅱ　一些物质的标准热力学数据(298 K)

物质	状态	$\Delta_f H_m^\ominus/(kJ\cdot mol^{-1})$	$\Delta_f G_m^\ominus/(kJ\cdot mol^{-1})$	$S_m^\ominus/(J\cdot K^{-1}\cdot mol^{-1})$
Ag	s	0	0	42.55
Ag^+	aq	105.58	77.11	72.68
AgCl	s	−127.07	−109.80	96.30
AgBr	s	−100.37	−96.90	107.11
AgI	s	−61.84	−66.19	115.5

续表

物质	状态	$\Delta_f H_m^\ominus$/(kJ·mol^{-1})	$\Delta_f G_m^\ominus$/(kJ·mol^{-1})	$S_m^\ominus$/(J·K^{-1}·mol^{-1})
Ag_2O	s	−31.1	−11.2	121.3
$AgNO_3$	s	−124.4	−33.5	140.9
Al	s	0	0	28.32
Al_2O_3	α-刚玉	−1675.7	−1582.3	50.92
Ba	s	0	0	62.5
Ba^{2+}	aq	−537.64	−560.74	9.6
$BaSO_4$	s	−1473	−1362	132
Br_2	l	0	0	152.23
Br_2	g	30.91	3.14	245.35
HBr	g	−36.40	−53.42	198.59
C	石墨	0	0	5.740
C	金刚石	1.897	2.900	2.34
CO	g	−110.52	−137.15	197.56
CO_2	g	−393.14	−394.36	213.64
CCl_4	l	−128.2	−62.6	216.40
Ca	s	0	0	41.4
Ca^{2+}	aq	−542.83	−553.54	−53.1
CaO	s	−635.1	−604.0	38.1
$Ca(OH)_2$	s	−985.2	−897.5	83.4
$CaCO_3$	方解石	−1207.6	−1129.1	91.7
$CaSO_4$	s	−1434.11	−1326.88	106.69
$BaCO_3$	s	−1216.3	−1137.6	112.1
BaO	s	−553.5	−525.1	70.42
Cl_2	g	0	0	223.1
Cl^-	aq	−167.08	−131.23	56.73
HCl	g	−92.31	−95.30	186.80

续表

物质	状态	$\Delta_f H_m^\ominus/(kJ \cdot mol^{-1})$	$\Delta_f G_m^\ominus/(kJ \cdot mol^{-1})$	$S_m^\ominus/(J \cdot K^{-1} \cdot mol^{-1})$
Cu	s	0	0	33.15
Cu^{2+}	aq	64.77	65.52	−99.6
CuO	s	−157.3	−129.7	42.6
Cu_2O	s	−168.6	−146	93.14
F_2	g	0	0	202.67
F^-	aq	−332.63	−278.82	−13.8
HF	g	−273.3	−275.4	173.67
Fe	s	0	0	27.28
Fe^{2+}	aq	−89.1	−78.87	−137.7
Fe_2O_3	赤铁矿	−824.425	−742.2	87.40
Fe_3O_4	磁铁矿	−1118	−1015	146
H_2	g	0	0	130.57
H^+	aq	0	0	0
H_2O	l	−285.83	−237.18	69.91
H_2O	g	−241.82	−228.59	188.8
H_2O_2	l	−187.78	−120.42	109.6
I_2	s	0	0	116.14
I_2	g	62.438	19.359	260.58
I^-	aq	−55.19	−51.59	111.3
HI	g	26.5	1.70	206.48
K	s	0	0	64.83
K^+	aq	−252.17	−283.3	102.5
KI	s	−327.9	−324.89	106.3
KCl	s	−436.75	−408.5	82.59
Mg	s	0	0	32.68
Mg^{2+}	aq	−466.85	−454.80	−138.1

续表

物质	状态	$\Delta_f H_m^\ominus/(kJ \cdot mol^{-1})$	$\Delta_f G_m^\ominus/(kJ \cdot mol^{-1})$	$S_m^\ominus/(J \cdot K^{-1} \cdot mol^{-1})$
MgO	s	−601.7	−569.4	26.94
$Mg(OH)_2$	s	−924.5	−833.6	63.18
N_2	g	0	0	191.50
NO	g	90.25	87.6	210.761
NO_2	g	33.18	51.30	240.06
N_2O	g	82.1	104.2	219.9
NH_3	g	−46.11	−16.48	192.34
NH_4^+	aq	−132.51	−79.31	113.39
NH_4Cl	s	−314.4	−203.0	94.6
N_2H_4	l	50.6	149.3	121.2
SiH_4	g	34.3	56.9	204.6
Na	s	0	0	51.30
Na^+	aq	−240.300	−261.88	59.0
Na_2CO_3	s	−1130.8	−1044.4	135.0
$NaHCO_3$	s	−947.7	−851.8	102
NaCl	s	−411.15	−384.15	72.13
Na_2O	s	−414.22	−375.46	75.06
Na_2SO_4	s	−1387.1	−1270.2	149.6
O_2	g	0	0	205.03
O_3	g	142.7	163.2	238.8
P	白，s	0	0	41.09
P	红，s	−17.57	−12.1	22.80
H_3PO_4	s	−1284.4	−1124.3	110.5
S	斜方	0	0	31.810
SO_2	g	−296.8	−300.19	248.11
SO_3	g	−395.72	−371.08	256.65

续表

物质	状态	$\Delta_f H_m^\ominus$/(kJ·mol^{-1})	$\Delta_f G_m^\ominus$/(kJ·mol^{-1})	$S_m^\ominus$/(J·K^{-1}·mol^{-1})
H_2S	g	−20.63	−33.56	205.7
H_2SO_4	l	−813.99	−690.06	156.90
Si	s	0	0	18.83
SiO_2	石英	−910.94	−856.67	41.84
$SiCl_4$	g	−657.01	−617.01	330.62
Zn	s	0	0	41.63
Zn^{2+}	aq	−153.89	−147.03	−112.1
ZnO	s	−348.28	−318.32	43.64
$ZnCO_3$	s	−812.78	−731.57	82.4
CH_4	g	−74.81	−50.75	186.15
C_2H_6	g	−84.68	−32.9	229.5
C_3H_8	g	−103.8	−23.4	270.3
C_2H_4	g	52.26	68.12	219.5
C_2H_2	g	227.32	209.2	200.8
C_6H_6	l	49.04	124.1	173.3
C_6H_6	g	82.927	129.6	269.2
CH_3OH	l	−239.03	−166.4	127.24
HCHO	g	−108.6	−102.5	218.7
C_2H_5OH	g	−235.1	−168.6	282.6
C_2H_5OH	l	−277.7	−174.9	161
HCOOH	l	−424.72	−361.4	129.0
CH_3COOH	l	−484.5	−390	160
H_2NCONH_2	s	−333.2	−197.2	104.6
$C_6H_{12}O_6$	s	−1274.5	−910.6	212.1
$C_{12}H_{22}O_{11}$	s	−2221.7	−1544.6	360.2

>>>参考文献

[1]张志成.大学化学[M].北京:科学出版社,2018.

[2]华彤文,王颖霞,卞江,等.普通化学原理[M].4 版.北京:北京大学出版社,2013.

[3] SILBERBERG M S. Principles of General Chemistry [M]. 2ed. New York: McGraw-Hill, 2010.

[4]北京大学化学学院普通化学原理教学组.普通化学原理习题解析[M].3 版.北京:北京大学出版社,2015.

[5]傅献彩,沈文霞,姚天扬.物理化学[M].4 版.北京:高等教育出版社,2001.

[6]王正烈,周亚平,李松林,等.物理化学[M].4 版,北京:高等教育出版社,2001.

[7]王明华,徐端钧,周永秋,等.普通化学[M].5 版.北京:高等教育出版社,2002.

[8]傅献彩.大学化学[M].北京:高等教育出版社,1999.

[9]潘祖仁.高分子化学[M].5 版.北京:化学工业出版社,2011.

[10] 潘才元.高分子化学[M].合肥:中国科学技术大学出版社,1997.

[11] 何曼君.高分子物理[M].3 版.上海:复旦大学出版社,2008.

[12] 刘伟生.配位化学[M].2 版.北京:化学工业出版社,2020.